自然史

[法] 乔治·布封 著
Buffon.G.L.L
桂金 译

台海出版社

图书在版编目（CIP）数据

自然史 /（法）布封著；桂金译 . -- 北京：台海出版社，2017.3（2023.9 重印）

ISBN 978-7-5168-1289-1

Ⅰ . ①自… Ⅱ . ①布… ②桂… Ⅲ . ①自然科学史—世界 Ⅳ . ① N091

中国版本图书馆 CIP 数据核字（2017）第 065816 号

自然史

著　　者：［法］布封　　译　　者：桂　金

出 版 人：蔡　旭　　责任编辑：刘　峰
装帧设计：主　语　　策划编辑：卜　卜

出版发行：台海出版社
地　　址：北京市东城区景山东街 20 号　　邮政编码：100009
电　　话：010 – 64041652（发行，邮购）
传　　真：010 – 84045799（总编室）
网　　址：www.taimeng.org.cn/thcbs/default.htm
E – mail：thcbs@126.com

经　　销：全国各地新华书店
印　　刷：玖龙（天津）印刷有限公司
本书如有破损、缺页、装订错误，请与本社联系调换

开　　本：710 毫米 ×1000 毫米　　1/16
字　　数：318 千字　　印　　张：18.5
版　　次：2017 年 5 月第 1 版　　印　　次：2023 年 9 月第 3 次印刷
书　　号：ISBN 978-7-5168-1289-1

定　　价：42.80 元

布封传略

牛顿迈出了第一步，布封迈出了第二步。

——俄国女沙皇叶卡捷琳娜二世（1729—1796年）

布封（1707—1788年）是著名的博物学家和作家，还是最先质疑“神创论”的科学家之一。布封的主要作品是《自然史》。这部书共44卷，历时55年才完成，由《地球形成史》、《动物史》、《人类史》、《鸟类史》、《爬行类史》等部分构成，丰富的材料为后来的研究者提供了依据，而生动形象的文笔引起了法国公众的强烈兴趣，将许多人带入生物学领域。

求学时期

布封的原名是乔治·路易·勒克莱克，1707年9月7日出生于法国东部地区勃艮第省蒙巴尔城的一个律师家庭。他的父亲是一位律师，曾在勃艮第省法院担任推事，母亲是一位法院书记官的女儿。布封的父亲凭借继承关系得到了贵族的封地，乔治·路易·勒克莱克在1732年继承了这块封地，后来乔治·路易改姓德·布封，后人将他称为德·布封先生。在布封晚年时期，法国国王路易十五为了表彰他对学术的贡献，将蒙巴尔城的全部产业都赏赐给布封，作为伯爵封地，所以人们又把他称为德·布封伯爵，简称布封。

布封的家庭有着浓厚的宗教气氛，他的兄弟姐妹都曾修道，他小时候也在天主教耶稣会创办的学校读书。布封生活在这样的家庭中，居然能够摆脱神学的束缚，这是一件值得钦佩的事情。

在读书时期，布封勤奋好学，尤其喜爱科学，即使是在打球时，欧几里得的《几何原本》也一直带在身边。中学毕业之后，布封前往勃艮第省的狄庸大学学习法律知识。1728年，布封毕业之后，前往法国西部地区的昂热尔城学习医术。两年之后（也就是1730年），布封因为决斗伤人逃到南特城。同一年，他在南特城遇到了英国青年金斯敦公爵，他是来法国南方游历的，他们很快就成为好朋友，而且相约一起游历。1730年，他们来到瑞士的日内瓦，布封在这里遇到了几何学家克拉美。布封总是说，克拉美是他在数学上的良师，他从克拉美那里学到了最扎实的数学知识。接着，他们又去意大利游历。1732年年初，他们来到罗马，但还不足三个礼拜，布封的母亲就去世了，所以他只好返回法国。

虽然布封和金斯敦在一起的时间仅仅一年半，但这段时间对他的一生有着重要影响，他研究科学的想法可能就形成于这个时期。而且，布封通过金斯敦认识了辛克曼，这对他的影响更加深远。辛克曼是德国著名学者，他最酷爱的是博物学和烟斗，这可能间接促成了布封对博物学的兴趣。虽然布封在匆忙之下离开了金斯敦、辛克曼，但他们之间的联系从未断过。1736年，金斯敦前往巴黎拜访布封，此后，布封一直在寄昆虫标本给辛克曼。1738年，布封前往伦敦看望金斯敦，并且在那里逗留了一年。在金斯敦的帮助下，布封与英国贵族往来频繁，同时接触到英国先进的科学和文学。布封崇拜牛顿，喜爱朗读弥尔顿的诗，还喜欢阅读查理德逊的小说，他认为查理德逊的小说很真实，描写的事物都经过了仔细考察。布封一生都重视仪表，而且要求文笔庄严、高贵，观察事物细致入微，这可能与英国文化的熏陶有关。

御花园总管

1732年，布封因为母亲过世回到法国，不久之后就在巴黎定居。这时候，他与巴黎社交名流往来频繁，但他始终在坚持研究工作。色舍尔在著作《孟巴尔旅行记》中写道：“当布封赴宴会时，偶尔会在凌晨两三点回家，但到五点钟就有仆人将他唤醒，而且他们有过约定，假如他发脾气，那位仆人可以对他使用武力。而且，他起床之后会工作一整天，一直到晚上六点才结束。”由于布封的努力，而且他的人际关系很好，所以他在26岁时就进入了法兰西科学院，在力学系担任助理研究员。

在法兰西科学院时，布封在自己的蒙巴尔苗圃进行了多种实验，而且发表了一些与森林学相关的论文；1735年，他翻译了英国植物学家赫尔斯的《植物生理与空气分析》一书，而且不久后就出版了；1740年，他又翻译并出版了牛顿的《微积分》一书，而且，他在两本书的前面都添加了序言，这两篇序言有着很高的价值。

1739年，布封在法兰西科学院的植物学系担任副研究员，这一年的七月，他被任命为“法王御花园与御花园总管”，这对他的一生产生了重要影响。

布封在管理御花园时，不仅积极地扩建御花园，还请政府设置了“法国御花园及博物研究室通讯处”这样的机构，便于吸引国内外的旅行家、医师、博物学家等人参观。此外，在布封朋友的帮助下，世界各地的动植物标本、矿物样品、各种记录被送到御书房，布封在写给德·皮莫兰先生的信中说：“先生，非常感谢您的好意，我已经收到了您运送来的小箱子……这些化石有着巨大的价值，我已经将它们放在了国王的陈列室中，您寄来的那件象牙作品纹线纵横交错，类似于长筒袜的网眼，这件作品在您寄来的几样作品中很容易辨认出来……先生，我很感激您寄来这么多东西，我希望您能接受我的回赠，希望您愿意向我要求一些东西进行交换。我觉得诧异的是，居然可以在如此浅的地方发现这些象牙，估计它们曾被翻动过，以前应该埋得比较深。在欧洲其他地方和西伯利亚，曾经出现过相似的象牙化石。鹿角化石很常见，曾在科门热地区及邻近地区发现过，这没有什么好惊讶的，这种动物在两百多年前已经灭绝，可能是人们过度砍伐森林、开垦土地造成的……”另外，布封在写给德·富雅·德·圣封的信中说：“先生，我回到巴黎之后收到了您寄来的火山物质标本，对此我表示衷心的感谢。我认为，您采集的标本彰显了您的渊博知识和分辨能力……先生，在尚未欣赏您的标本之前就给您回信，我觉得万分荣幸！我记不清楚有没有将拙作新版本前四卷的汇票寄给您？无论如何，这是我的小小心意。希望您收到汇票之后通知我一声……”

此外，布封还常常举办博物学讲座，演讲的人都是当时的一流学者，其中有些是布封的后辈，如拉马克、拉色拜德等，他们都继承了布封的学说；拉马克提出了生物自生论和种族变化论，这两种理论对达尔文有着重要影响；拉色拜德将布封的遗著进行整理，并编成了《博物学》一书。

因为法国御花园有着丰富的资料和杰出的人才，所以拥有很大的名声，一些外邦君主（如普鲁士的腓特烈二世、俄国的叶卡捷琳娜女皇等）常常赞扬这个博物学机构，还赠送一些生物样品或者标本。1781年12月14日，布封在写给女皇的信中说：“感谢陛下赏赐我珍贵的毛皮、一套贵重的勋章、镶嵌着陛下头像的纪念章，我已经从格里姆男爵那里收到了这些赏赐。等到惊喜过后，我情不自禁地亲吻您那美丽高贵的头像，献上我最忠诚的敬意……我心里最想说的一句话是：我非常荣幸能够成为陛下忠实的仆人。”在美国独立战争时，如果美军俘获了英国的船舶，他们会没收船上所有的东西，但会将动物标本、贵重毛皮、珍奇矿石寄给布封。由此可知，布封在当时有着很高的威望。

从个人角度而言，布封管理御花园为他编写《自然史》奠定了基础：御花园中的收藏品是最好的研究资料，御花园中的人是他的最佳帮手；蒙巴尔城的苗圃、熔炉、铁厂等场所是最好的实验基地；一批学者可以帮忙整理资料。因此，布封每年仅仅需要用四个月的时间打理御花园的事务，其他时间都在蒙巴尔城的宅子中写作。每天，他在凌晨五点起床，六点开始写作，一直到下午一两点；接着是吃午饭和睡午觉；在下午五点到七点的这段时间，他还是在写作；晚上，他让别人阅读自己写的内容，然后修改，反反复复好多次，一般会修改四五遍，有些篇章甚至会修改十几遍。布封始终坚持严谨的写作态度，四十年如一日。

荣誉和风波

1748年，布封将《自然史》的写作计划发表在《学者日报》上，他打算把这部书分为15册：用9册描写动物，用3册描写植物，还有3册用来描写矿物。但是，因为涉及的范围太广泛了，所以他没有写贝类、鱼类、昆虫、微生物。虽然如此，但这部书依然由36册组成，远远超过了最初的计划。

1749年，《自然史》的前三册出版了。第一册的内容是《自然史方法论》、《地球的形成》，第二册的内容是《动物史》、《人类史》，第三册的内容是《人种演变史》。这三册书的出版在欧洲学术界造成了轰动，不久之后许多国家都出现了译本。

《自然史》的出版不仅引起了科学界人士的注意，还在文学界造成了影响，因为这部书有着很高的文学价值。当然，影响最大的还是哲学界，因为可以把《地球的形成》看作是科学的创世纪，当时神学界的权威巴黎大学神学院的教授们认为这部书“离经叛道”，要求教会审判布封，并对他进行制裁。这时候，布封想到了一百年前伽利略的情况，伽利略就是发表了“地动说”惹到当时的教会，才会被宗教审判所逼迫公开承认错误，但离开审判所之后，伽利略依然坚持自己的观点：“地球真的在动啊！”布封类似于伽利略，他也认为自己的观点是正确的，但他懂得通过一些技巧保护自己。他恭恭敬敬地给巴黎大学神学院的教授写了一封信，表明自己“无意驳斥《圣经》”，并保证会把这个申明放在《自然史》第四卷的卷首。这样一来，巴黎大学神学院的教授总算平息了心中的愤怒，但布封依然在编著反对神学的作品。

1753年，布封担任法兰西科学院院士。这是法国文学家的最高荣誉，一共有40个名额，而且是终身职位，只有一名院士逝世之后，才由剩余的39名院士投票决定递补人员。根据惯例，候选人需要先提出申请，然后一一拜访院士，请求他们支持自己。

在布封当选院士这一年，由于老院士桑思总主教去世了，所以布封才能够参加竞选。同时，还有一个人最有希望竞选成功，那就是喜欢孤芳自赏的诗人皮隆，因为国王路易十五觉得皮隆轻薄，所以学院决定选取布封递补空缺，而且免除了申请、拉选票等程序，对于布封来说，这是一个特殊的荣誉。在法兰西科学院有个规定，新院士入院时需要演讲，而演讲内容一般是赞扬学院创办人或者在位君主，而且还要称赞他所补缺的那位院士。但是，布封觉得这样的演讲没有意义，而且刚刚辞世的院士是一位迂腐的宗教作家，这个人确实没有值得称赞的地方。于是，布封决定演讲新的内容。他在演讲时说出了自己心中的创作方法，强烈反对当时文坛上盛行的"绮丽萎靡"的文学风格；他指责了当时在座的一些资深院士，如孟德斯鸠、玛利佛等，还对新进作家提出了警告，如狄德罗等。他的演讲内容有理有据，谁都无法反驳，他在演讲中好几次被掌声打断，而法兰西科学院第一次出现这种情况。这奠定了布封在文学理论界的权威地位。

布封成为科学院院士之后，曾两次主持学院事物，并推荐第戎法院首任院长德·布鲁斯担任法兰西科学院院士。德·布鲁斯是18世纪法国著名的作家，但史料上关于他的记载非常少，而布封写给他的信为我们提供了一些信息："尊敬的法院院长先生，我拜读了您的著作《论语言机制》，这是一部非常优秀的作品，您的一些思想观点对我产生了重要影响……如果您的通用词汇计划不能实施的话，我肯定会觉得非常遗憾……您是第一个提出这个计划的人，而且指明了语法的通用方法……在阅读这本书时，我一直在思考，从中学到了许多东西。因此，亲爱的朋友，我真心祝贺您能够写出如此佳作，它将是您的骄傲……"

作别御花园

虽然布封在法兰西主持政务消耗了他的时间和精力，但始终没有影响到他编著《自然史》。只有在1769年他的妻子去世和1771年他生病时中断了两次，而且时间都比较短。因此，他在编著《自然史》时有着一定的规律性。

在1749年到1767年的这段时间内，布封一共出版了《自然史》十五册，除了前三册之外，其他十二册都在描述胎生兽类；在1770年到1783年的这段时间内，他又出版了九册，讲述的是鸟类史；在1783年到1788年的这段时间内，他再次出版了五册，主要内容是矿物史。另外，从1774年到1789年，布封还编著了七册补卷，其中的第二册论述的是《自然的世代》，这一册最能表现他的思想，第七册是他去世之后，拉色拜德整理出来，然后出版的。

随着布封的著作的不断出版，他获得的荣誉一直在增加。世界各地的学者都非常崇拜他，希望能够一睹他的风采，而各国君主都觉得能够拥有他的塑像是一种荣誉。1777年，法国政府和法国人民决定在御花园中为布封建造一尊铜像，铜像的底座上写着一句拉丁语："献给和大自然一样伟大的天才。"1778年，布封编著的《自然的世代》出版之后，巴黎大学神学院的教授们发现里面的内容更加"离经叛道"，他们都觉得非常愤怒，但已经没有能力对付布封了。

1788年4月16日，布封在巴黎去世，享年81岁。布封在去世之前，还让人搀扶着在御花园里转了一圈，与御花园告别。

目录

Contents

第一编

动物

布封的《动物史》像是一部奇妙的散文，语言内容风趣诙谐，对动物形象的描述栩栩如生，将动物形象鲜明地展现在读者面前，这体现了《动物史》的价值。而且，布封是以拟人手法描述动物的，为动物赋予人的姿态，所以他的《动物史》不仅是一部丰富的博物志，更是一部奇妙的散文。

第一章　家畜和家禽

在对家畜和家禽进行分类时，布封采用的是人工方法，根据它们与人类之间的关系划分为不同的等级。他用生动的语言对家禽进行生理描写，让人们对它们的特性有了深入的了解；从生理角度对家畜进行细致描写，如布封在描述驴时说："驴能够忍受人类的惩罚和鞭打；而且对食物的要求很低；习惯食用又硬又难吃的草，虽然这些草是马等动物不吃的；驴仅仅喝最纯净的水，在熟悉的溪流中饮用，在饮水方面非常挑剔；不过，它在饮水上十分节制，饮水时不会将鼻子放在水中，据说，这是由于驴害怕见到耳朵的影子。"

第一节　马

> 马是一种舍己为人的动物，它会实现主人的愿望，通过敏捷且准确的行动执行主人的命令；它能满足人类的一切要求；无怨无悔地奉献自己，不会拒绝主人的命令，尽一切力量为主人效力。

在人类的征服行为中，最有意义的行为就是征服了彪悍的马。在征战中，马分担了战士的劳苦，为他们带来了胜利；它拥有骑士的大无畏精神，面对危险毫不退缩，勇往直前；它习惯了刀剑相接的声音，一直在追逐着这种声音。它时时刻刻都在为主人服务：狩猎时、赛马时、奔跑时，它通过出色的行为带给主人快乐。

马知道要顺从人类，它很清楚如何控制自己的动作，不会随意表现自己的烈性。当主人骑在马背上时，马不仅能够服从主人的命令，还会揣摩主人的意愿——根据主人的面部表情就能知道，需要奔跑，还是慢行，或者停止。因此，马被称为舍己为人的动物，它在某些时候会迎合主人的意愿，通过敏捷且准确的动作执行主人的命令。此外，马还有奉献精神，为了满足人们的愿望，甚至会付出自己的生命。

如果马具有了上述特点，说明它已经被驯化。这类马从小就被人类养着，而且会经过专门训练。它们受到的教育让它们丧失了原有的自由，从而被人类所束缚，由于它们被驯养了很长时间，所以它们身上已经没有了自然状态。它们在劳动时会披鞍戴辔，即使是休息时，人们也不会为它们解除这种束缚。偶尔，人们会大发慈悲，让它们在牧场上自由行走，尽管如此，但它们身上始终带着被奴役的痕迹：嘴巴被衔铁嚼子勒得变形，腹侧满是疮痍，蹄子上钉着铁掌丁。马的这些身体形态都不是自然状态，即使人们解除了对它们的束缚，它们依然不会拥有最初的自由。有些马的额上是华丽的鬃毛，领鬃编成细辫，身上是金丝和锦毡，这些东西的作用不是装饰马，而是为了表现主人的虚荣，所以人们的这些行为类似于给马的蹄子上钉铁掌丁，都是对马的侮辱。

不过，天性永远是最美丽的，所以对于动物而言，自由自在地表现自己的天性是最美丽的事情。我们看看生活在南美各地的野马，它们是多么自由啊，无拘无束地在原野上奔跑，而不是受到人类的约束和束缚。它们自由奔放，不屑与人类相处，更不屑人类所谓的照顾，因为它们可以自己寻找食物。在广袤的草原上，它们自由地奔跑或者跳跃，自由地食用大自然中的各种食物；它们没有固定的住所，在天空下随遇而安；它们呼吸着新鲜的空气，这些空气比人类将它们圈养在华丽的宫殿中，它们呼吸到的空气纯净得多。因此，这些野马比圈养马更强壮、更敏捷，因为它们身体体现了大自然赐予的特征——充沛的精力和高贵的精神。那些被人工驯养的马，拥有的是人类赋予它们的特性——技巧和妍媚。

接下来，我要论述一下马的其他天性。虽然它们豪放狂野，但绝对不凶残，虽然与其他动物相比，它们的力气比较大，但它们从来不会主动攻击其他动物。如果其他动物攻击它们，它们也不会正面迎敌，仅仅是将其他动物赶走而已。它们是群居动物，聚在一起的原因不是害怕其他动物的攻击，而是体会群居的乐趣，因为它们无所畏惧，根本不需要聚在一起抵御敌人。此外，由于它们的主要食物是草粮，而草粮能够满足它们的需要，所以它们不会为了食物与其他动物作战，更不会为了争夺生存资源作战。它们从来不会欺负弱小动物，更不会劫夺同伴，而这是其他肉食动物具有的劣根性。因此，马总是能够和平相处，因为它们的愿望非常简单，而且有所节制，再加上大自然为它们提供了许多生活资源，所以它们根本不必嫉妒。通过人类饲养或者放牧的马匹，我们能够发现马的这些优良品质。

马的天性就是合群和温和，所以它们只能通过竞赛的方式表现人类需要的力量和热情。在奔跑时，奋力向前；在战争时，勇敢地越过河流和壕沟，即使面对危险依然勇往直前。这些奔跑得最快的马，最勇猛、最优秀，但经过驯化之后，它们会变得非常温和。

除了上述优良天性之外，马的体姿也十分优美。对于所有身材高大的动物来说，马的身体的比例是最匀称、最优美的。因此，如果我们将马与其他动物进行对比将会发现，驴子太丑，狮子的头太大，牛的身躯和腿比例失调，骆驼是畸形动物。至于其他体型更大的动物，如大象、犀牛，它们的体型只能被称之为肉团，毫无美感。此外，人类头颅与兽类头颅的主要区别是颚骨前伸，这是兽类的卑贱标志。不过，虽然马的颚骨非常长，但它并不像驴那样愚蠢，更不像牛那样呆板；相反，马脑袋的比例很协调，所以很有精神，而这些精神和颈部形状相辅相成。因此，马抬起头来就显示了自身的气质，在四足兽中拥有很高的地位，这样的姿态可以让它们与人类面对面。

马的眼睛炯炯有神，目光坦然；它的耳朵大小适中，形状也好，而牛耳太短，驴耳太长；它的鬃毛对应着头部，装饰着颈部，从而看起来强劲而高贵；长长的尾巴在身体后端，恰好到达身躯末端，与鹿和象的短尾不同，也与驴、骆驼、犀牛的秃尾有所区别。而且，马尾的组成是鬃毛，而这些鬃毛好像是从后面生长出来的一样。虽然马的尾巴不是翘起来的，而是向下垂，但对它来说非常适宜，尾巴可以左右摆动，驱逐为它带来困扰的苍蝇，尽管它的皮肤非常坚实，而且生长着厚且密的毛发，但依然难以忍受苍蝇的骚扰。

阿拉伯马

无论生活多么困难，阿拉伯人都会拥有马。阿拉伯人使用的马是骒马，这种马更能抵抗疲劳和饥渴，而且比其他的马拥有更多的优点，这种马的性格更加温和，而且嘶鸣比较少。阿拉伯人将马的群居习性保留了下来，它们常常聚集在一起，即使整体无人看管，它们也不会争斗，更不是互相厮杀。由于大部分阿拉伯人只有一顶帐篷，所以这顶帐篷还有马厩的作用。在这顶帐篷中，居住着阿拉伯人、骒马、马驹，所以即使小孩子靠在骒马或者马驹的身上，它们也不会伤害孩子，甚至是不会乱动，以免伤到主人。由于这种马习惯了生活在人群中，所以它们能够忍受人类的各种捉弄。

阿拉伯人温柔地对待马，还会对着它们说话、讲道理，绝对不会伤害它们。他们总是让马慢步缓行，一般情况下，绝对不会鞭打它们。而且，这种马非常聪明，只要感受到马蹬撞击肋部，马上就会奔跑起来，轻松地跨越障碍物或者沟壑。此外，这种马经过了良好的训练，当它们在奔跑时，如果骑手不小心摔下去，即使它们跑得飞快也会立刻停下来。

虽然这种马比较瘦，但体形非常匀称。阿拉伯人每天都会给马洗刷，不让它们身上有一点污泥；他们会认真地清洗马的四肢、鬃毛、马尾，尤其是在清洗马尾时会非常小心，以免将尾毛弄断，因为这种马的尾巴很长。这种马在白天不会进食，只会饮用几次水，但它们会在夜间吃东西，所以到了傍晚时，阿拉伯人会将一个口袋挂在马脑袋旁边，里面装着半斤左右的纯大麦，便于马食用。等到第二天口袋中的粮食被吃完之后，阿拉伯人会将袋子拿走。在每年的三月份，阿拉伯人会带着马到牧场上放牧，让它们自由享用青草，等到过了春季，他们再将马带回家。除了春季之外，阿拉伯人只会给马喂食少量的青草和饲料，干草也喂食的很少，主要是喂食大麦，所以大麦是马的主食。当马驹长到一岁多时，阿拉伯人会将它们的鬃毛剪掉，这样鬃毛才能长得又密又长。等到马驹长到两岁时，最迟是两岁半，人们便能够骑乘。当然，这个年龄段的马驹会被戴上嚼子和鞍具，待在帐篷门口，便于人们使用。

第二节　驴

驴能够忍受人类的惩罚和鞭打，而且对食物质量的要求非常低；它习惯食用最硬、最难以下咽的草，而这通常是马和其他动物吃剩下的草。

驴既不是秃尾巴的马，也不是退化的马。它不是外来物种，更不是杂交物种，而是与其他动物一样，有着自己的种类，血脉非常纯正。也许，驴的身份没有马显贵，但它与马一样，拥有悠久的历史。我难以理解，人们为什么蔑视这种和善、耐性佳、消耗少、实用性强的动物。难道人们天生就会瞧不起消耗少、要求低的动物吗？

如果我们将驴与马进行对比会发现：驴始终在遭受虐待，受到人们的鞭打或者儿童的玩弄，而马被人们豢养、驯养、照顾、训练。大家可能会说，人们也会豢养驴，但被豢养起来的驴，不仅无法得到人们的细心照料，反而丧失了原有的自然天性。确实，驴没有显著的优点，而仅有的优点也在人们的残酷折磨中——粗俗的村民将它们当作玩偶，肆无忌惮地嘲笑它们；人们随意鞭打它们，强迫它们驮运重物——消失殆尽。我们的目光很短浅，从来没有意识到，如果世界上不存在马，驴在牲畜中的地位就是最高的，身形标准，比例匀称。正是马的存在占据了第一的位子，所以驴只能退居第二，或许就是因为这样，所以它在人们眼中才会无足轻重。我们的这种偏见降低了驴的地位，因为我们将它与马进行对比，所以产生了各种不满和批评；更重要的是，我们忽视了驴的天性中的各种优点和才能。因此，准确地说，与马相比，驴缺少的仅仅是优美的外形。

马的天性是豪迈奔放，而驴的天性是温和谦恭，而且驴能够无怨无悔地忍受人们的鞭打和惩罚。在食物方面，驴的要求非常低，它食用最硬、最难下咽的草，而这些草是马和其他动物不屑吃的。不过，在饮水方面，驴比较挑剔，只会饮用最纯净的水，而且只饮用自己熟悉的溪流中的水。在饮水时，驴非常节制，绝对不会将鼻子放在水中，据说，这是因为驴害怕自己耳朵形成的影子。在吃饱喝足之后，驴常常在草地上打滚，与马不同之处在于，驴不会在污泥中打滚，甚至害怕弄湿四肢，总是绕着泥浆行走，因此，驴的四肢要比马的干净得多。驴很容易被驯养，能够帮助人们驮运重物。驴在空闲时，常常躺在地上打滚，好像在抱怨主人对自己的关心太少。不过，驴更多的时候是站着观望远方的风景。

在幼年时期，驴非常快乐，它的体形很漂亮，带着几分轻盈和雅致。不过，随着年龄的增长，驴很快就失去了这些优势；但最主要的原因是，人们给予它们的不公平待遇。在这些恶劣条件的影响下，驴变得越来越迟钝，而且顽固愚蠢。但是，驴对自己的孩子非常有爱心，老普林尼曾说："当人们强行将它们分开时，母亲会不顾一切与子女相会，甚至是穿越熊熊大火。"（老普林尼是拉丁著名的博物学家和作家，著有《博物学》一书，老普林尼在这本书的第八卷中说："母驴非常爱护自己的孩子，但它们对水的憎恶更加强烈。它们为了小驴可以穿越大火，但不会淌过一条小溪，不肯弄湿蹄子，对水的恐惧到了极点。"）

虽然驴常常受到不公平对待，但它们依然依恋自己的主人，甚至在很远的地方就能闻出主人的气息。它们能够记住居住的地方，还有经常走的路。根据人们的观点，这是由于驴的视力很好，嗅觉敏锐，耳朵很长。不过，人们根据这些特点将驴划分到羞怯的动物中，据说，胆小动物的耳朵都比较长，而且听觉灵敏。当驴驮着重物时，它的头部下垂，耳朵耷拉着；当人们折磨它时，它会出现厌恶的表情：撅着嘴巴，一动也不动，好像在无声抗议。当驴躺着时，假如我们将它的脑袋摁住，让它的一只眼睛贴着地面，然后用木头或者其他东西遮住它的另一只眼睛，它依然一动也不动地躺着。驴的走路姿势与马的相似，但幅度比较小，速度也比较慢。与马相比，驴的持久力差一些，尽管最初它能跑一段路，但如果我们一直催促它奔跑，不久后它就会疲惫不堪。

第三节 牛

假如人们离开了牛，将会难以生存；人们赖以生存的土地会变得寸草不生、贫瘠荒凉，农田和苗圃也会失去生机。假如离开了牛，乡村的农活无法正常进行，所以牛是农民的好帮手，更是乡村生活的顶梁柱，在农业发展中有着重要作用。

牛、羊等草食动物与人们的关系非常密切，而且给人们提供了许多帮助。它们不仅能够为我们提供食物原料，而且不会过多地索取。在这些动物中，牛是最出色的，不仅会将取自大地的一切贡献出来，而且粪便还能使土壤变得肥沃。在这一点上，牛比其他动物都要优秀，因为在很短的时间内，后者就能够让青草肥沃的土地变得贫瘠荒凉。

不过，牛还能为我们提供其他好处。如果离开了牛，人们将会难以生存；人们赖以生存的土地也会变得寸草不生、贫瘠荒凉，农田和苗圃也会荒废；假如没有牛，乡村的农活将会难以运转，所以牛是农民的好帮手，更是乡村生活的支柱，而且是促进农业发展的重要力量。以前，它担负着为人类创造财富的重大责任；现在，它依然是一些国家——尤其是依靠耕地、畜牧业的国家——走向致富之路的基础。因此，它是实实在在的财富，而黄金、白银仅仅是流动资产，只是象征意义上的货币。所以与牛相比，后者价值的实现依赖的是土地产品，而牛的作用是发展土地产品。

与马、驴、骆驼等动物相比，牛不适宜驮运东西，这是由它的背和腰的构造决定的。不过，牛有自己的优势，颈项比较厚，肩膀比较宽，这说明它适合牵拉类的工作，它的身体构造决定了它的主要作用是耕耘。而且，由于牛的体形庞大，脾气温和，足蹄较低，耐性绝佳，这些特点都说明它适宜耕耘。与其他动物相比，牛拥有克服困难的耐性。虽然马的力量要比牛的大，但它的身体构造不适宜耕耘，因为它的腿太长，动作敏捷，性情焦躁。牛做的是琐碎的事情，这些事情需要耐心，需要体能，需要灵巧，或许正是因为这些琐事，牛失去了原有的轻快、柔和、优雅。

耕牛

对于一头耕牛来说，体形既不能太肥，也不能太瘦，头要短且粗，耳朵要大；身体要壮实，毛皮要平滑且密实；犄角要有力，而且要有光泽；前额宽大，眼睛炯炯有神；鼻子要粗，而且鼻孔需要张开；牙齿要整齐洁白，嘴唇要发黑；肩膀和胸部都要宽；颈部的肉要多，颈部的垂皮要到达膝盖部分；腰部和腹部要宽厚，臀部要结实；后肢要粗壮有力；尾巴要到达地面，而且尾端是一小撮细毛。此外，皮肤粗糙坚韧，肌肉发达，趾短且宽，脚步坚定。上述特征就是耕牛的应有特点。

当然，耕牛需要有灵性，服从人类的命令。不过，人们在驯养耕牛时需要循序渐进，这样才能让它甘心为人类服务。当耕牛两岁半左右时，人们开始驯养它，如果超过了这个时期，驯养起来就比较困难，甚至难以制服它。如果超过了这个年龄段的时间比较长，人们需要耐心驯养它，通过温和的抚摸制服它，绝对不能使用武力或者暴力手段，否则会适得其反。因此，人们要轻轻抚摸它的身体，给它喂食喜欢吃的食物，如大麦糊、磨碎的蚕豆、掺盐的饲料等。同时，人们需要绑缚牛角，然后套上牛轭，使其与体格相符，而且常常让它与训练好的牛一起耕耘。当我们训练耕牛的集体意识时，一定要小心地将它们拴在距离草场不远的地方，然后牵着它们慢慢走近草场，让它们相互了解，习惯群居生活。在训练耕牛时，尽量不要使用刺棒戳它们，除非它们很难驯服。此外，在耕牛还没有训练成功时，让它们从事比较少的耕耘工作，因为此时的它们容易疲劳。在这个时期中，还要控制它们的食物的量，只有训练出现进展之后，才能让它们食用更多的食物。

水牛

水牛性格多变，性情暴躁，所以很难驯服。此外，水牛的生活习性都是原始状态，具有一定的野蛮性。水牛的外表比较脏，仅仅比猪干净一点而已。水牛的野蛮性决定了人们难以靠近它，所以无法为它清洗，再加上它的面孔粗大，目光呆滞，充满敌意，所以人们很难喜欢它。水牛的头部下垂，几乎没有抬起过；它的四肢瘦弱，尾巴短且粗，面部黝黑。

在身材方面，水牛的身躯又粗又短，四肢细小，头部较小。这样一来，水牛的头部与身体不成比例。水牛的犄角比较尖，前额有一小撮短且卷的毛；它的皮又硬又厚，肉既难吃又难闻；它的奶水比较难喝，但产量非常高，所以热带地区的许多奶酪是用水牛的奶制作而成。即使是幼小的水牛，肉质也比较差，只有舌头好一些。水牛的皮与其他部位相比，价值比较高，因为牛皮结实且轻盈，几乎难以穿透。

水牛强劲有力，所以是耕地的好帮手。在耕地时，人们将一个套环穿过水牛的鼻子，便于控制它的前进方向。在拉车时，两头水牛的力量相当于四匹马的力量，因为水牛的脑袋和颈部下垂，所以拉车时使用的是全部力量，而这种力量比马的力量大得多。

第四节　羊

一般来说，不同动物的天性也不相同，但山羊和绵羊的天性非常相似，它们的构造几乎一模一样，饲养、交配、繁殖等方面都相同，甚至会得相似的病。

绵羊

在人类的照料和帮助下，绵羊才能够存活到现在，而且继续繁殖下去。因为绵羊本身没有生存能力，尤其是母绵羊，甚至连自我保护都做不到；公绵羊的情况好一些，但仅仅有一点自我保护能力而已。公绵羊只会逞一时之勇，但这种勇气无法保护自己，更不能保护同伴。而且，与母绵羊相比，公绵羊更羞怯、更怯懦，即使听到轻微的响声都会让它们胆战心惊，所以它们聚集在一起只是为了消除心中的恐惧。此外，它们不仅懦弱，而且非常愚蠢，因为它们不懂得危险，甚至无法感觉到危险的降临。它们始终待在住处，无论是刮风还是下雨都一样，如果想让羊群迁徙，必须有领头羊带路，它们才会跟着行动。当然，领头羊也会待在原处，就像其他羊一样，只有牧羊人或者牧羊犬驱赶它，它才会动。牧羊犬在驱赶羊群时，不仅会保护它们的安全，还会控制它们的行走路线，指挥它们分散或者聚拢。

这种动物习性朴实，但十分脆弱，不能长时间行走或者旅行，因为这会让它们疲惫不堪，甚至导致虚脱。如果它们急速行走，心跳会变得很快，导致呼吸困难。而且，气候对它们的影响比较大，无论是炎炎烈日，还是凛冽寒风，它们都难以抵抗。此外，它们很容易生病，尤其是具有传染性的疾病，甚至有时肥胖都能让它们丧命，这些都是母羊繁殖的阻力。而且，母羊很容易难产，所以它们需要人类的细心照顾。

山羊

与绵羊相比，山羊的感情丰富，而且本领强得多。山羊不仅不会害怕人类，还非常依恋人类，能够与人类和平相处，喜欢人类的抚摸。而且，山羊动作敏捷，思想活跃，性情活泼，所以我们很难将它们聚集在一起。山羊不喜欢群居生活，常常在悬崖峭壁上建造住所，甚至能够在悬崖峭壁上生活。它们身强体壮，食用各种草料，所以很容易饲养。

一般而言，不同动物拥有的天性也不相同，但山羊和绵羊的天性很相似，它们的身体构造几乎相同，饲养、交配、繁殖等方面都一样，甚至会得相同的病。不过，它们之间也有细微差别：山羊不容易得病，而且能够抵抗酷热，甚至能够在烈日下休息，在强光的照射下不会感到不舒服。尽管山羊不害怕酷热，但它们害怕严寒，这一点类似于绵羊。绵羊在户外活动非常节制，而山羊在野外非常活泼，将好动的性格充分表现出来：它们时而跳跃，时而奔跑，时而步行，时而静止，时而靠近，时而离开，时而逃跑……它们的这些行为是由它们的内心情感决定的，而不是其他的确定性因素。此外，它们的身体构造和充沛精力让它们行动敏捷。这些特点都说明了山羊的本性。

原山羊、岩羚羊与其他山羊

总体而言，原山羊、岩羚羊、家山羊这三种动物是同一物种。在这个物种中，雌性非常相似，属性比较稳定；而雄性中形成了一些变种，彼此之间有着一定的差别。根据这个符合自然规律的观点，人们认为原山羊是由雄性山羊演变而来，而岩羚羊是由雌性山羊演变而来。这个说法并不是我的想象，而是通过实验可以进行证明。在自然界中，某些雌性物种能够与其他物种的雄性进行交配，并产下后代，如母绵羊与公山羊交配能够产下小绵羊，而且能够保留自己物种的独特性状；但是，公绵羊与母山羊交配之后，无法产下绵羊后代。因此，我们可以这样认为，母绵羊是公绵羊和公山羊的共同雌兽，它是一个独立的物种。原山羊的情况相似，母原山羊是原始物种的代表，因为它的属性非常稳定；但是，雄性原山羊出现了一些变化。从表面看来，家养母山羊是一个物种，它类似于母原山羊和母岩羚羊，可以与上述三种雄性进行交配，但雄性本身有了一些变化，虽然它们的组合变了，但后代不会出现本质变化。

这些关系能够体现事物的本性。一般来说，与雄性动物相比，雌性动物为了保留物种做出的努力更多，尽管雌性和雄性在创造最初形态的动物时都尽了力，但后来是母兽独自提供幼兽需要的一切，所以在改变或者同化幼兽的天性方面的作用更加重要。这样一来，雄性天性中的许多特征就消失了。因此，在我们辨别一个物种时，首先需要观察雌性的特征。雄性仅仅形成生物的一半，而另一半是由雌性决定的，而雌性还提供形态发展过程中所需的一切物质。一个漂亮母亲的孩子同样漂亮，而一个美男子与一个丑女的孩子总是很难看。

因此，对于同一个物种来说，有时可能会形成两个亚种，一个雄性亚种和一个雌性亚种。这两个亚种有着相似点，但也有一些明显的不同，好像来自于两个不同的物种。这就是我们无法明确区分“物种和变种”的根本原因。

第五节　猪

曾经，有人看见一只老鼠在猪背上啃食它的外皮，但猪好像没有任何感觉，这说明猪的触觉很迟钝。

对于四足动物来说，猪的进化是最不完整的，它的形体上的缺陷可能是主要原因。在我们看来，它的习性粗俗，口味肮脏。它甚至不会分辨食物的好坏，只是肆无忌惮地吞食一切，甚至会食用自己孕育的小猪崽。猪对食物的贪婪可能是由于它的消化系统太强，所以需要不停地食用东西，或者因为它对食物的要求太低，所以需要暴饮暴食麻痹自己的味觉神经。

猪的皮毛粗糙，皮肤很硬，脂肪非常厚，所以不在意人们的鞭打。曾经，有人看见猪背上有一只老鼠，这只老鼠正在啃食猪的外皮，但猪好像没有任何感觉，由此看出猪的触觉非常迟钝。类似于迟钝的触觉，猪的味觉也很迟钝，但其他的感官都很好——经验丰富的猎人都知道，在很远的地方，野猪就能够看见人，甚至是感觉到人的气息。因此，为了能够成功偷袭野猪，猎人会整夜蹲守，而且在下风口守候，避免野猪闻到气味不会进入陷阱；假如猎人在上风口蹲守，野猪在很远的地方就能闻到气味，然后逃之夭夭。

猎人都知道，不满三岁的野猪总是聚集在一起，成群结队地跟随着它们的母亲，等到它们长得足够强壮时，才会单独行动。此外，这类动物为了保护自己常常主动聚集在一起，当受到攻击时，能够依靠群体的力量抵御外敌，相互支援。在面对劲敌时，它们会围成一个圈，身强体壮者在外围，老弱幼小在中间。家猪也是一样，所以不需要狗的保护。不过，家猪很难驯服，即使是身体强壮、身手灵活的成年人，也仅仅能够放牧50多头家猪而已。

秋季时，牧人会将猪养在树林中，因为那里有丰富的果实，可以为野猪提供充足的食物；夏季时，他们会在潮湿的沼泽地里放养猪，因为那里有许多昆虫和植物的根茎；春季时，他们将猪放养在荒地中，每天放牧两次，第一次是从早晨到上午10点，第二次是从下午2点到黄昏；冬季时，每天就放牧一次，而且是天气良好的时候放牧，因为猪无法抵抗寒风暴雪等恶劣天气。因此，我们常常发现，当电闪雷鸣、大雨降临时，猪会到处乱跑，而且一边跑一边叫。不过，我们很少听见野猪的嚎叫声，除了母野猪之外，但公野猪受到重伤时也会嚎叫。当野猪受到惊吓之后，便会剧烈地喘息，声音很大，能够传到很远的地方。

第六节　狗

狗不仅有着优美的外形，强壮的身躯，灵活的身手，还有许多优秀的内在品质，这些更能引起人们的注意。

看家狗

在讨论一个人时，人们首先重视的是气质，接着才是外表；首先重视的是勇气，接着才是力气；首先重视的是情感，接着才是俊美。同理，在讨论动物时，人们也认为动物最重要的是气质。正是因为存在气质，所以动物与木偶或者植物有了一定的区别，而且能够与人类相处；另外，正是因为动物有情感，所以能够产生愿望，具有自己的意志和活力。

因此，在人们眼中，动物的情感有着重要作用，甚至情感的完美程度决定了动物的完美程度。动物的情感越丰富，它们的能力越强，存在价值越高，越容易与其他动物建立联系。假如这种动物的情感非常细腻、敏锐，还能在驯化中变得完善，那么，这类动物可以作为人类的好帮手，帮助人们做一些事情，照顾人、帮助人、保护人。而且，这类动物知道通过勤勉的服务、亲昵的姿态，向人类表达自己的情感，所以人们对这类动物宠爱有加。

在这类动物中，家犬算是佼佼者，它不仅具有优美的体形，强壮的身躯，活泼的性格，还有许多内在优点，值得人们关注。但是，它们的亲戚——野狗，由于性情暴躁，凶猛嗜血，所以招来人们的厌恶。与野狗相比，家犬将暴躁性情转化成了温和情感，家犬喜欢与人类亲近，将讨人欢喜当作目的，匍匐在主人的脚下，把自己的勇气和精力都贡献给主人，时时刻刻在等待主人的命令。它能了解主人的想法，即使是一个眼神，它就能知道主人的意愿。因此，虽然家犬不具备人的思想，但它拥有与人类相似的情感，而且还有爱心和不变的忠诚。它没有野心、没有私欲，更没有报复的想法，它只怕自己不能让主人高兴，其他的都不害怕；它非常勤奋，而且很柔顺；它会牢记人类的恩德，总是忘记人类带给它的侮辱。当人们虐待它时，它会忍受虐待，并尝试着忘记虐待；当人们折磨它时，它不仅不会恼羞成怒，还做好了迎接新折磨的准备；它用舌头舔一舔鞭打它的工具或者人类的手，好像在向人类诉苦。总之，它有绝佳的忍耐力，还有温顺的性格，使得人们不忍心继续责打它。

此外，与其他动物相比，狗更容易被驯服。在短时间内，它不仅能够被成功驯化，还能懂得人类的各种动作或者口令的含义，而且能够表现出人类的情感：对着富人是一副傲慢的样子，对着乡民是一副卑俗的模样；对着主人献殷勤，并能通过言行举止、音容笑貌确定哪些人是不速之客，阻止他们靠近。当它在夜间看护主人的宅院时，从远处就能察觉到闯入者的靠近，如果他们试图翻越围墙，它会上前阻挠，并不停地吠叫，警告闯入者速速离去；如果闯入者一意孤行，它就会扑上去与其搏斗，竭尽全力保护主人的家宅。当它打败闯入者之后，会觉得无比光荣，表现出一副勇敢无畏的样子。

因此，我们想象一下，假如离开了狗，世界将会变成什么样子，这样我们才能意识到狗的重要性！如果离开了狗的帮助，人类就无法征服其他动物，更不能奴役其他动物；即使现在没有狗，人们依然无法发现、驱逐、消灭某些对人类有害的动物。总之，人类为了自己的安全，为了确保万物之灵的地位，需要不断在动物界中寻找帮手，通过温和的手段与亲切的态度将具有服从意识的动物聚拢在身边，以便借助它们的力量对付其他动物。这就是人类驯化狗的主要目的，随着人类对狗的驯化，人类开始了征服大地的行为。

在自然界中，由于许多动物比人类灵敏、强壮、凶猛，所以当人类驯服狗之后，相当于获得了新的感官，弥补了人类本身的不足之处。虽然我们制造了多种机械器材，以便完善我们的感官，但在性能方面来说，这些器材无法与大自然提供的器材——狗——相提并论。因为它不仅能让我们的感官变得完善，还能为我们提供统治其他动物的力量。与其他动物相比，服从人类命令且忠心耿耿的狗，永远具有人类赋予它们的高贵身份——指挥其他动物，让牧群服从它的命令，甚至有时比牧人更有权威，而牧群是它管制之下的群体，接受它的领导和保护。它辛勤的劳动换来了牧群的安全和秩序，除非是为了维护牧群的安定，否则它不会使用暴力。

猎犬

猎犬在听到猎人给出的信号之后，如枪声、号角声，它们马上就会精神抖擞，并迅速进入备战状态，通过蹿跳或者吠叫表达自己的战斗热情。当作战命令下达之后，它们会悄悄前进，熟悉周围的环境，抓住躲避起来的猎物。一般来说，它们常常通过猎物的脚步发现猎物的踪迹，并向主人传递消息，如与猎物之间的距离，猎物的状况等。

不过，猎物也能感受到危险的降临，它们会争相逃命，当意识到无法逃脱时，便会与猎狗斗智斗勇——在逃跑时，猎物会使出全部本领，让人们惊讶不已：为了消除行走的痕迹，它们会反复行走；它们一路上躲躲闪闪，不停地跨越大路或者栅栏，甚至是从溪流中淌过。如果猎狗穷追不舍，猎物觉得自己无法逃脱后，便会尝试着寻找替死鬼：让猎狗去追逐年轻、经验少的同类，自己先和这个同伴一起逃跑，等到两者的足迹混合在一起后，它会突然离开同伴，以便让猎狗追逐这个倒霉的替死鬼。

不过，猎狗都是经过了良好的训练，所以猎物的这些小伎俩无法瞒过猎狗的眼睛，它通过自己的敏感嗅觉始终跟着追踪目标，甚至可以在一团乱麻中找到自己需要的线索，并认真地搜索每一个角落。而且，它不会放弃原来锁定的猎物去追赶另一个猎物，而是通过各种技能坚持追赶最初的猎物。当它追上猎物之后，毫不留情地攻击猎物，将其置于死地，然后喝其血以解心头之恨。一只经过良好训练的猎狗能够明白主人的各种意图，知道什么时候应该奋力追赶猎物，也知道什么时候应该停止不前。在食物方面，每天只需要喂猎狗一次，而且人们在喂食时一定要控制食物的量，不能让猎狗吃得太饱。

猎狗的耳朵比较大，常常处于下垂状态。它们的嗅觉灵敏，忠于主人，是猎人的最佳帮手。

第七节　猫

虽然猫的体形优美，姿态优雅——幼年时更加显著，但它们拥有其他动物所欠缺的狡猾，还有虚伪的天性，喜欢恶作剧的习惯，随着年龄的增长，这些特点日益显露出来。

对于人类来说，猫并不是一种忠实的动物，人们驯养猫的主要原因是让它消灭家庭的祸害——老鼠这种动物。尽管猫的体形优美，姿态优雅，尤其是幼年时期，但它们生性狡猾，而且非常虚伪，这是人们讨厌猫的主要原因。随着年龄的增长，猫的这些特性更加显著，即使经过驯养依然无法改变。当猫足够大时，它们会变得更加狡猾，时时刻刻都在迎合主人、奉承主人。此外，猫还喜欢掠夺，但它们会通过狡猾的手段隐藏自己的意图。从表面来说，猫与人类相处融洽，但它们不会主动学习如何融入人类的生活。它们常常用不解的目光望着人们，而且不会直接接触喜欢的人，总是绕着圈子接近人；它们喜欢人们的抚摸，因为抚摸会让它们觉得非常舒服。一般来说，忠诚的动物与人类的感情都非常亲密，但猫与人类相处只是为了得到宠爱。由于这种天性，所以猫与人之间的关系还算融洽，但与狗之间难以和睦相处。

猫的天性直接影响到它的性情：外表漂亮，身手灵活，喜欢干净、安逸的生活，总是将最柔软的东西铺在自己的住所中。

幼猫不仅漂亮，而且活泼可爱，所以可以当作孩子的玩伴，但它拥有锋利的爪子，这成了它与儿童相处的阻力。而且，在其天性的影响下，它们喜欢伤害其他小动物，所以它们常常蹲在笼子旁边，试图伤害笼中的小鸟。尽管猫没有接受过训练，但它们在捕捉猎物时，身手非常灵活，即使是受过良好训练的狗也无法与其相提并论。它们习惯窥视、偷袭各种弱小动物，如小鸟、小兔、老鼠、田鼠、鼹鼠、蟾蜍、青蛙、蜥蜴、蛇等。它们的习性使得它们难以被驯服，由于没有灵敏的嗅觉，所以只能眼睁睁地看着小动物消失在远方。它们从来不会主动追赶小动物，而是长时间守候，然后伺机偷袭它们。等到抓住小动物之后，它们会好好地玩弄一番，然后将其杀死，即使是不饿时也会如此。

虽然它们与人类生活在一起，但我们不能将它们称为人类的宠物，因为它们只会根据自己的意愿在人类的住所随意行走，当它们不想待在某个地方时，人们绝对无法让它们待在原处。

猫生来就畏惧水、害怕寒冷、讨厌异味；它们喜欢待在阳光下，或者是烟囱、壁炉等温暖的地方。它们的睡眠比较浅，但总是装出一副熟睡的样子。它们常常慢慢行走，而且不会发出一丝声音；它们常常在距离自己住所很远的地方排泄，然后用泥土将自己的排泄物掩埋起来。它们喜欢整洁，所以它们的皮毛总是无比光滑，甚至在黑暗的夜晚能够看见它们的皮毛闪光；此外，它们的眼睛在黑夜也会发光。

第八节　鸡

公鸡始终在照顾母鸡，带领母鸡，保护母鸡，将远处的母鸡唤回自己身边，遇到危险时会发出警告。只有母鸡围绕在公鸡身边安心地吃东西时，它才会低下头悠闲地进食。

公鸡

公鸡是一种很普通的家禽，它在行走时脚步沉稳、缓慢，由于翅膀非常短，所以无法飞行。它们常常发出嘹亮的啼声，无论是白天还是黑夜，总是漫不经心地鸣叫，但有些时候它们的叫声毫无规律，而且它们的叫声与母鸡的叫声有着天壤之别。它们用爪子四处刨土，寻找能够食用的东西，甚至会吃下种子中夹杂的石子，这些石子可以促进消化；它们常常将水含在口中，然后抬起头将水咽下去。睡觉时，它们将头藏在身体一侧的翅膀中，将一只脚悬空。它们的身体和喙好像都是平的；脖颈向前抬起；头上是红色的鸡冠，喙的双膜同样是红色的，但它们不是肉状物或者膜状物，而是一种特殊物质。

强壮的公鸡应该具有这些特征：眼睛炯炯有神，神态豪迈，动作优雅。如果母鸡和公鸡来自于同一窝，它们的后代可能是纯种；如果我们想要改变鸡的品种，必须让不同的鸡进行杂交。不过，无论是挑选哪一种鸡，这些鸡都必须炯炯有神，鸡冠殷红，没有任何疾病，而且鸡的身体要匀称；它们的羽毛要宽，腿要低。农妇更喜欢黑母鸡，因为与白母鸡相比，它们的产蛋量更高，也更容易躲避空中猛禽的攻击。

公鸡会特别爱护母鸡，甚至会因为它们的不安而忧心。公鸡一直带领着母鸡，照顾它们，保护它们，遇到危险时发出警告，只有看见母鸡在自己身边吃东西时，公鸡才会安心地进食。通过公鸡声音的变化和不同的表情可知，它在对母鸡说不同的话，当失去母鸡之后，它会觉得非常遗憾。虽然公鸡的嫉妒心很强，而且多情，但它不会冷落任何一只母鸡。只有在面对竞争对手时，公鸡的嫉妒心才会表现出来，如果母鸡群中出现了另一只公鸡，它会毫不犹豫地与其进行斗争，直到将对方打倒，或者自己被打败，从而离开这个地方。我们知道，公鸡都会打鸣。其实，公鸡的打鸣就是在宣布主权，借此向其他公鸡宣布自己的崇高地位，警告其他公鸡不要侵占自己的领地。白天时，大约每隔一个小时，公鸡就会打鸣一次。早晨时，公鸡的鸣叫声就是在告诉人们天亮了，该起床了。

母鸡

在孵小鸡时，母鸡表现出高度的敬业精神，兴致勃勃地照顾着那些正在形成的小生命。当小鸡还未孵化出来时，母鸡始终守护在旁边；等到小鸡孵化出来之后，它们的爱心会更强。刚刚孵化出来的小鸡非常脆弱，所以需要母鸡的精心照料和保护——母鸡时时刻刻都在为小鸡操心，为它们寻找食物。当粮食不充足时，母鸡就用爪子刨土，将土里的食物挖出来喂给小鸡吃。如果小鸡迷路了，母鸡会将它唤回自己身边，然后将它们保护在自己的翅膀下，以便躲避危险，然后喂它们吃东西。由于母鸡对待小鸡非常热情，所以很容易看出一只带领着小鸡的母鸡和另一只没有带领小鸡的母鸡的区别：通过竖起的羽毛，伸长的翅膀，嘶哑的声音，丰富的表情，强烈的母爱等方面，都能发现它们的不同之处。

当危险降临时，母鸡为了保护小鸡，常常不顾自己的安危，勇敢地面对危险。如果空中突然出现了一只鹰，这个弱小的母亲可以跑去求援，但为了保护自己的孩子，它会变得无比坚强。它会冲到前方，通过高声鸣叫或者拍打翅膀恐吓这些猛禽，猛禽一般不会与母鸡进行搏斗，而是离开去寻找更容易捕捉的猎物。

母鸡会耐心地教小鸡如何寻找食物，如何用土洗澡等。它会一遍一遍地教，从来不会觉得不耐烦。当它发现了食物之后，便会大声咯咯叫，呼唤小鸡过来吃东西。它常常半蹲着，便于小鸡躲在它的翅膀下。这样，小鸡不仅能够躲避其他动物的攻击，还能在母鸡的翅膀下取暖。

上述内容让我们明白，在对待小鸡时，母鸡表现出了一切良好品质，但这并不能为它增光添彩，因为即使让它孵化其他家禽的蛋，它依然会付出全部的热情，就像对待自己的蛋一样。而且，它永远都不知道，自己仅仅是这些幼雏的奶娘，而不是真正的母亲。当这些幼雏在小河中玩耍时，母鸡会表现出惊慌和不安。它想随着这些幼雏进入水中，但由于自己害怕水，所以只能在岸边焦急地等待，甚至觉得非常懊恼——因为眼睁睁地看着自己孵化出来的幼雏处于危险中，自己却没有办法营救。

第二章 野兽

动物历史不是单个动物的历史，而是全部动物构成的历史，所以在描述动物时要讲述它们的产地、本能、习性、怀孕期、繁殖期、幼崽的数量、父母的照料、饲养类型、寻找食物的方式等各个方面，还要描述它们的作用，为人类提供的服务。这就是布封在讲述野兽时的论述结构，这种论述的全面性和综合性对18世纪之后的博物学发展有着重要作用。

第一节 鹿和狍子

在丛林中，鹿是最高等居民，生活在高大乔木覆盖的地区；狍子是低一等居民，生活在矮丛林中，或者小树林中。

鹿

鹿的视觉、嗅觉、听觉都非常灵敏。在倾听时，它会抬起头，竖起耳朵，这样能够听到遥远地方传来的声音。当它要走出树丛，或者走向另一个地方时，首先会仔细观察四周，然后寻找下风口，以便感受是否存在危险。鹿天性单纯，但非常机灵，当它听到远处传来的声音时，马上就会停止不前，用诧异的目光注视着声音能够到达的地方。当鹿遇到人群或者车辆时，如果它意识到人们没有携带武器和猎犬，便会安心地前行，骄傲地从人们身边走过去。鹿喜欢聆听牧羊人的笛声，所以猎人有时会用笛声诱捕它。

一般来说，鹿不害怕人，但害怕狗。它吃草时非常慢，等到吃饱之后，便会找个地方反刍。鹿的反刍比牛的反刍困难一些，它需要一下下地抽动，将胃里残留的草反刍到口中继续咀嚼。鹿的反刍不同于牛的反刍的原因在于，牛的脖子又短又直，而鹿的颈又长又弯，所以想让胃中的食物回到口中，需要花费更多的力气。这种动作与打嗝相似，反刍的过程中一直在持续。随着年龄的增长，鹿的鸣叫声越来越高、越来越粗，而且更加颤抖；但牝鹿的声音微弱且短促。

冬季时，鹿的饮水量不大；春季时，它的饮水量更少，因为嫩草上的露水就能使其解渴。不过，在炎热的夏季，它常常去小溪、沼泽、泉边等地饮水。当天气非常炎热时，鹿会到处寻找水源，一方面是为了解渴，另一方面是为了沐浴，让自己变得比较凉爽。它有着高超的游泳技术，曾经有人看见它横渡大河；甚至有人说，它们可以从海中的一座岛上游泳到另一座岛上，即便两座岛之间有着遥远的距离。鹿还擅长跳跃，在它们被追捕时，能够轻易地跨越树篱，或者是两米高的栅栏。

随着季节的变化，鹿的食物也有所改变：秋季时，它们食用绿色灌木的花蕾、荆棘、叶子等；冬季时，它们食用树皮和苔藓；春季前期时，它们食用葇荑花序、榛树花、芽孢等；春季后期时，它们在田地中食用麦苗；夏季时，它们可以食用多种食物，但最喜欢的是燕麦和泻鼠李。

狍子

在丛林中，鹿是最高贵的居民，生活在高大乔木覆盖的地区；狍子是低一等的居民，居住在矮树丛或者小树林中。与鹿相比，狍子的力气小，身材也小，但它们更加活泼、可爱，动作轻盈，警觉性高。它的体形圆润、优美，所以外貌很好看，尤其是眼睛非常漂亮，眼神中包含着激情；它的四肢灵活，动作敏捷，所以跳跃时十分轻盈；它的皮毛光滑干净，因为它从来不在泥水中打滚，喜欢待在地势高且干燥的地方，呼吸着新鲜的空气。

此外，狍子要比鹿狡猾，所以追踪起来更困难。不过，狍子身上有一个致命缺点——散发出来的气味很重，这会对猎犬造成刺激，促使它们不停地追逐。不过，由于狍子的奔跑速度快，而且善于兜圈子，所以很容易甩掉猎犬的追踪。狍子在逃跑时，不是毫无目的的到处乱跑，而是懂得使用计谋，当它觉得自己逃跑无望时，便会按照原路返回，来回兜圈子，将原来的气味和现在的气味混合在一起，然后离开这个圈子隐蔽起来，趴在地上一动也不动，让追捕的猎犬继续向前追捕。

鹿是群居动物，但狍子不同，它们是以家庭为单位聚集起来，所以关系生疏的狍子从来不会聚在一起。

第二节 兔

虽然野兔和穴兔的外表和结构非常相似，但不应该将它们混为一谈，因为它们之间有着显著差别。而且，与野兔相比，穴兔的繁殖能力更强。

野兔

野兔主要是在夜间寻找食物，它们的食物是草、植物根、树叶、水果、种子等，而野兔最喜欢的是味美汁多的植物。在冬天时，野兔甚至会食用树皮，但它们从来不吃桤木皮和椴木皮。如果我们想要饲养野兔，主要是给它们喂食莴苣或者蔬菜，但人工饲养出来的兔肉味道不好。一般来说，野兔两天才会食用一次东西。

白天，野兔会在洞窟中休息；夜晚，它们才会出去觅食、散步或者交配。因此，我们只有在夜间才能看见野兔嬉戏、跳跃、玩耍。不过，细微的响声——一片树叶落在地上的声音——就能惊扰野兔，让它们四处逃窜。野兔是一种非常羞涩的动物。在交配季节，雄兔为了表现自己的优势，总是相互追逐，而雌兔总是用爪子骚扰雄兔，好像是在考验雄兔的耐心。

野兔的睡眠时间比较长，而且睡觉时睁着眼睛。野兔的眼睑上没有睫毛，所以它们的视力不佳，但听觉非常灵敏。对于野兔的身体来说，它的耳朵非常大，长长的耳朵转动起来非常灵活，奔跑时具有导航作用，用来引导前进的方向。它们的奔跑速度快，很容易超越其他动物，由于它们的前腿比较短，后腿比较长，所以往高处跑更方便。因此，当它们被追赶时，总是习惯向着高处逃生。它们的奔跑是一种轻快的跳跃。它们行走时没有丝毫声音，因为它们的脚底和脚掌上都是毛，而且它们的口腔内也长着毛，甚至可能是口腔内长毛的唯一一种动物。

对于闲散乡民来说，猎捕野兔不仅是一种娱乐活动，更是它们的谋生方法。在猎捕野兔时，不必准备任何工具，也不需要什么花费，所以任何人都可以去做这件事情。在清晨或者傍晚，人们在树林中等待野兔归来或者外出；白天，人们在野兔的栖息地寻找它们。阳光明媚、天气晴朗时，野兔奔跑了很长时间，返回窝中休息时，身上散发出来的热气会形成水汽，经验丰富的猎人在远处就能看见。因此，根据野兔的这个特征，猎人很容易将野兔堵在洞窟中。一般来说，野兔不会害怕人类的靠近，尤其是人们假装没有看见它，或者迂回地走向它，而不是径直向它靠近。但是，野兔非常害怕狗，只要听到狗的声音或者感觉到狗的袭击时，马上就会逃走，虽然它的奔跑速度比狗的速度快得多，但它不是沿着直线逃跑，而是在一个地方转来转去，所以狗轻易就能追上它。因为猎狗追逐猎物主要是依靠视觉，而不是嗅觉。

野兔喜欢居住在干燥的地方。夏季时，野兔常常待在田野中；秋季时，它们常常待在葡萄园中；冬季时，主要是待在矮树丛或者小树林中。无论是什么时候，猎人都可以用猎犬逮捕它，而不是用猎枪捕杀。老鹰、猫头鹰、狐狸、狼等动物也会攻击或者捕捉野兔，所以它们的敌人非常多，而且被盯上之后很难逃跑成功，只有很少的野兔能够享受大自然赐予的美好时光。

穴兔

虽然野兔和穴兔的外表和结构都非常相似，但我们不能将它们混为一谈，因为它们之间有着显著区别。与野兔相比，穴兔的繁殖能力更强。穴兔可以在适宜的地区大量繁殖，然后将这个地区的植被消耗完——青草、植物根、种子、果实、蔬菜都会被吃光，甚至小树也会被吃掉。如果没有白鼬和狗消灭穴兔的话，穴兔居住地区的居民将会无法正常生活。此外，穴兔的数量要比野兔的数量多，交配次数频繁，躲避追捕的本领强——它们很容易避开猎人的追捕。穴兔的洞穴在地下，白天躲在里面哺育幼崽。由于在地下居住，所以穴兔能够躲避狼、狐狸、猛禽的袭击，它们可以在洞穴中安心哺育幼崽，直到幼崽出生两个月之后，母兔才会带着幼兔离开洞穴。这时，幼兔已经能够应付各种情况了。不过，野兔则不同，在野兔的一生中，幼小时期最容易受到伤害，所以大量的野兔会在幼年时死亡。

因此，与野兔相比，穴兔的生存能力更强。虽然它们的外表相同，性情胆怯，喜欢在隐蔽的地方挖洞穴，但由于野兔的巢穴是在地面上，所以比较容易被找到；而穴兔的洞穴在地下，所以能够躲避各种追捕。

第三节 狼和狐狸

狼喜欢凭借蛮力做事，但借助于诡计成功率更高；而狐狸以诡计多端、生性狡猾著称，这种说法有着一定的道理。

狼

对于肉食动物来说，狼是最喜欢食用肉食的动物之一，为了满足狼的这种嗜好，大自然赋予了它许多本领——狡猾的性情，敏捷的动作，充沛的力量，攻击、吞食其他动物的各种手段。虽然狼拥有这些特征，但有些狼依然会因为缺少食物而死，因为人类已经向狼宣战，甚至悬赏捕杀它们。在人类的追捕下，狼常常会逃进树林中，但树林中的生物非常少，而且它们会迅速避开狼，往往能够躲过狼的追捕。狼只有非常幸运时，或者长久埋伏在动物出没的地方，才可能捉到它们，但这种概率是非常低的。

狼生性粗鲁，但有时也会非常机智，当它们非常饿时，常常铤而走险去攻击有人看守的牲畜，主要是偷袭容易捕捉的小牲畜，如小绵羊、小狗、小山羊等动物。只要它能够成功，便会一次次地进行，直到吃亏为止——或者受重伤，或者被牧犬赶跑。白天，狼会躲在洞穴中，等到晚上时才会在外面活动，所以我们只有在晚上才能看见四处游走的狼；同样，狼只有晚上才会在村子周围转悠，掠夺家畜或者家禽；狼有时甚至会攻击羊圈，疯狂地追捕所有的羊，然后才挑选所需的食物。假如狼的偷袭失败了，它就会跑到树林中去捕杀小动物。在树林中逮捕猎物时，狼会相互合作。如果狼饿到了极致，它会奋不顾身地攻击妇孺，甚至是成年男子，狼的这种行为会让它陷入疯狂状态，最后走向灭亡。

无论是外表还是结构，狼和狗看起来都非常相似，好像来自于同一个模子。不过，狼表现出来的性情非常恶劣，与狗的性情截然不同。在天性上，狼和狗有着本质区别，不仅无法相容，而且相互憎恨；在本能上，更是相互仇视：小狗第一次遇到狼时，立刻会浑身发抖，只要嗅到狼的气味，便会无比恐惧，马上回到主人身边，寻求主人的庇护；看家狗很清楚狼的本领，见到狼会皮毛竖立，无比愤怒，尽全力驱逐这个敌人。假如狼和狗相遇，它们不是相互逃避就是进行搏斗，而且搏斗的场面非常激烈，一定会拼个你死我活：如果狼比较强大，便会将狗撕烂，然后吞食掉；如果狗取得了胜利，常常会将狼丢给乌鸦或者其他狼，因为狼会相互吞噬，其他狼会沿着血迹追踪到受重伤的狼，然后群起而攻之，将它吃掉。

即使是野狗，生性也不是特别野蛮，很容易被驯养，并且对主人忠诚。虽然抓到的狼崽也能被驯养，但它的残暴天性不会改变，更不会依恋主人，等到它长大之后就会回归野生状态。即使是最粗鲁的狗也能与其他动物和平相处，狗天生就喜欢陪伴其他动物。狗擅长看守羊群，并起到带领作用，这同样是由本性决定的，人类的训练只有很小的作用。相反，狼却不是这样，它们敌视群居方式，更不会聚集在一起生活，即使是同类也不会一起居住。如果人们看见许多狼在一起，那不是和平的聚会，而是战争的开始，它们会发出可怕的叫声，团结起来攻击一个比较大的动物，如鹿、牛等，或者是攻击带给它们威胁的牧犬。等到攻击行动结束之后，它们马上各奔东西，回归孤独的生活。

狼的力量很大，前半身的各个部位、脖颈、颚部都体现了这个特点。狼在叼着绵羊奔跑时，奔跑速度比牧人的速度还快，只有牧犬才能追上它，并强迫它将猎物丢下。狼在撕咬动物时非常残忍，动物越不反抗，它撕咬得越厉害，如果动物奋起反击，它就会产生畏惧情绪。一般来说，狼很害怕失去生命，不到万不得已绝对不会勇敢搏斗，当它挨了一枪或者被打断一条腿时，总是会大声嚎叫，但它将要死亡时，绝对不会像狗一样哀号。与狗相比，狼更加残忍、更加健壮，但不如狗敏捷。狼常常到处游荡，好像不懂得疲倦，狼的精力可能是所有动物中最好的，最不容易疲惫。狗温和且勇敢，狼凶残且胆怯，它落入猎人的陷阱之后，便会惊慌失措，毫无还击能力，只能任人宰割。当狼被逮捕之后，猎人会为它戴上项圈，套上锁链，然后拉着它四处示众。这时，狼没有一点脾气，更不会表现出一丝愤怒，甚至不敢表示不满情绪。

狼的感官良好，眼睛和耳朵非常灵敏，远处无法看见的东西会先闻到气味，尤其是血腥气味，更容易刺激狼的感官。狼从遥远的地方就能闻到动物的气息，根据它们的气味一路追踪下去，可以追踪很长时间。狼在离开树林之后，首先会确定风向，然后停在树林周围四处嗅嗅，便能闻到空气中传来的动物气息或者尸体味道。狼喜欢食用新鲜的肉，不喜欢吃死尸的肉，但在非常饿时也会吃垃圾桶中的臭肉。而且，狼非常喜欢吃人肉——如果它轻易就能打败人类的话，人肉将会是它的主要食物。有人见过狼群跟随着军队进入战场，将掩埋起来的死尸挖出来，狼吞虎咽地吃着，即使吃得再多也满足不了贪婪的胃。这种喜欢食用人肉的狼，常常会攻击妇孺，人们将它们叫作“狼妖”，一定要多多防范它们。

对于人类而言，只有狼的皮毛有用，其他东西都是有害无利：虽然它的皮毛比较粗糙，但制成裘衣保暖性强，而且经久耐用；狼的肉质很差，其他动物都不喜欢食用狼肉，只有狼会吃同类的肉；狼呼出的气体有着一股恶臭味，因为它们为了填饱肚子，几乎什么东西都吃，如腐肉、骨头、兽毛，甚至是粘着石灰的半成品硝皮，这使得它们常常呕吐，所以肠胃常常是空荡荡的，能够填满的时间非常少。总之，狼的外貌、嗥叫、气味、凶残等特点都令人厌恶，绝对是百害而无一利的野兽。

狐狸

狐狸以诡计多端、奸诈狡猾著称，这种说法有着一定的道理；而狼常常用蛮力做事，但它借助于诡计成功的概率会高一些。狐狸从来不会主动与牧人或者猎犬搏斗，不会主动攻击牲畜，不会拖拽动物尸体，所以它的生命更有保障。大家都知道，狐狸在行动时依靠的是自己的聪明才智，这是它的最大资本。狐狸的天性是狡猾且慎重，聪明且小心，而且耐性非常好，随时变化自己的举止，懂得在恰当时机使用合适的手段。它的警惕性非常高，懂得保护自己，虽然与狼一样能够长时间奔跑，而且更加轻巧灵活，但它不是绝对相信自己的脚力。它会让自己处于安全的环境中，构筑一个非常隐蔽的巢穴，遇到危险情况就躲到里面，而且在那里居住并养育小狐狸，所以它属于定居型动物，而不是居无定所的动物。

狐狸十分注重自己的住所，而且会考虑到住宅的舒适度，这一点与人类非常相似。在建造住宅时，狐狸会选择最佳的地方，而且巢穴的入口有着一定的讲究，这带有高级智慧生物的特点。狐狸非常聪明，能够将外部条件转化为对自己有利的条件：它在森林边上居住，与村庄的距离比较近，能够听见家禽的声音，根据传来的气味，抓住时机，不露声色地进行逮捕行动，大多数时候能够成功。

如果能够越过篱笆或者从篱笆下面穿过去，狐狸就会抓住时机摧毁家禽棚，将家禽弄死，然后带走自己的战利品，藏在苔藓中或者洞穴中；过一段时间之后，再回来带走另一个猎物，藏在另一个地方；接着是第三个、第四个猎物……一直到天亮或者宅院中有了动静，提醒它会有危险，它才会罢休。在布满黏鸟胶的树枝间，或者设下圈套的树丛中，可以进行相似的伎俩。狐狸在设置圈套的人还没有到达树林之前，便开始巡视各个陷阱和黏满胶的树枝，而且每天巡视好几次，将落入圈套中的鸟雀带走。狐狸会将战利品放在不同的地方，主要是苔藓或者刺柏中，常常放置两三天，等到需要食用的时候就拿出来。狐狸有时会追捕幼小的野兔，或者跑到野兔的洞窟中逮捕它们，甚至会跑到养兔林（一种禁止狩猎的地方）中偷袭小兔，或者去山鹑或者鹌鹑的巢穴中逮捕正在孵化幼鸟的母山鹑或者母鹌鹑。狐狸主要是危害其他动物，而狼主要是为农民带来困扰。

狐狸喜欢吃各种东西：鸡蛋、牛奶、奶酪、水果等物品，尤其喜欢吃葡萄。当狐狸无法捉到野兔、山鹑时，便会去捉老鼠、田鼠、蛇、蜥蜴、蟾蜍等动物，这类小动物会迅速减少，间接地为人类带来了好处。狐狸非常喜欢吃蜂蜜，所以它们常常袭击野蜜蜂、虎头蜂、大胡蜂。野蜂会用刺螫狐狸，迫使它后退，但狐狸会打着滚后退，将这些蜜蜂压死。狐狸一直使用这种方法对付野蜂，野蜂只好放弃蜂窝逃走，狐狸便开始享用蜂蜜和蜂蜡。狐狸也会逮捕刺猬，它们将刺猬翻过来，面朝上躺着。此外，它们还食用鱼、虾等水产品。

与狼相似，狐狸的感官也很敏锐，甚至更加敏感，发音器官更加灵活。狼只会嗥叫，而狐狸会嚎叫、尖叫，能够发出多种音调，甚至能够发出类似于孔雀叫声的哀鸣；在不同的情况下，狐狸会发出不同的声音：追捕猎物的声音，表现欲望的声音，传达幽怨的音调，忍受痛苦的哀鸣等，只有狐狸受到枪伤或者腿断掉时，它才会发出哀鸣声，当受的伤比较轻时，它绝对不会喊叫，即使遭受棍棒的责打也不抱怨，但会反抗自卫。如果狐狸咬住了人，便会非常危险，只能借助于铁器或者棍子迫使它松口。狐狸的尖叫声非常急促，与狗的吠声相似。冬季时，尤其是下雪天或者结冰时期，狐狸会一直叫；但是，狐狸在夏天很少叫，几乎是毫无声音。

狐狸的睡眠很深，我们靠近时它不容易惊醒，它喜欢蜷缩成一团，只有休息时才会将后腿伸开，直挺挺地趴在地上，它就是用这种姿势窥视鸟雀，所以鸟雀只要看见它就会相互警告。乌鸦常常会跟踪狐狸，而且相互传递警报，甚至能够跟踪几百米远。

第四节　獾、松貂、白鼬

獾的皮毛非常厚，腿、颌、牙齿、爪子都很坚实，当它被狗打倒在地时，它会用全部力量进行反击，给狗造成重创。此外，獾非常顽强，能够搏斗很长时间，拼死抵抗直到失去生命。

獾

獾是一种懒惰动物，生性多疑，独自生活，它们的洞穴常常在僻静的地方，或者阴暗的树林中。因此，我们觉得它们是在逃避群居生活，躲避阳光，因为它们大部分时间待在黑暗的洞穴中，只有寻找食物时才会出来。

獾的身子比较长，四肢比较短，前肢的爪子长长的，而且非常结实，所以擅长刨土，建造洞穴，为自己建造一个安全的住所。

獾的洞穴迂回曲折，弯弯曲曲地延伸到很远的地方。狐狸缺乏这种建造洞穴的本领，所以常常侵占獾的洞穴：狐狸会使用各种计谋强迫獾离开自己的家，吓唬它们，在它们的洞穴口守候，甚至将粪便扔进它们的洞穴中，使得獾不得不离开洞穴。然后，狐狸就占领了这个洞穴，将其加宽之后，清理干净，便成了自己的住所。獾被迫离开自己的家园，但它并不会走远，只是在附近重新建造一个洞穴。在夜晚时，獾才会外出，但只在洞穴附近寻找食物，当感觉到危险时，马上就会返回洞穴中。这是它保护自己的方法，一般来说，它难以躲避敌人的追捕——它的腿太短了，所以跑得比较慢。当獾在洞穴外面遇到狗时，便会被追捕，假如离开了人类的帮助，狗难以捉住它。獾的皮非常厚，腿、颌、牙齿、爪子都很坚实，当它被狗打倒在地时，它会用全部力量进行反击，带给狗严重的伤害。而且，獾非常顽强，能够搏斗很长时间，勇敢地抵抗一直到失去生命。

松貂

松貂的洞穴常常建造在没有人居住，或者没有树木的地方。它们在森林深处居住，在树林间行走，在大树顶端跳跃，但它们不会在岩壁中藏身。它们喜欢猎捕鸟雀，所以到处搜寻鸟巢，将鸟巢中的卵吃掉，因此导致大量鸟雀死亡。此外，它们还吃松鼠、田鼠、山鼠等小动物，而且非常喜欢食用蜂蜜。在旷野、草原、田间、园林中，我们难以见到松貂的身影，而且它们不会在人类居住的地方出没。它与榉貂的不同之处是被追捕时的表现：当榉貂意识到自己被狗追踪时，马上想办法摆脱狗的追踪，然后回到洞穴中；但松貂不是这样，它被狗追踪很长时间后才会爬到树上，停在树枝上望着狗从下面经过。下雪时，松貂在雪地上留下的脚印类似于大兽的脚印，因为它跳跃着前行，所以会在雪地上同时形成两个脚印。

与石貂相比，松貂的身体比较肥大，但它的头部短，后肢长，所以奔跑时比较容易；石貂的喉部是黄色的，而松貂的喉部是白色的；松貂的皮毛比石貂的细密，而且不易脱落。虽然松貂不会像石貂一样特意为小貂准备床铺，但小松貂的住所更加舒适。大家都知道，松鼠能在树顶上筑巢，而且筑巢技术非常熟练，所以松貂在生产之前会将松鼠赶走，然后将巢穴口加宽，为小貂的出生做准备。有时候，松貂会占据鸮和的巢穴，或者强占一个树干，然后撵走树干上的其他鸟。松貂在春天产崽，通常一胎是两三只小貂，小貂刚出生时眼睛还没有睁开，松貂会给小貂喂食小鸟或者鸟卵，等到小貂长大之后，便会带着它们去外面猎捕食物。

白鼬

如果白鼬进到鸡舍中，它不会攻击大公鸡或者老母鸡，而是袭击小母鸡或者小雏鸡，对着它们的头部咬下去，它们便会死亡，然后一只只地拖走；白鼬也会将鸡蛋打破，吸食里面的东西，那副贪婪的样子超出了人们的想象。冬季时，白鼬会待在粮仓中，甚至春天也一样，将小白鼬产在粮仓中，或者是草堆、麦秆中。这时候，白鼬会向老鼠宣战，而老鼠一般难以逃脱它的追捕，因为它能进入老鼠洞，所以它消灭老鼠的能力要强过猫。而且，它还能到鸽子窝中逮捕鸽子。夏季时，它会到地势低洼的地方、水车周围、沿河地带，藏身在小树林中，寻找机会逮捕鸟雀。白鼬的生产期是在春天，常常将幼崽产在柳树洞中，用干草、麦秆、树叶等东西为幼崽铺床。一般来说，白鼬一胎能够产下四五只幼崽，但有时是两三只。与黄鼬、松貂、榉貂相似，小白鼬刚刚出生时，双眼也没有睁开，但小白鼬的生长速度很快，不久之后就能在母亲的带领下外出寻找食物。它们在草原上奔跑，偷袭鹌鹑，或者吃掉鹌鹑卵；它们还会袭击游蛇、鼹鼠、田鼠等动物。它们的步伐不均匀，通过小步跳跃前进，当它们想要上树时，能够跳跃好几尺高，这样，它们就能上树逮捕鸟雀了。

第五节　鼠

与黄胸鼠相比，小家鼠的体形小得多，而且数量非常多，很容易见到，分布范围非常广。小家鼠与黄胸鼠的天性相似，本能和脾气也相同，它们之间的唯一区别在于，小家鼠比较弱小，而且十分胆怯。

松鼠

松鼠是一种半野生动物，而且是非常美丽的小动物，天真无邪，温柔可爱，所以应该得到人类的保护。由于松鼠不是肉食动物，所以不会危害到人类；偶尔，松鼠也会捕捉鸟雀，但它们的主要食物是水果、榛子、榉果、橡栗；它整洁干净、活泼灵敏、机智聪明、灵巧可爱；它的目光炯炯有神，闪烁着光彩；它的面部清秀，四肢发达，动作敏捷；膨松的大尾巴衬托着面部更加优雅，尾巴翘到头顶上，能够将整个身子遮住。

松鼠与其他四足动物不同，它总是直立而坐，用前爪拿东西送到口中食用。它不是生活在地下，而是生活在地面上；它的身姿非常轻盈，类似于鸟雀，而且能够在树梢上栖息，在丛林间跳跃，在树枝上筑巢，饮用露水，采集果子，只有在狂风大作时才会回到地面上。在一望无际的平原上，或者平坦开阔的田野中，我们无法见到松鼠的身影，而且它不会靠近人类居住的地方；它不是待在矮树丛中，而是待在高高的树林中，或者是葱葱郁郁的乔木林中；松鼠很害怕水，当它需要经过小河或者小溪时，便会用树皮作为船，尾巴作为桨。它总是非常警惕，不会像睡鼠一样冬眠，当人们靠近它的栖息地时，它会立刻逃离自己的洞穴，跳到其他的树上，或者躲在树枝中。夏季时，松鼠会收集许多榛子，然后储藏在树洞或者树缝中，当作过冬的食物；当冬季下过雪之后，它们会将雪刨开，在雪下寻找食物。它们的声音尖锐且响亮，当它们被激怒时，便会发出低沉的吼声。由于它的身体太轻盈，所以无法正常行走，只能跳跃着前进，甚至蹦蹦跳跳；它的爪子尖锐，动作敏捷，一眨眼就能爬到树顶上。

夏天傍晚，我们能够听见松鼠的追逐嬉戏声，它们可能是畏惧炙热的阳光，所以白天只能躲在巢穴中，晚上才会出来觅食、玩耍。它的巢穴非常干净，温暖舒适，还能避雨，而且常常是在树杈上。松鼠在搭建巢穴时，首先准备一些小树枝，然后用苔藓编织在一起，最后用后肢将巢穴踩结实，让巢穴变得宽敞牢固，以便它和孩子能够自由自在地在里面生活。一般来说，松鼠巢穴的出口面向高处，大小适宜，但非常狭窄，只能让一只松鼠经过；出口上方是一个圆锥形盖子，不仅可以用来遮蔽巢穴，而且能让雨水顺着盖子流下去，保持洞穴内部的干燥。在一般情况下，松鼠一胎可以产下三四只幼崽。等到寒冬过去之后，松鼠开始换毛，与脱落的旧毛相比，新长出来的毛的颜色要深一些。松鼠很爱干净，通过手和牙齿整理自己的毛发，所以身上不会有任何异味；松鼠肉味道鲜美，大尾巴上的毛能够制作画笔，但皮无法制作物品。

老鼠

老鼠常常给人们带来麻烦，这也是它被人们讨厌的主要原因。一般来说，老鼠通常生活在粮仓中，还会进入人们的宅院溜达。我们知道，老鼠是肉食动物，更准确地说，它是杂食动物。与软物相比，它更喜欢啃食硬物，如羊毛、布料、家具等物品，它还能钻透木头，在墙中打洞，在木板夹缝中或者细木护壁板缝隙中生活。当老鼠外出寻找食物时，总是把能够拖动的东西全部运回去，有时会将缝隙当作仓库使用，尤其是哺育幼崽时。一年中，老鼠会产崽好几次，大部分都是在夏季，一胎通常是五六只。冬天时，老鼠会待在温暖的地方，如壁炉旁边、干草中、麦秸堆等地方，尽管有猫、鼠药、捕鼠器等对它产生威胁，但因为它的繁殖速度太快了，所以依然带给人们很大损失。在农村中，人们将麦子存放在顶楼的仓库中，由于这里距离干草堆比较近，所以对于老鼠的藏身和繁殖非常有利。老鼠的数量非常多，假如它们不会因为内部矛盾而相互残杀，将会占据人们的领地，迫使人们搬迁出去。不过，有人曾注意到，当老鼠处于饥饿状态时，它们就会相互残杀，然后将失败者吞噬掉。因此，如果老鼠的数量过多而粮食不足时，强者便会将弱者杀死，咬开弱者的头颅，首先将它们的脑浆吃掉，然后再吃剩余部分；这种弱肉强食的战争会持续很长时间，一直到大部分老鼠死亡为止。正是由于这个原因，老鼠在危害我们一段时间后，好像突然消失无踪了，这种“消失”有时能够持续很长一段时间。田鼠也是一样，当缺少食物时，它们会相互残杀，这样数量才会大减……

当老鼠产崽之后，便会为它们准备床铺，还会准备吃的东西。等到幼鼠快要离开洞穴时，母亲会时时刻刻待在它们身边。母鼠为了保护幼鼠的安危，甚至会与猫周旋。一只成年老鼠要比一只小猫更厉害，尽管它们的力气相似，但老鼠的牙齿尖锐结实，所以猫咬不过它，只能凭借爪子对付老鼠，这依靠的是实战经验。虽然白鼬的体型比较小，但却是老鼠的天敌，老鼠非常害怕白鼬，因为它们能够进入老鼠的洞穴。有时候，它们之间的搏斗会持续很长时间，因为它们的力量相似。不过，它们拥有的武器不同：老鼠只有反复攻击才能对白鼬造成伤害，而且仅仅可以利用门牙，但这些门牙不是很锐利，这是用来嗑东西的，而不是咬东西。我们要明白，老鼠的门牙位于颌的末端。但是，白鼬是用整个颌部来咬，而且咬得死死的，还会将咬破处流出来的血吃掉，所以很容易将老鼠打败，并杀死它们。

小家鼠

与黄胸鼠相比，小家鼠的体积要小得多，但它们的数量非常多，也很常见，分布范围广泛；不过，小家鼠和黄胸鼠的本能、天性、脾气都很相似。它们之间的唯一不同是：小家鼠比较弱小，而且非常胆怯；小家鼠生性胆怯、温和柔顺，外出的唯一目的是谋生。一般来说，它不会远离自己的洞穴，即使最细微的声音都会让它逃回洞穴中，而不是像黄胸鼠一样在墙根底下乱跑。小家鼠带给人们的损失比较小，而且性情温和，还可以在一定程度上被驯化，但不会依恋人类。因为小家鼠比较弱小，所以它有很多天敌，如果想要从天敌手中逃脱或者躲避天敌的追捕，只能依靠灵活的反应。它要面对的敌人很多，如猫头鹰、猫、榉貂、白鼬、夜间活动的鸟，甚至是鼠；人们会设计诱饵逮捕它，一次就会死亡一大批；它强大的繁殖能力是能够存活下来的唯一原因。

曾经，我遇见过在捕鼠器中生产的小家鼠，它们全年都在繁殖，而且是好多次：一般来说，它们一胎会产下五六只幼崽，而且十几天之后，幼崽就会分散到各处去谋生。亚里士多德曾说，将一只怀孕的家鼠放在储藏粮食的瓮中，不久之后，里面就会有一百多只小家鼠，而且它们是兄弟姐妹，全部来自于同一个母亲。由此可知，小家鼠的繁殖能力非常强，尽管它们的繁殖速度很快，但寿命很短。

在外貌上，小家鼠长得并不丑，而且机智活泼，由于它们会带给人类麻烦，所以人们才讨厌它们。小家鼠的腹部呈现灰白色，有些小家鼠的全身是白色的，有些是褐色的，还有一些是黑色的，有深有浅，各不相同。欧洲、亚洲、非洲等地区都存在着小家鼠。据说，最初美洲没有小家鼠，随着欧洲人的迁入，才慢慢有了小家鼠。这个说法有着一定的道理，因为小家鼠会追随着人们，常常生活在人们居住的地方，它们最喜欢食用面包、奶酪、肥肉、植物油、黄油等东西。

鼹鼠

乍看之下，鼹鼠好像是“瞎子”，但事实绝对不是这样。我们之所以会这样认为，只是因为鼹鼠的眼睛太小，而且还被严重地遮挡住。虽然造物主没有让鼹鼠拥有正常视觉，但却赐予它非常灵敏的听觉，这算是一种补偿吧！鼹鼠与其他动物的最大不同是，它的足是由五趾组成的，这一点与人类的手掌非常相似。在体形方面，尽管鼹鼠的身形很小，但拥有超群的力量，而且结实的外皮非常丰腴；在性情方面，鼹鼠安静随和、孤独高傲，而且鼹鼠还有一项本领——能够在短时间内挖掘好一个隐秘之所，然后扩建自己的居住地。这样一来，即使鼹鼠不外出，依然能够找到维持生命的食物。这就是鼹鼠的天性、习性、本能。

鼹鼠很不喜欢外出，所以它常常待在自己的住所中，除非是夏季雨水过多，将它的住所淹没，或者园丁破坏了住所上方的盖子。鼹鼠还是一个非常杰出的建筑师，它在牧场上轻易就能制造出圆形的苍穹，或者在花园中挖出长长的通道，这些都是轻而易举的事情。不过，它不会待在烂泥中，更不会住在坚硬的泥土中，因为那里有许多小石头，而且土壤太密了。因此，鼹鼠会精心挑选柔软的地方，不仅要水分充足，还要包含许多昆虫和蠕虫，这是它们的主要食物。

由于鼹鼠很少离开自己的住所，所以它们的敌人很少，即使受到敌人的袭击，它们也能轻易地逃脱。在它们眼中，最大的灾难是黄河泛滥，人们曾经在发洪水时见到大量的鼹鼠涉水逃亡，拼命向着地势比较高的地方跑去，但逃亡的大部分鼹鼠和洞穴中鼹鼠的孩子都会死亡。因此，假如没有洪水消灭鼹鼠，它们的超强繁殖能力会给人们造成严重灾害。

第六节 刺猬

对于刺猬来说，不用搏斗就能保护自己，不用攻击就能伤害其他动物；由于它的力气小且不够灵活，所以遭受攻击时没有能力反击，更没有办法逃走。不过，它拥有像钢铁一样坚硬的甲胄，可以蜷缩成一个圆球，将自己的武器伸展向四面八方，给予敌人重重的反击。

古语说：“狐狸知道许多事情，但刺猬仅仅知道一件大事。”这句话很有道理，刺猬没有狐狸的机智，更不如狐狸狡猾，然而它知道“不用搏斗就能保护自己，不用攻击就能伤害敌人”。刺猬的力量比较小，而且行动不灵活，所以在受到攻击时，不仅无法反抗，还不能逃跑，但它拥有像钢铁一样坚硬的甲胄——面对敌人的攻击，它会迅速缩成一个圆球，然后将自己锐利的武器伸展出来，促使敌人无法下手，敌人越是想伤害它，它就蜷缩得越紧，武器就会越锐利。此外，它在害怕时产生的反应也能自卫：它的尿有着浓烈的臭味和潮气，让敌人非常厌恶。因此，许多狗看见刺猬时，只敢吠叫而不敢去捉它；不过，有些狗比较狡猾，类似于狐狸，它们能够找到方法打败刺猬，但自己的爪子也会受伤，嘴巴里到处都是血。除了狗和狐狸之外，刺猬并不害怕其他动物，如石貂、松貂、白鼬、黄鼬、猛禽等。

曾经，我在花园中饲养了几只刺猬，它们并不会造成多大危害，而且也不会让人觉得讨厌，它们食用落在地上的果实，喜欢用鼻子拱土；还会吃鳃角金龟、金龟子、蟋蟀、蠕虫等小活物；而且，它们非常喜欢吃肉，无论是生肉还是熟肉都喜欢。在乡下的树林中、树洞中、石头缝中，甚至是田野和葡萄园中的石头堆里，我们常常能够见到刺猬。白天，它们一动不动地待着，等到晚上时，它们就会活动一整夜，其实就是在散步，但它们一般不会靠近居民区。它们喜欢待着干燥的土地上，虽然有时候也会在草地里待着。我们轻轻松松就能抓住刺猬，因为它在面对人时，不会逃跑，更不会用牙齿和爪子保护自己；不过，当我们碰到它时，它会缩成一个球形。之后，假如我们想让刺猬伸展开，一定要将它浸泡在水中。

由于刺猬在冬天会冬眠，所以它们在夏天没有必要储存食物。它们吃得很少，而且可以长时间不吃东西；与其他冬眠动物相同，刺猬也是冷血动物。刺猬的肉质比较差，但它们的皮毛能够用来制作麻刷或者衣刷。

第七节　河狸

即使河狸的数量再多，它们都能相安无事。因为它们在一起劳动，这种劳动将它们联系起来，它们在一起创造的环境中享受美食，将这种团结维持下去。

河狸筑堤

在六七月份的时候，河狸会聚集起来形成一个团体。它们从四面八方来到这里，很快就能组成两三百只的大军，它们常常在居住的地方聚会，而大部分住所是在河边。如果它们的住所非常平稳，便不用辛苦地筑堤；如果它们的住所会有水位涨落的变化，它们就会筑堤进行截流，让住所变成水位比较平稳的池塘或者水域。它们筑造的堤看起来像是一道水闸，从河流中横穿过去，从一边到达另一边，长度在80尺到100尺，厚度大约是10尺或者20尺。对于小型动物河狸来说，这是一项非常浩大的工程，需要付出艰辛的劳动才能完成。此外，这些工程不仅浩大，而且异常坚固——河狸常常在河水比较浅的地方筑堤，如果河边的一棵大树倒向河边，它们会将这棵树啃断，然后用来建造堤坝。它们会挑选非常粗壮的大树，大约像两个人的身躯那么粗，它们只是用四颗门牙啃咬大树，而不会借助于其他工具。首先，它们将树根啃断，而且能够设定树倒下去的方向，让它横穿河流倒下去，然后将树上的树枝和树杈啃掉，让树在水平方向上非常光滑，在各个地方都有支撑点。

这是一项浩大的工程，所以需要许多河狸一起工作：将树啃倒之后，几只河狸一起去啃树枝和树杈；同时，其他河狸在河岸边忙碌，啃一些像人类的小腿或者大腿一样粗细的小树，将树杈啃掉之后，然后在某个高度上将小树咬断，用来当作木桩。首先，河狸们将岸边的木块运到河中，然后通过水路运到工地上，将木块做成连在一起的桩基，而且插得非常深，最后在木块之间缠上树枝。我们想象一下，这是多么难以完成的工作啊！由于需要将木桩竖起来，而且让它与河底相互垂直，河狸们需要让木桩贴着河岸，或者横在河上，用嘴叼住比较粗的一端；同时，其他河狸进入水中，在水底刨洞，并将细的一端插到洞中，这样木桩才会立着。当一部分河狸往水中插木桩时，另一部分河狸需要去寻找泥土，并加水搅拌成稀泥，然后用尾巴将稀泥打紧，最后通过嘴和爪子搬运到木桩的缝隙中，将缝隙填充结实。几排木桩构成了桩基，它们是竖直排列的，而且高度相同，从此岸一直延伸到彼岸，各个地方都堆满了泥土。在水流经过的地方，树桩处于垂直状态；相反，支撑树桩的一边是倾斜的。因此，堤坝底部的宽度在10尺到20尺之间，而堤坝顶端的宽度仅仅是两三尺。这样一来，它不仅非常坚固，而且还能够最大限度地蓄水、拦水、承受水的重力、分散水的冲击力。河狸在堤坝顶端斜着挖了两三个排水口，随着河水的涨落，不时地扩大或者缩小，当遇到特大洪水时，堤坝就会出现缺口，但水位降下去之后，河狸会迅速将缺口修补好。

河狸的习性

一般来说，河狸喜欢在河边的住所旁边建造仓库。在每个家庭中，仓库的数量与河狸的数量相对应，所有河狸的权利都是相同的，它们从来不会去其他河狸的仓库中抢夺东西。曾经，有人发现了一个河狸群落，这里生活着二十几户河狸，这样大规模的河狸群落比较少见，常常见到的河狸群落大约是由十几户组成的。在每个群落中，每个家庭都有自己的住所、仓库、活动空间，它们不允许外来成员进入自己的势力范围。在一般情况下，一个河狸家庭中有2个、4个或者6个成员，大家庭有16个或者18个成员，据说最大的家庭有30个成员，家族成员的数目常常是偶数，而且雌性的数量等于雄性的数量。因此，一个河狸群落的成员一般在150~200。

即使河狸群落的成员再多，它们都能够相安无事。因为共同的劳动将它们团结在一起，它们共同创造舒适的环境，享受大量的食物，这些都有利地维持着这种团结。它们的胃口比较小，而且在食物上不讲究，还非常厌恶血腥肉膳，所以它们根本不会产生掠夺或者斗争的念头。它们享受着其他动物难以得到的幸福，彼此之间是关系友好的朋友，而且懂得躲避敌人；当遇到危险时，河狸会通过尾巴击水声进行报警，声音在所有住所的上空回荡，让河狸们做出选择，不仅可以潜入水中，还可以在洞内藏身，它们的住宅非常坚固，只害怕闪电和人类的武器，其他动物都无法摧毁这些住宅。这些住宅不仅安全，而且非常整洁：地板上铺着绿色的枝条，用来当作舒适的地毯，而且上面绝对没有丝毫垃圾；面对着水的窗户当作阳台，它们白天大部分时间都会待在那里，有时候乘凉，有时候沐浴，将下半身浸泡在水中，而头和上半身在水面之上。有时候，它们会去距离住宅比较远的冰下，此时要逮捕它们非常容易：首先去攻击它们的住宅，然后守候在冰层上的窟窿旁边，这样轻易就能抓住它们了，因为它们需要到窟窿旁边呼吸新鲜空气。

夏季时，河狸聚集在一起；七八月份时，它们一起建造住所；九月份时，它们开始储存树皮和树枝；然后，它们便会享受劳动成果，悠闲地生活。秋冬季节，河狸们一边休息，一边享受甜蜜的恋爱，河狸通过共同劳动相互认识、产生好感，然后结为夫妻。它们的结合不是为了繁殖后代，更不是一种偶然情况，而是选择情投意合的同伴共同生活。它们会在一起度过秋天和冬天，这是彼此都喜欢的生活；一起待在家中享受悠闲的生活，偶尔会外出散步，或者带回自己喜欢的新鲜树皮。据说，河狸的怀孕期是四个月，在冬季末产下幼崽，每一胎的数量常常是两三只，雄河狸在此时会离开住宅，到田间享受温暖的春天，还有鲜美的水果。尽管它们会时常回家，但不会在家里居住了。雌河狸负责在家中养育小河狸，几个星期之后，雌河狸便会带着小河狸外出；这时候，它们会一起出去散步，居住在露天环境中，食用鱼虾或者新鲜的树皮，在水中和林间度过整个夏天。当秋天到来时，河狸会再次聚在一起。如果夏季的洪水冲垮了筑造的堤坝或者住宅，它们会更早聚集在一起，共同进行修补工作。

第八节　狮子和老虎

狮子高傲勇猛、强劲有力，而且宅心仁厚、雍容大度，但老虎卑鄙残忍，而且非常冷酷，所以与狮子相比，老虎更加可怕。

狮子

与动物不同，气候对人类造成的影响比较小，欧洲的白种人、非洲的黑种人、亚洲的黄种人、美洲的红棕种人是不同的人种，但气候带给他们的影响仅仅是肤色的不同而已。人天生就是大自然的主人，整个自然界都是人类的领地，所以人们很容易适应各种环境——无论是南方的炎热气候，还是北国的寒冷气候，人类都能够繁衍和生存。

不过，对于动物来说，气候的影响非常大，生活在不同气候中的动物有着不同的特征，所以动物的种类才会如此繁多。与人类相比，动物之间的区别更加显著，而且好像是气候决定了这种区别：一些动物只能在热带地区生活，而另一些动物只能在寒带地区生活；驯鹿从来不会出现在南方，而狮子从来不会出现在北方。每种动物都有自己的生活环境，每种动物都会因为生理原因待在自己应该待的地方。因此，可以认为气候的不同造成了动物之间的差异。

一般来说，炎热地区的陆地动物的体型比较大，而且比寒冷地区和温带地区的动物更加凶猛，这些特征是由炎热气候决定的。在非洲或者印度生活的狮子，比其他地区的狮子更加凶猛，更加强壮，更加可怕，其他肉食动物都不是它的对手，只能当作它的食物。然而，在大雪覆盖的阿特拉斯峰顶部生活的狮子，远远不如生活在贝尔杜格里德或者撒哈拉的狮子勇猛、凶残。生活在炎热的沙漠中的狮子不仅对旅客造成危害，而且还会对邻邦造成威胁，但这种狮子的数量有限，而且在逐渐减少。这些地区的人们说，现在狮子的数量比以前少多了。这种凶猛、强大的动物能够猎食其他各种动物，但自己很难成为其他动物的猎物。这种狮子数量减少的主要原因是人类数量的增加。我们知道，无论这种动物的力量多么强大，但与足智多谋的霍屯督人或者黑人相比，它们依然是弱者，人们用武器很容易杀死它们。

人类拥有的智谋和科技不仅能够杀死狮子，更能让它们丧失战斗的勇气和力量。不过，在撒哈拉沙漠、塞内加尔和毛里塔尼亚的边境地区、霍屯督北面毫无人烟的地方、非洲和亚洲的南部地区，依然生活着许多狮子，而且拥有大自然赐予它们的特征：它们会攻击其他所有动物，而且常常能够获得胜利，这种胜利促使它们变得更加顽强、更加凶悍。因为它们不知道人类有多大力量，所以不会害怕人类；它们没有领教过人类武器的威力，所以想要与人类一较高低，虽然受伤会让它们变得愤怒，但不会让它们觉得害怕，即使它们遇见大队人马也不会慌张；在沙漠中生活的狮子，单枪匹马就敢袭击过往的商队，经过一场激烈的战斗之后，当它感到疲惫时会继续战斗，边后退边战斗，而不是转身逃跑。相反，在印度和柏柏尔的城邦或者小镇生活的狮子，在了解了人类的本领之后，丧失了原有的勇气；甚至在听到人类的威胁声后就非常温顺，从来不敢攻击人类，只敢攻击牲畜，当遭受到棍棒击打之后，便会放弃猎物逃走。

狮子天性的转变表明，它们能够记住人类带给它们的印象，而且可以在一定程度上被驯化，接受某种程度的训练。因此，历史故事中才会有拉着凯旋之车的狮子、被迫进行战斗的狮子，它们对主人很忠心，通过自己的力量帮助主人对付敌人。可以这样认为，当捕捉到年幼的狮子之后，让它和家畜一起生活，很快就会融入到家畜中，而且非常温顺，甚至愿意与主人亲密，尤其是幼年时期，即使偶尔会流露出残忍的本性，但很少攻击自己的主人。由于狮子野性太强，动作凶猛，而且有着强烈的食欲，所以我们不能认为驯养能够消除它的野性。因此，让狮子承受饥饿的痛苦，或者折磨它使它觉得气恼，将是一件非常危险的事情。当它受到虐待时不仅会发怒，还会一直记恨着，好像要找机会进行报复。此外，它也会记住人们对它的好，而且常常心怀感激。许多具体事例都说明了这一点，虽然有一些夸张成分，但依然有着一定的真实性，而且这些事例都表明狮子的愤怒很高贵，勇气很崇高，天生注重感情。我们常常看见，狮子蔑视卑微的敌人，无视它们造成的小小伤害，甚至宽恕它们的任性行为；我们还见过狮子沦为俘虏，虽然厌烦但不是乖戾，反而变得比较温顺，服从主人的命令，舔舐主人的手掌，甚至会拯救人类给它当食物的猎物。而且，这种举动让它与猎物之间产生了感情，此后会继续保护它们，与它们和平地生活在一起，分享食物，甚至会将食物全部让给它们，即使自己挨饿也要维持最初的善行。

狮子的外貌完全符合它内心的高贵品质：相貌威严、目光坚定、举止优雅、吼声震天；它的身体不像大象或者犀牛那样庞大，也不像河马或者牛那样笨重，不像狗或者熊那样矮胖，更不像骆驼那样显得有些畸形，这是驼峰的高低不平造成的。相反，狮子的身体匀称，比例协调，而且是力量和灵巧的结合体。不仅充满了力量，而且非常矫健，身体上没有赘肉和脂肪，肌肉发达，强劲有力。这种力量体现在它轻松的跳跃上；使劲摆动尾巴，一下子就可以将人推倒；表皮和前额皮肤很容易活动，这就丰富了它的表情；最后，这种力量还体现在摇动鬣毛上，愤怒时鬣毛会竖立起来，而且朝着各个方向摆动。

当狮子非常饥饿时，它会从正面袭击遇到的动物，但由于其他动物非常害怕它，所以都会避开它，它只能隐藏起来突然攻击其他动物。一般来说，狮子会藏身在茂盛的草木丛中，然后奋力扑向猎物。在沙漠和森林中，狮子的主要猎物是羚羊和猴子，当然，只有猴子在地面上时，它才能抓到猴子，因为它不会爬树。如果狮子吃得很饱的话，两三天不进食也没关系；它的牙齿非常坚固，轻易就能咬断猎物的骨头和肉，而且一起吃下去。据说，狮子能够长期忍受饥饿，但因为它的体温很高，所以不能忍受饥渴，只要见到水就会好好地喝一顿。它的喝水方式类似于狗，唯一的不同之处是舌头的卷向，狗的舌头向上卷，而狮子的舌头向下卷，因此，它喝水需要的时间比较长，而且会浪费很多水。一般而言，一头狮子一天大约食用15斤生肉，尤其是喜欢吃新鲜的肉，如刚刚被杀死的猎物；它不喜欢食用具有腐臭气味的肉，宁愿追赶新的猎物，也不喜欢食用上个猎物的残余部分。虽然狮子常常食用新鲜的肉，但它的体味非常重，而且尿味很难闻。

狮子的吼声非常大，在沙漠的黑夜里，它的吼声如同雷鸣般响彻四周。当它愤怒时，便会发出另一种叫声，突然且短促，而且不像吼声那样响。狮子每天都会吼叫五六次，下雨的时候更加频繁。与吼声相比，它在愤怒时的叫声更加恐怖：这时候，它的尾巴不停地摆动，拍击地面，舞动长鬣，面部肌肉猛烈抽动，眉毛不停地抖动，露出白森森的牙齿，伸出带有坚硬尖刺的舌头，即使不借助爪子和牙齿的力量，依然能够割皮断肉。狮子的爪子非常锐利，它的威力仅仅次于牙齿。与后半身相比，狮子的头部、颌、前腿都非常强壮。夜晚，它能够看清楚东西，这一点与猫相似；它的睡眠时间比较短，而且很容易醒；不过，它在睡觉时眼睛是闭着的，而不是睁着的。

虽然狮子的步伐是斜着的，但是非常高傲、稳重、缓慢，跑起步来不是平稳向前，而是通过跳跃方式前进，它的动作非常迅猛，难以立刻停下来，所以总是会超过猎物。当它扑向猎物时，一次就能跳跃十几步，将猎物扑倒在地，然后用前爪撕裂猎物，通过牙齿撕咬并吃下去。只要狮子还没有进入老年时期，它的动作就很敏捷，而且几乎不会离开沙漠和森林，因为那里有足够多的动物用来当作食物；不过，等到狮子老得无法猎捕其他动物时，它就会常常光顾人们居住的地方，将会给人和家畜带来很大的危险。但是，当狮子发现动物和人在一起时，它会扑向动物，而不是扑向人类，除非是人们主动攻击它，它才会奋起反击。假如它认出人曾经伤害过它，它便会放弃猎物，对此人实行报复。有些人说，与其他动物的肉相比，狮子更喜欢食用骆驼肉，而且非常喜欢吃小象；在小象的牙齿还没有长出来的时候，它们绝对无法战胜狮子，除非是得到母象的帮助。对于狮子来说，除了大象、犀牛、老虎、河马之外，其他动物都无法战胜它。

无论狮子多么可怕，它们的力量多么强大，人们都会骑着马、带着高大的猎犬追捕它，将它赶走，迫使它后退；不过，马和猎犬必须是经过训练的，没有经过训练的动物闻到狮子的气味就会害怕，接着便会逃走。尽管狮子的皮毛非常结实，但依然无法抵挡子弹，甚至无法抵挡投枪；但是，人们往往无法一枪打死它；人们常常使用计谋逮捕它，就像逮捕狼一样，让它进入陷阱中。当狮子被捉住之后，便会变得非常温顺；在它惊讶或者犹豫的那一刻，便可以将嘴套戴在它的嘴上，然后就可以牵着它去任何地方了。

狮子肉不仅气味很重，而且非常难吃，但黑人和印度人觉得还可以，所以经常食用；以前，狮子皮可以制作成长衫、大衣、毛毯等物品，用来献给英雄；狮子皮上的油脂的渗透性很强，能够用于医药方面。

老虎

狮子勇猛骄傲、强劲有力，而且高贵、大度；但老虎卑鄙残暴、冷酷无情，所以与狮子相比，老虎更加可怕。狮子常常忘记自己是动物中的强者，它以缓慢的步伐前进，从来不会主动攻击人类，除了被挑衅时，只有非常饥饿的时候，它才会奔跑着狩猎。但是，老虎不是这样，即使已经吃饱了，它依然非常嗜血。只有老虎想要设套逮捕猎物时，才会稍微收敛它的暴戾。不过，常常出现这样的情况，老虎残暴地撕裂一个动物之后，马上去追捕另一个猎物。老虎横行霸道，无论是人还是武力都不会害怕；它会血洗家畜群，杀死所有野兽，袭击小象或者小犀牛，甚至敢袭击狮子。

我们觉得，体形和天性相符，狮子仪表高贵，腿的长度和身体的长度是一个很好的比例；长且密的鬣毛一直到肩部，将面部遮盖起来；目光坦然，举止优雅，这些都显示了它的高贵和勇猛。然而，老虎的身体很长，四肢很短，脑袋上面光秃秃的，身体比例严重失调，而且目光茫然，常常将血红的舌头伸出来，总是一副卑鄙残暴、无法满足的样子；它的本能是永无休止的愤怒，这是一种毫无理智的愤怒。因此，老虎甚至会吞噬自己的孩子，或者撕裂想要保护幼虎的母虎。这种嗜血本性达到了顶峰。所以，只有老虎刚出生时就消灭它，才能够消除这种嗜血本性。

幸运的是，在大自然中，这类动物的数量比较少，而且仅仅存在于东印度地区。老虎好像天生喜欢炎热气候，在马拉巴尔海湾和孟加拉国等地区，它常常在江边或者湖边出没，这是因为嗜血本性始终出现在它身上，所以它需要多饮水平复让它觉得疲惫的燥热；此外，它在水边更容易逮捕猎物。在炎热的气候下，其他动物也会常常来河边饮水，老虎就在其中选择猎物，更准确地说，老虎反反复复地捕杀猎物。当它看见动物时，往往会丢下刚刚捕杀的猎物，然后去追捕新的猎物，它好像在享受狩猎的快乐——将猎物撕开，然后吸食动物的鲜血。不过，当老虎杀死马、牛等大型动物时，假如觉得那个地方不够安全，便不会当场撕裂它们，而是将它们拽到树林中，然后再撕成碎块。但是，它的奔跑速度依然非常快，并不会因为拖着重物而减慢。

老虎是唯一无法改变天性的动物，无论是使用武力威胁它，还是使用计谋制服它，无论是善意地对待它，还是恶意地鞭打它，都会激起它的愤怒。人类温和的举止能够感化各种动物，只有老虎是例外情况；气候能够缓和其他动物的野性，但不能影响老虎的性情，只能稍微降低它的狂暴。它会撕碎给它食物的手，因为它认为这只手会袭击它；它会对着各种生灵咆哮；对于老虎来说，所有的动物都是它的猎物，它用贪婪的目光望着它们，然后用白森森的牙齿威胁它们，最后突然扑向它们。虽然铁链和栅栏能够束缚住老虎，但无法平息它的愤怒。

第九节　豺和熊

豺是处于狼和狗之间的动物，它具有狼的凶残，还具有狗的温和；它发出的声音是一种嗥叫，这种叫声是由犬吠和呜咽组成的；它比狼更贪婪，比狗更喜欢乱叫。

豺

尽管狼和狗很相似，但豺是介于它们之间的动物。就像贝隆（1517—1564年，法国著名的博物学家）所言，豺是狼和狗之间的兽类，它有狼的凶残，也有狗的温顺；它的声音是一种嗥叫，夹杂着犬吠和呜咽；它比狼更加贪婪，而且比狗更加喜欢乱叫。豺不会独自行动，总是二三十只一起活动，甚至是四十只结伴同行；它们常常在一起狩猎，或者发动战争；它们食用各种小动物，偷袭家畜和家禽，甚至敢闯进羊圈、牛栏、马厩；当它们非常饿的时候，它们会吃鞍或者皮革。当找不到猎物时，它们会将动物或者人类的尸体挖出来吃。因此，人们必须将墓地附近的土夯结实，并掺加粗壮的荆棘，用来阻止豺的挖掘，因为几尺厚的土地根本无法阻止它们。一般来说，常常是几只豺一起行动，一边挖掘，一边发出凄厉的声音。当它们习惯食用尸体之后，便会常常在墓地附近出没；还会跟踪部队，袭击过往商队。在食物方面，它们与乌鸦很相似，即使是非常腐臭的食物都喜欢；而且，它们的食欲非常大，最干巴巴的皮革都能吃得津津有味。此外，它们也会食用动物的皮毛或者脂肪，甚至是动物的粪便。

鬣狗也会挖掘尸体，而且喜欢食用腐肉，这一点与豺非常相似，所以尽管两者有着本质区别，但人们常常将它们混淆在一起。鬣狗是独居动物，而且非常沉默；与豺相比，它的身躯粗壮很多，而且只是食用尸体，并不会攻击生者；但是，豺却不是这样，它是旅行者憎恶的对象，无论是它的叫声，还是它的暴行，豺身上集中了鬣狗和狼的卑劣行径，表现出两者的天性，继承了两者丑陋的一面。

熊

熊是独居的野生动物，它会远远地避开其他群体，独自生活在人烟罕至的地方。只有在最原始、最自然的地方，它才会感到安心。因此，它的巢穴常常建在陡峭的岩石中、密林的老树干中；它独自生活在巢穴中，即使没有足够的食物也不会出去，而是在里面度过寒冬。

熊发出的叫声是一种低沉的吼叫，粗哑深沉，而且夹杂着牙齿的战栗声，这种声音经常出现，尤其是它被激怒的时候。熊很容易愤怒，而且常常是任性的狂暴，当它被驯服之后，便会变得非常温顺，但人们要时时刻刻提防着它，而且要小心翼翼地对待它，千万不要碰触它的鼻子。

当熊被驯化之后，人们可以教它一些简单的动作，如站立、各种手势、跳舞等，甚至有些聪慧的熊能够听懂乐器的声音，跟着乐器的节奏舞动身体。但是，这些训练是从熊的幼年开始的，而且要持续一生。如果熊的年纪比较大，那么，便不会驯化成功，因为它非常顽固，而且毫无畏惧之心，甚至不会害怕人类。据说，人们只要对着它打一声口哨，它便会大吃一惊，然后停下脚步站起来，此时正是开枪击毙它的最好时机。不过，如果不能一枪打死它，它就会惊怒地扑向攻击者，然后用前肢紧紧地抱住他，让其他人难以救援，直到将此人掐死为止。

熊的听觉和触觉都非常灵敏，与庞大的身体相比，它的眼睛非常小，但视觉很好。熊的耳朵很短，皮毛又厚又密实，而且它还拥有出色的嗅觉，甚至远远胜于其他动物的嗅觉。熊的奇特的鼻腔结构决定了它的灵敏嗅觉：鼻腔内有四排骨质薄片，三个垂直平面将它们分割开，这样扩大了接受气味的面积。熊的四肢非常强壮，手指和脚趾都是粗粗的、短短的，一个紧挨着另一个，它的趾甲是黑色的，上面覆盖着坚硬的角质。与人类相似，熊在打架时使用的是拳头。虽然熊和人类有着相似之处，但并没有让它高其他动物一等，而且让它显得更加难看。

第十节 大象

大象不懂得恐惧，唯一能够让其停止前进的方法是朝着它们扔爆竹，突然的响声和新奇的效果能够震住它们，甚至能够让它们转身逃跑。

野象

野象不嗜血，而且天性不凶残，相反，它非常温顺，从来不会滥用武力，只有在自卫或者保护同伴时才会反击。野象是群居动物，所以很少看见它独自行动，或者单独生活。一般来说，它会结伴同行，一起行动，最前方是年长者，最后面是年轻者，而中间是老弱妇孺和体弱者。当然，它们只有在危险的行程中，或者在耕地上吃东西时才会排列这样的队形，在草地散步或者旅行时，它们不会这样谨慎，但也不会相隔很远，只是在不远的地方活动，听到警报就会相互救援。不过，有些象会落在队伍的后面，或者与大家走失，它们便会成为猎人的攻击对象；如果猎人想要攻击整个象群，那就需要一个小部队，这样才能够获得胜利，而且不会伤亡惨重。因为人们冒犯象群是一件非常危险的事情，它们会猛然扑向攻击者，虽然它们的身体很笨重，但它们的步伐非常快，轻易就能追上跑得最快的人。它们用牙齿攻击袭击者，或者用鼻子将袭击者卷起来，然后扔出去，接着用脚去踩，三两下就结束了他的性命。不过，只有它们被激怒时才会这样做，它们并不会无缘无故伤人。不过，它们对伤害非常敏感，所以人们千万不要挑衅它们。那些在象群活动地区出没的旅行者，夜晚露营时需要点燃篝火，然后使劲敲打货箱，让象群不敢靠近。据说，大象受到人们的袭击，或者陷入人们设计的陷阱，便会牢牢记在心中，时时刻刻想着报复。

由于野象的鼻子非常大，所以比其他动物的嗅觉更灵敏，在很远的地方就能闻到人的气味，而且根据这个气味追踪人的踪影。古书中记载，大象会将猎人经过的地方的草拔下来，借此传递消息，让其他大象知道猎人的踪迹。它们生活在河岸、深谷、绿荫等地方，而且一定要有水源，它们在喝水之前会将水搅浑，然后用象鼻子吸收，最后送到嘴中饮用。它们无法承受严寒气候，也不能适应炎热气候，为了躲避炙热的太阳，它们常常生活在森林深处；它们常常在水中待着，庞大的身躯并不会产生不利影响，反而有助于在水中游泳；尽管它们不能潜入水底，但可以用高高竖起的鼻子呼吸，绝对不会溺水。

野象的主要食物是树根、青草、嫩枝、水果、种子等，它们不喜欢肉类和鱼类。假如某只大象找到了一座水草甜美的牧场，便会邀请自己的同伴一起享用这些食物。由于大象需要吃许多青草，所以一直在换地方。如果它们进入田地，便会带给植物严重的危害，它们会踩踏农作物和庄稼，而且毁坏得要比它们吃下去的多得多。由于它们是成群活动，所以瞬间就能摧毁一大片农作物。在野象出没地区生活的印度人和黑人非常清楚它们的破坏力，所以想尽一切办法将它们吓跑：制造出巨大响声，燃起熊熊大火等。虽然采取了许多防范措施，但象群依然常常占据耕地，将家畜和人赶跑，甚至摧毁简陋的住宅。大象不懂得害怕，唯一能够让它们停止前进的方法是向它们扔爆竹，突然的响声和新奇的效果能够震住它们，甚至促使它们转身逃命。一般来说，象群很难被拆散，因为它们会一起行动，无论是进攻还是后退。

驯化的象

只要象被驯化之后，它就会变得非常温和、非常乖巧。它会依恋照顾它、给它食物的人，而且能够看懂人类的手势，甚至能够听懂人类的语言，还能够判断出人类的情绪，如愤怒、快乐、满意等。它的行动有条有理，从来不会误解主人的命令，而是专心听从主人的吩咐，小心翼翼地执行。它非常稳重，因为它懂得节制；它很快就会学会屈膝，便于人们骑在它的背上。它用鼻子摩擦人或者向人敬礼，还能用鼻子举起重物。它喜欢人类给它穿上衣服，甚至非常享受身上戴的金鞍，用套索套住它，然后拴在货车、船或者绞盘上，它就会用力拉，绝不放弃。

当人们驾驭象的时候，通常骑在它的脖子上，用一个铁器或者锥子戳它的耳根附近，以此指挥它拐弯或者加速。但是，在一般情况下，人们只要下命令就可以了，尤其是得到它充分信任的主人，它会非常依恋自己的主人。它的感情浓厚，所以不会替陌生人效力，我们还见过大象在愤怒之下将主人杀死，然后绝食而亡的情况。

战象

古时候，印度人首先使用大象作战，这个民族军队的纪律不好，而大象成了最优秀的军队。在铁器时代，大象往往是决定战争胜败的关键。不过，历史让我们明白，古希腊人和古罗马人很快就习惯了这些庞大的动物，他们会让出空间让象群通过，而不是伤害象群，然后对付赶象的人。

现在，由于火器成了决定战争胜负的关键，同时是让人丧命的武器，所以战象失去了原有的作用，因为大象害怕火器发出的声音，而且还害怕火。因此，虽然现在印度的许多君主依然拥有战象，但不是为了应付战争，而是为了制造排场。而且，他们能够从驯养战象中获得收益——这类似于养军人，体现了征服感，而且还能用战象驯服野象。现在，印度最强大的君主饲养的战象还不到200只，这种战象是作为交通工具在使用，嫔妃们常常乘坐大象旅行。这是一种非常安全的交通工具，因为大象从来不会失蹄，但这个交通工具坐起来不太舒服，所以嫔妃们需要一段时间适应大象的剧烈动作造成的颠簸。在乘坐大象时，最舒服的位置是坐在象脖子上，因为那里摇晃得比较轻微。在狩猎或者作战时，赶象人坐在大象脖子上，而猎人或者士兵坐在大象肩上或者背上。

第十一节　犀牛

与其他动物相比，犀牛的优越性是它的力量和身高，还有鼻子上坚硬的犄角，这个可以当作攻击武器；这个犄角的位置要优于反刍动物犄角的位置，因为反刍动物的犄角只能保护头部和脖子上部，而犀牛的犄角能够保护嘴的整个前部，保证鼻子、嘴、脸不会受伤。

在四足兽中，犀牛的力量仅仅不如大象的力量，排名第二。犀牛的身材庞大，从嘴部到尾部的长度不会低于15尺，高度大约是6尺多，躯干的周长大约等于身体的长度，所以无论是体型还是重量，犀牛都与大象很相似。不过，在人们眼中，总是觉得犀牛要远远小于大象，因为根据身体比例来说，犀牛的腿要比大象的腿短得多。

在本领和智力方面，犀牛远远没有大象厉害。虽然犀牛具有四足兽的一般特征，皮肤上不含感觉系统，缺乏手和专门触觉器官，但它没有像象鼻一样的长鼻子，只是两片嘴唇比较灵活，所以它的灵敏性比较差。与其他动物相比，它的优势是力量和身躯，而且它的鼻子上有着坚硬的犄角，可以用来当作攻击武器，这个犄角的位置要比反刍动物犄角的位置更加有利，因为反刍动物的犄角只能保护它们的头部和脖子上部，而犀牛的犄角能够保护嘴的整个前部，保护鼻子、嘴巴、脸部不会受到攻击。因此，老虎宁愿去攻击大象，也不愿意去攻击犀牛，因为攻击犀牛可能会被开膛破肚。

此外，犀牛的身体和四肢的外面包裹着一层皮，这层皮坚硬无比、刀枪不入，所以它能够抵抗猎人的铁器和火器，也能够抵抗虎爪和狮爪。犀牛的皮肤黝黑，类似于大象皮肤的颜色，但比大象的皮肤厚得多、硬得多；大象对蚊虫的叮咬非常敏感，但犀牛不是这样。犀牛的皮无法皱缩，只有颈部、肩部、臀部的皮有着褶皱，这种结构便于它的头部和腿部的运动，它的腿部非常粗壮，脚上有两只巨大的爪子。对于身体比例而言，犀牛的头部比大象的头部要长，但眼睛比较小，而且始终处于半睁开状态；上颌比下颌突出，上唇能够移动，而且能够拉到六七寸长；嘴中央是一个尖尖的东西，这个东西是由肌肉纤维构成的，类似于人手或者大象的鼻子，虽然不是很完整，但依然可以触摸、抓握物体。大象的防御工具是长长的牙齿，而犀牛的犄角和四颗锋利的门牙是最好的武器；除了四颗门牙之外，它还有24颗臼齿。它的耳朵是竖着的，形状类似于猪的耳朵，但对于它的身体而言非常小——犀牛的耳部是唯一一个有鬃毛的部位。犀牛的尾端类似于大象的尾端，有一束很结实、很坚硬的粗鬃。

犀牛主要食用质量比较差的草、带刺的灌木等，与鲜美的青草相比，犀牛更喜欢粗粮；它还喜欢食用甘蔗和种子，但不喜欢食用肉类，所以它不会对小动物造成威胁；而且，它也不害怕大型动物，甚至能够与老虎和睦相处，老虎都不敢攻击它。犀牛不是群居动物，更不会聚集在一起行动；它们的性格比较孤僻，野性比较强，所以很难被猎捕、驯服。如果没有受到挑衅，它们绝对不会攻击人类，但受到挑衅之后，它们会非常愤怒，而且超级恐怖。它的皮非常厚，大马士革利刀和日本军刀都无法割破，标枪长矛也无法刺透，甚至子弹都无法伤害它；铅弹碰到它的皮时会被撞扁，铁制柱形子弹也无法穿透它的皮。对于犀牛来说，它就像穿着一件铠甲，只有腹部、眼睛、耳朵周围是薄弱的部位，所以猎人不敢与它发生正面冲突，只敢跟踪它，等到它休息时进行偷袭。

第十二节　骆驼

骆驼每年都会换毛，它的毛细细的、软软的，能够用来制成各种织物，如衣服、窗帘、帐幔等。对于阿拉伯人来说，骆驼是必不可少的动物，不仅为他们提供了各种东西，而且让他们无所畏惧。

阿拉伯人认为，骆驼是上帝赐给他们的礼物，所以骆驼在他们眼中是神圣的动物。因为离开了骆驼，阿拉伯人将无法生存，无法进行贸易活动，也失去了重要的交通工具。首先，骆驼奶是阿拉伯人不可或缺的食物；其次，骆驼肉是阿拉伯人的美味食品，尤其是小骆驼肉；最后，骆驼毛能够为阿拉伯人带来金钱，而且骆驼每年都会换一次毛，因为骆驼毛又细又软，所以阿拉伯人将它们制成衣服或者布置房间的物品。

因此，我们能够这样认为，骆驼不仅为阿拉伯人提供了许多东西，而且让他们无所畏惧。在沙漠中，骆驼一天可以前进200公里，任何一支军队进入沙漠追赶阿拉伯人都会失去生命，除非是阿拉伯人自愿被征服。不过，人们何时才能收起贪婪之心呢？虽然阿拉伯人的生活安定自由，甚至是非常富裕，但他们依然不满足，反而将贪婪的目光投向更远的地方——他们穿过沙漠，前往邻国抢夺奴隶和财物，凭借骆驼进行大掠夺。阿拉伯人一直在进行抢劫，因为他们的行动几乎没有失败过，虽然邻国的力量比他们的强大，但他们很容易逃脱追捕，将掠夺的东西带回去。

如果一个阿拉伯人想要去做“陆地强盗”，他必须学会忍耐旅途中的辛苦。首先，他需要减少睡眠时间，训练自己忍受饥渴、炎热。其次，他还要训练骆驼，在骆驼出生后不久，阿拉伯人就训练它们蹲下并趴在地上，这样便于运载比较重的东西，而且让它们习惯驮运重物，接着是更重的东西，一点点增加；当骆驼感到口渴或者饥饿时，不会给它们水或者食物，而是逐渐调整它们的吃喝时间，将两餐之间的时间慢慢拉长，同时将食物的量减少；等到骆驼强壮一些时，便训练骆驼的奔跑能力，此时选择的参考物是马，最终的目标是让它们跑得像马一样快。最后，当训练者控制了骆驼的饮食，将骆驼的力量和奔跑速度都提高之后，他就让骆驼驮着维持自己和骆驼的生活所需的食物，前往沙漠边缘抢劫过往商人或者偏远地区居民的东西，而得到的东西依然让骆驼驮着。当受到攻击时，他便马上逃跑——骑在跑得很快的骆驼背上，带领队伍日夜兼程，几乎不会休息，一周内大约能跑300多公里。在这段时间内，骆驼一直在驮着东西奔跑，每天只能休息一个小时，而得到的食物是一个面团。骆驼能够连续奔跑十几天，假如没有水就不喝，当闻到不远处的水时，它们便会迅速靠近水源，一次喝足够的水，以便应付整个旅程。由于它们的旅程常常是几个星期，所以骆驼节制饮食的时间大约也是这么长。

第十三节　斑马、驼鹿与驯鹿

在大自然中，各种动物都是与众不同、独一无二的，或者说每个种类都有独自的发展史。因此，斑马不是马，也不是驴，它就是独有的品种。虽然我们一直想让斑马与马或者驴进行交配，但这个想法始终没有实现。

斑马

在四足动物中，斑马的体形最好，外表最优雅，它不仅有马的外形和气质，还有鹿的轻盈和灵活。它的身上布满了黑白相间的条纹，这些条纹非常匀称、非常有规律，好像是用尺子和圆规描绘出来的一样。这些黑白相间的条纹很有特点：相互平行，而间隔相当准确，如同花格子布。而且，这些条纹不仅存在于身上，还存在于头部、颈部、大腿、小腿，还有耳朵和尾巴上。因此，远远地看去，斑马的全身都缠绕着细带。这些条纹随着体形的胖瘦有着不同的变化，时而变宽，时而变窄，从而勾勒出显著的轮廓。

在雌斑马身上，条纹是黑白相间；但在雄斑马身上，条纹是黑黄相间，但色彩非常鲜艳，而且有光泽，这使得斑马看起来更加耀眼。一般来说，斑马要比马小一些，而比驴大一些。虽然我们常常拿马或者驴与斑马进行比较，甚至会将斑马称为“野马”或者“条纹驴”，但大家需要明白，它们不是马或者驴的翻版，因为自然界中的各种动物都是独一无二的，而每个种类都有自己的发展史。因此，斑马不是马，也不是驴，它就是独特的物种。尽管我们一直想让斑马与马或者驴进行交配，但这种尝试一直没有成功。

驼鹿与驯鹿

我们将驼鹿与驯鹿进行比较，将会发现这两个品种之间的不同之处：驼鹿的体形要大一些、粗壮一些，而且腿比较长，脖子比较短，毛要长一些，而角要宽一些、粗一些；但驯鹿又矮又壮，腿又粗又短，蹄子宽大，毛浓厚，角比较长，而且出现了许多分叉，角的末端非常宽大，就像是人类的手掌一样。

驼鹿和驯鹿的颈项下方长着长毛，而且尾巴比较短，但耳朵比鹿的耳朵长得多。类似于狍子和鹿，它们也是用跳跃方式前进，走起路来非常轻盈，奔跑速度与狍子或者鹿差不多，而且很长时间内不会疲惫，甚至能够连续奔跑一两天。驯鹿生活在山中，而驼鹿生活在低地或者森林中。与鹿相同，它们是群居动物，总是集体行动；它们可以被驯化，但与驼鹿相比，驯鹿更容易驯化成功。驼鹿在各个地方都是自由自在的，而驯鹿被驯化成了最原始民族拉普兰人的家畜。对于拉普兰人来说，驯鹿是仅有的家畜，因为他们居住的地方非常寒冷，只能被斜阳照耀着，白昼和黑夜的长短随着季节有所变化，从秋初一直到第二年的春末，一直在下大雪，即使是夏天，荒野中到处是荆棘，唯一的绿色植物是刺柏和苔藓，在这样的环境中，其他家畜怎么能够生存呢？而且，牛、羊、马等对人们有着重要作用的家畜，那里根本没有适合它们的食物，更没有适合它们生存的环境，因此，拉普兰人必须在森林中寻找很容易驯化的生物。于是，拉普兰人开始驯化鹿、狍子等动物，让它们变成家畜，以便满足人们的需要。

我们通过这个例子得知，大自然是慷慨的，它为我们提供了许多资源，而这些资源的庞大是我们难以想象的。大自然向人类提供了牛、羊、马等动物，人们将它们驯化成了家畜，为人们提供服务和衣食，虽然拉普兰人的生活环境不适宜饲养牛、羊、马等家畜，但他们将驯鹿驯化成了新的家畜。我们将两者比较一下将会发现，驯鹿的作用要比其他家畜更大：首先，驯鹿能够拉雪橇、拉车，类似于马的作用；其次，驯鹿奔跑起来更加轻盈、快捷，而且轻轻松松就能日行30里，在冰冻的雪原上能够自由奔跑，如同在草原上一样；最后，驯鹿的奶营养价值很高，而且它的肉很好吃，毛皮能够制成上等毛皮制品，将毛去掉之后的皮能够制成经久耐用的皮革。因此，在拉普兰人眼中，驯鹿有着重要作用，它能够提供牛、羊、马等家畜提供的一切。

第十四节　羚羊

羚羊的眼睛深邃有神，而且非常温柔，甚至在东方流传着一句谚语：“女人的眼睛就像羚羊的眼睛那样美丽。”

在非洲和印度常常能够见到羚羊，尤其是大羚羊。与其他羊相比，羚羊更加厉害，更加凶猛，根据犄角上的两个弯，我们能够将它们与其他羊相区分；而且，羊的身体两侧底部没有黑色或者棕色的条纹。与鹿相同，羚羊拥有高大的身材和外表：它们的犄角黝黑，腹部雪白，后腿要比前腿长一些。

在特莱姆森、杜格莱、杜太尔、撒哈拉等地，同样生活着羚羊。这里的羚羊非常干净，喜欢在干燥、整洁的地方休息；它们的奔跑速度轻盈、快捷，而且警惕性很高。在旷野上，它们时时刻刻都在注意着四周的动静，只要发现猎人或者猎犬，它们就开始逃命；虽然它们天生胆怯，但在受到攻击时非常勇敢，马上停下来无畏地面对自己的敌人。

一般来说，羚羊有着深邃的眼睛，而且炯炯有神、非常温柔，所以在东方谚语中将女人的眼睛比喻成羚羊的眼睛。与狍子相比，羚羊的腿更加灵活、更加轻盈，而且毛要短一些，但非常柔顺，而且充满了光泽；与野兔相似，它们的后腿比前腿长一些，所以上坡时更容易。它们敏捷的步伐能够与狍子相提并论，但狍子是用跳跃的方式前进，而羚羊是快速奔跑。对于羚羊来说，大部分羚羊背部呈现浅黄褐色，腹部呈现白色，身体侧面有一条棕色的带子，恰好将这两种颜色分开。它们的尾巴有长有短，但都布满了黑色的长毛；它们的耳朵直立起来，而且长长的，中间比较宽大，顶端是尖角状的。类似于绵羊，所有羚羊都是叉蹄；而且，不管是雄羚羊还是雌羚羊，头上都长着犄角，只是雄羚羊的犄角要粗壮一些、长一些而已。

第十五节　河马和貘

河马的身体像犀牛那样粗壮，但要长一些；腿比犀牛的腿要短一些。根据身体比例来说，河马的头部有点短，而且有些肥大。

河马

虽然河马的身体像犀牛的身体一样粗壮，但体形要长一些，而腿则短一些。按照身体比例来说，河马的头部有些短，而且比较肥大；它的鼻子上没有长角，头部也没有长角；当它非常痛苦时，发出的叫声类似于马的嘶鸣，或者像是水牛的吼声，因此，根据声音的相似度，可以将它命名为“河马”，如同猞猁的叫声类似于狼的声音，所以将它叫作“猎鹿狼”一样。“河马”这个名词还指在河中生活的马。河马的门牙，尤其是下颌上的两颗牙齿长长的，而且非常有力、非常坚硬，咬铁器时能够出现火花，古人可能是据此认为河马能够吐火；河马的门牙是圆柱形的，长长的且带着凹槽，尖牙是棱柱形的，又长又弯曲，类似于野猪的獠牙。河马的臼齿类似于人类的臼齿，呈现出方形或者没有规则的长方形，而且非常粗，每颗牙齿的重量大约是3斤。最长的牙齿是12寸，甚至能够长达16寸，而重量高达10斤。

河马不仅拥有强而有力的武器，而且力量非常大。但是，河马天性温顺，而且身体笨重，所以只能慢慢地跑，无法与其他四足动物相提并论。不过，它在水中的游泳速度比较快，比在陆地上的奔跑速度快多了。但是，与河狸和水獭不同，它的脚趾上没有膜，依靠腹部的体积在水中活动。此外，它能在水中待很长时间，在水中行走就像在平地上一样。它喜欢食用甘蔗、水稻、草根等植物，而且食量很大，还会糟蹋耕地，但它在陆地上比较危险，由于它的腿比较短，奔跑速度比较慢，所以很容易被人抓住。当它遇到危险时，常常会逃到水中，在水中潜游很长一段时间后，才会抬起头看看是否安全了。当它被人追赶时，往往会选择逃跑，但假如人们伤害了它，它就会疯狂地冲向船舶，通过牙齿拖船，充分显示了它那巨大的力量，这种力量能够掀翻船板，甚至是颠覆这条船。

貘

在美洲大陆上，貘的体积是最大的，如同我们在前文所说，生活在这个陆地上的生物的体积都比较小，或者说还没有发展成为比较大的体积，与古老的亚洲地区生活的大象、犀牛、河马、长颈鹿、骆驼等大型动物不同。因此，我们在美洲大陆见到的都是体积比较小的动物，如羊驼、小羊驼、水豚等。与旧大陆上生活的动物相比，美洲大陆生活的动物的体积仅仅是它们体积的二十分之一。

在这片陆地上，大自然在造物时省了许多材料，所以动物的力量存在缺陷，造物主在创造物种时，似乎忘记了它们，或者说它们是失败的物种。在美洲生活的动物大部分没有长牙齿、犄角、尾巴；它们的样子很特别，身体与四肢不符，整体看来很不协调；其中，食蚁兽、树懒等动物天生卑劣，它们几乎没有行动能力和觅食能力；在沙漠的荒凉地，它们过着糜烂生活，因为它们无法在人类居住的地方生存下去。在那里，它们无法抵抗人类和强大的动物，最终会走向灭亡。

在美洲大陆上，虽然貘是最大的动物，但它只有一头小母牛或者瘤牛那么大。膜没有犄角和尾巴，而且四肢非常短；它的身体与猪相似，是弧形的；它小时候与鹿相似，皮肤上带有花斑纹，等到长大之后全身都会变成深褐色的；它的头部又肥又长，长长的鼻子与犀牛的鼻子相似；上颌和下颌都是由10颗门牙和10颗臼齿组成，这是它与反刍动物最大的区别。

貘好像是一种性格忧郁的动物，喜欢在黑暗中活动，所以只有在夜间才会外出，而且喜欢在水中待着；它生活在沼泽中，总是待在河边或者湖边的附近，当感觉到危险时，便会快速地潜入水中，游泳到很远的地方才敢露出水面。貘的这些特征与河马相似，所以某些博物学家认为它们是同类动物。不过，貘和河马在天性上有着巨大不同，只要比较一下两者的描述就能看出这一点。貘在水中生活，但主要食物不是鱼，虽然长着20颗锐利的牙齿，但不是肉食动物。它主要食用植物和草根，从来不会使用自己的武器欺负其他动物，它天性温和，胆小羞怯，不喜欢斗争。它的身体比较长，腿非常短，但奔跑起来速度很快，而且游泳的速度更快。它们常常结伴而行，甚至是集体行动。它的毛皮非常坚硬、致密，甚至是子弹也无法射穿。它的肉很粗糙，而且淡而无味，但印第安人很喜欢吃这种肉。在巴西、巴拉圭、圭亚那、亚马孙河流域等地，常常能够见到它的身影。

第十六节　羊驼和小羊驼

在外形上，小羊驼和羊驼非常相似，但小羊驼的体形比较小，腿也比较短，鼻吻更加紧凑，它们的绒毛呈现出干玫瑰色，但毛的颜色要比羊驼的毛的颜色浅一些，而且没有犄角。

羊驼

羊驼的故乡是秘鲁，它们是不可或缺的物品，而且是印第安人创造财富的保证。羊驼的肉质好，毛是上等细绒毛；它们可以帮助人们驮运东西，载重量大约是150斤，而最强壮的羊驼能够运载250斤的重物；它们可以在其他动物无法通过的地方长期旅行，但它们的行走速度很慢，一天只能走四五里路；它们的步伐稳重，脚步坚实；它们可以在陡峭的沟堑行走，可以在险峻的山岩行走；一般来说，它们能够连续行走四五天，然后休息一两天，接着继续前行……

羊驼的生长速度很快，但寿命很短，3岁时就能繁育后代；12岁时，精力很充沛，但此后逐渐衰弱，等到15岁时就彻底衰竭了。它们的天性好像是由美洲人的性格决定的，温和且冷静，处理事情很有分寸，懂得拿捏尺度。在旅途中休息时，它们会小心翼翼地跪下，慢慢地放低身躯，以免货物掉到地上；当听到赶驼人的命令时，它们也是慢慢地起身，继续接下来的旅程。遇到有草的地方，它们会一边走，一边食用，但夜里不会吃任何东西，即使是白天没有进食也是一样。夜晚，它们常常反刍。在睡觉的时候，它们的头靠在胸前，而脚在腹部下面。如果它们驮的东西太重，便会被压倒，无法站起来。此时，即使是鞭打它们，它们依然无法站立——它们只能待在摔倒的地方，如果继续惩罚它们，它们就会用头撞地来自杀。它们不用蹄子和牙齿保护自己，除了愤怒之外，它们没有其他武器了。它们朝着羞辱自己的人吐口水，据说，此时的唾液有着强烈的刺激性，沾在人的皮肤上会起疮疹。

羊驼的身高大约是四尺，身体的长度大约是五六尺。它的头部很漂亮，眼睛大大的，鼻吻很长，嘴唇非常厚，上唇有裂缝，向下耷拉着；没有门牙和大齿，耳朵的长度大约是四寸，向着前方生长，而且能够移动；尾巴的长度大约是八寸，又细又直，而且有点上翘；它们的蹄子是叉开的，类似于牛的蹄子，在行走时不容易摔倒；一层短短的绒毛将背部、臀部、尾巴覆盖住，但身体两侧和腹部下方的毛比较长；此外，它们的毛的颜色不同，有白色的，有黑色的，还有混合色的；它们的粪便与山羊的粪便相似。

这种动物容易饲养，而且花费比较低。由于它们属于偶蹄动物，所以不需要钉掌；身上有着厚厚的毛，所以不需要装鞍；它们不吃种子、燕麦、干草等食物，只要有青草就可以了；而且，它们的食量很小，在饮水上也很节制。

小羊驼

在外形上，小羊驼和羊很相似，但体积小一些，腿短一些，鼻吻更加紧缩，它们的绒毛是干玫瑰色的，但毛的颜色比羊驼的毛的颜色浅一些，而且没有犄角。它们生活在高山上，冰雪不能阻碍它们的生活，反而给它们带来了乐趣。它们结队行动，脚步轻快；它们天性胆怯，遇见陌生人就会逃跑。以前，秘鲁国王下令禁止猎捕小羊驼，因为它们的数量非常少，现在小羊驼的数量也不多，而且比西班牙人刚到这里的时候少得多。与野羊驼相比，它们的肉质比较差，人们是为了得到毛皮才逮捕它们的。在逮捕小羊驼时，人们将它们赶进狭窄的路上，在那里拉上三四尺高的绳子，然后将衣服和布挂在绳子上，当小羊驼看见这些随风飘动的衣服时，它们便会恐惧地聚成一团，所以人们很容易抓住它们。不过，假如小羊驼中有些胆子比较大，借助于自己灵活的身手，便可以从绳子上方跳过去，只要有一只小羊驼成功了，其他小羊驼便会效仿。

第十七节　树懒和猴子

虽然猴子的某些特征与人类很相似，但它依然是一种动物，而不是人类的亚种，而且在动物中的排名也不是第一，因为它不是最聪明的动物。

树懒

在自然界中，二趾树懒和三趾树懒可能是相貌最丑陋的动物，它们是大自然创造出来的失败品，向我们展示了动物的瑕疵。

由于它们没有牙齿，所以无法逮捕猎物，不能吃肉，甚至是不能吃草，它们只能吃树叶、野果等其他动物不屑吃的东西；它们花费很多时间才能爬到树上，而需要花费更多的时间才能爬到树枝上去；有时候，这种行动会持续好几天，它们在这段时间内只能忍饥挨饿，或者说忍受最基本的生理需求。等到它们爬到树上之后，便会紧紧地攀住树枝，慢慢地食用树叶，吃掉附近树枝上的所有叶子。在接下来的几周中，它们都是这样生活，只能吃这种干燥无味的食物，而没有其他东西可以吃；等到将树叶吃光之后，它们依然会待在树上，因为它们不知道如何下去；最后，当它们无法忍耐饥饿的折磨时，而且是不进食就会死亡的情况，它们便会放手让自己摔到地上去，像是一块重物落到地上一样，因为它们的腿来不及伸开缓解下落时的冲力。

当它们到达地面之后，便会遇见各种各样的敌人。由于它们的肉质很好，所以人类和肉食动物都喜欢追捕它们。它们的数量比较少，即使它们的繁殖比较频繁，但能够存活下去的数量非常少，因为它们只有两个乳房，所以这个物种濒临灭绝。

猴子

自然界中的所有物种都有自己的特征，有着无可取代的地位。我们发现，大象、犀牛、河马、老虎、狮子等物种都有独自的生活环境，除了这些大型动物之外，其他动物都喜欢和同类居住在一起，形成一个密不可分的群体。博物学家用一个网状的图谱描述动物的属，这个图谱是根据不同特征进行分类的，依据的是脚、牙齿、犄角、鬃毛，甚至是更小的特征。其中，有些动物非常完美，如相当接近人类的猴子，它们的许多特征与人类相同，我们要仔细辨认它们和人类之间的不同。虽然人类是特殊的物种，而且与其他动物有着本质区别，但由于人类的身高非常普通，所以与大型动物相比，独立性要差一些，所以需要群居生活，而且是很多人生活在一起。对于猩猩来说，从它们的外表上看，它们好像是最后的猴子和原始的人类，除了灵魂之外，它们拥有人类所有的一切。仅仅从体形来说，猩猩与人类的差别很小，而与猴子没有任何区别。

因此，灵魂、思想、语言这些东西与外形无关，这是大自然赐予人类的，而且是独一无二的。因此，虽然猩猩具有与人类相似的躯体、四肢、感官、大脑、舌头，但它们没有语言、没有思维。虽然它们能够模仿人类的动作，但无法做出人类的任何行为，可能是它们缺少教育，也可能是人类对它们的评价有失公平。有些人觉得，将森林中的猴子和城市中的人们进行比较是不对的，应该将它们和没有接受过任何教育的野人进行比较。不过，野人的真正定义是什么呢？一般来说，我们想象出来的野蛮人是这样的：头发是竖直的，脸上满是胡子，两条粗野的鬓角；眼睛深深地陷入眼窝中，总是像野兽一样瞪着眼睛，目光中充满了野性；嘴唇厚厚的，而且向前翘，鼻子是扁平的；身体和四肢上长着许多毛，皮肤非常粗糙，像是坚硬的牛皮，指甲又厚又长，而且是钩形的，脚底长满了老茧。在性征方面，乳房长且柔软，腹部的皮肉下垂到膝部。孩子们到处乱跑，还在泥土中打滚，父亲和母亲神态狰狞地坐在地上，全身都是污垢，而且充满了难闻的气味。这是霍唐托野人的形象，而自然状态下的原始野人更加糟糕。假如人们将猴子与这种形象进行比较，那么，还需要添加人体的结构关系、气质的协调、异性之间的吸引等。于是，人们将会发现，虽然野人和猴子是不同的物种，但它们之间没有显著差别。

确实，仅仅从外形上来说，猴子可以被认为是人类的异化，造物主在创造人类时，即不想让他们的外形与其他动物的样子截然不同，又不想让他们的外形与猴子一模一样。然后，上帝在人类的身体内注入了一口仙气，如果他在猴子和其他动物的身体内也注入仙气，那么，这些动物将会成为人类强有力的竞争对手。如果它们拥有了思维，那么，它们将会像人类一样不仅能够说话，还能够思考。因此，虽然霍唐托野人和猴子在外表上很相似，但它们之间还是有着巨大的不同，因为人类拥有思维和语言。

谁都不会说一个愚蠢的人和一个聪明的人有着不同的身体构造，因为他们之间的区别在于器官的质量，而不是数量。因此，既然人与人是绝对相似的，所以我们无法因为微小差异就摧毁或者阻止思想的形成。同理，虽然动物们没有思想，但经过训练之后，动物也可以变得非常聪明。大象的成长期最长，在小象出生后的第一年中，母象时时刻刻都要照顾小象，但它是最聪明的动物；豚鼠的成长期很短，三个星期就可以长大，而且拥有了繁殖后代的能力，但它是最愚蠢的动物之一。对于猴子来说，幼猴要比婴儿强壮一些，而且成长速度快，只需要母猴照料几个月而已，但它只能接受很少的教育。

因此，虽然猴子与人类相似，但它依然是一种动物，而不是人类的亚种，而且在动物中的排名不是第一位，因为它不是最聪明的动物。不过，有些人认为，猴子与人类非常相似，因为它们不仅能够模仿人类的动作，还能够模仿人类做的各种事情。我们在前文已经说过，人类活动都具有社会性，人类的行为首先是由灵魂决定的，然后是后天的教育，前提条件是父母必须长期照顾孩子。对于猴子来说，这种照顾的时间非常短暂，所以它无法做人类所做的事情。

模仿是猴子最明显的特征，所以许多人认为这是猴子的独特才能。不过，在下结论之前，我们需要考察一下猴子的模仿是被迫行为，还是自由行为。猴子模仿人类的动作，是不是在它想要模仿的时候就能实现呢？在这里，我想说的是那些不带任何偏见观察猴子的人，我相信他们的看法与我的相同：猴子的模仿没有任何自觉意识。虽然猴子会使用它的手臂，但它不知道人类也有手臂。由于猴子的四肢与人类相似，所以猴子的动作肯定与人类的动作相似，但动作的相似性并不表示模仿。如果我们制造出两个相同的挂钟或者两部相同的机器，那么，它们的运动也是一样的，但谁都不会认为它们是在相互模仿。由于猴子的身体构造类似于人类的身体构造，所以它们就像两部相同的“机器”，一定会出现相似的运动。但是，相似并不意味着模仿。前者是由物质组成的，而后者凭借思维存在。对于模仿来说，前提条件是目的性，而猴子没有思维能力，所以无法理解这种意图。因此，人类可以模仿猴子，但猴子无法模仿人类。

我们很难给出猴子的准确定义，认为它有着与人类相似的天性，而且是介于人类与野兽之间的物种。其实，猴子是一种动物，只是外表与人类相似，但缺少思维能力和人类拥有的属性。而且，它的相对能力还不如其他动物，它在许多方面与人类有着本质区别，如本性、气质、接受教育的时间、繁殖、生长、寿命等。

第三章　禽

布封通过热情、浪漫的笔调将大自然中生物的生存和繁衍展示在读者面前。在飞禽这一章中，布封借助于自己渊博的知识和细腻的文笔，通过叙述的方式描述了飞禽之间的亲昵感情。法国另一位著名的博物学家是法布尔，他的叙述比较客观冷静，缺少了布封的诙谐幽默。通过下面的文字我们能够看出这一点。

第一节　鹰和秃鹫

在食肉类猛禽中，排名第一的是鹰，首先因为它非常强大，其次是它比较高贵；但是，秃鹫却不是这样，与鹰相比，它显得比较卑微，而且非常残暴。

鹰

在体魄和精神方面，鹰和狮子有着许多共同点，它们都有力量，而且风度翩翩，因此，狮子被称为百兽之王，而鹰被称为百禽之首。鹰拥有高贵的气质，一般不会与小鸟雀计较，对它们的冒犯不屑一顾，除非遇到贪嘴的乌鸦或者嚼舌的喜鹊，它在忍无可忍时才会杀死它们。鹰只是关心它的猎物，并且享受自己的成果。它懂得控制食欲，从来不会将猎物一次吃掉，而是大方地将剩余部分送给其他动物。鹰在非常饥饿的时候，也不会食用腐臭的东西。它像狮子一样孤傲，专心守护着自己的地盘，维护自己领地的绝对主权。一般来说，我们很少见到两群狮子在同一片树林中，同理，两只鹰也很少出现在同一个地方，它们总是保持着一定的距离，以便拥有足够多的猎物，它们根据猎物的多寡来决定是否需要扩展地盘。

鹰的眼睛炯炯有神，眼珠的颜色和爪子的形状都与狮子的相似，它的呼吸沉重，叫声响亮。鹰和狮子的捕猎能力都是与生俱来的，而且都非常凶猛、非常高傲，很难驯服，因此，对它们的驯养要从小开始。在训练鹰时，一定要有绝佳的耐心，只有技术高超的人，才可能将雏鹰训练成捕猎高手。随着年龄的增长，力量的增强，猎鹰会对主人构成一定的威胁。据说，东方曾经有人驯养猎鹰，主要是帮助人们猎捕动物，但它慢慢从驯隼场（驯养猎隼的场所，还会驯养各种猛兽）消失了：鹰太重了，站在人的肩膀上会让人觉得不堪重负；而且，鹰的性情暴躁，难以控制，主人往往无法很好地控制它的任性或者残暴。鹰的爪子和喙是弯钩形的，强劲有力，这表示它的天性是野性十足。鹰不仅拥有锐利的武器，而且拥有强壮的体格，双腿和双翼都非常有力，骨骼结实，肌肉致密，羽毛粗硬，姿态高贵，动作敏捷，飞行速度极快。

在鸟类中，鹰飞得最高，一直被称为“天禽”。古人通过鹰的飞行进行占卜，认为它是天神的使者。鹰有着良好的视力，但嗅觉差一些，所以追捕猎物时依靠的是视力。当鹰抓住猎物之后，它就向下飞去，好像在测试猎物的重量，先将猎物扔到地上，然后再带走。虽然鹰的翅膀苍劲有力，但腿不是非常灵活，起飞的时候比较困难，尤其是负重时难以站在地面上。鹰轻轻松松就能抓住鹅或者鹤等飞禽，或者野兔、羊羔、小山羊等动物，当它抓住猎物之后，通常在猎捕地吃喝一顿，然后将剩余的肉带回“地巢”中。由于鹰的巢穴看起来像是平地，而不是像其他鸟巢一样是凹陷的，所以才被称为“地巢”。

鹰常常在两块陡峭的岩石之间筑巢，那里不仅干燥，而且难以靠近。鹰巢非常坚固，建造好之后能够住一生，不仅十分结实，而且经久耐用，可以算是建筑中的佳作：它看起来如同一块平地，由许多五六英尺长的棍棒搭建而成，棍棒的首尾相连，然后缠绕一些柔软的枝条，最后铺上一层灯芯草和欧石楠枝等东西。鹰巢的宽度大约是几英尺，无比坚固，同时可以承受成年鹰、雏鹰、大量食物的重量。鹰巢上方没有盖子，伸展出来的岩石就是天然的顶盖。一般来说，雌鹰产卵的地点是巢中央，每次的产卵量大约是两三枚，孵化期大约是一个月，由于有些卵没有受精，所以一个巢穴中很少同时出现三只雏鹰，一般情况下仅仅是一两只而已。某些人肯定地说，当雏鹰长大一些时，雌鹰便会将最弱小或者最馋嘴的雏鹰杀死，这种情况是由食物的缺乏造成的，当食物的数量比较少时，只能减少家中成员的数量。等到雏鹰能够独自寻找食物时，父母就会将它们赶出去，而且不允许它们再回家了。

秃鹫

在猛禽中，鹰的排名是第一，因为它比秃鹫强大许多，而且非常高贵，而秃鹫是卑微的、残暴的。鹰的性格高傲豪迈，动作敏捷，勇气超常，在逮捕猎物时，还不忘表现自己的巨大力量和搏斗能力；相反，秃鹫的唯一特征是贪婪的本性——只要动物尸体能够填饱它的肚子，它就不会与其他动物竞争。鹰喜欢独自搏斗，只身追捕猎物、攻击并抓住猎物；秃鹫遇到困难就喜欢召唤同伴，一起担当卑鄙的杀手。秃鹫是一个掠夺者，而不是一个战斗者，它是残忍的屠夫，而不是出色的猎人，在肉食猛禽中，只有它们是以多欺少、以众敌寡；只有它们会争夺死尸，然后撕成碎片食用，甚至是连骨头都消灭掉。它们不仅不会嫌弃腐烂的臭肉，而且非常喜欢。即使是雀鹰等非常小的猛禽都比秃鹫勇敢得多，它们都是独自捕猎，而且不会食用腐肉。因此，秃鹫的身上体现了老虎的力量和残暴，还有豺的贪婪和卑鄙，它们结伴挖掘死尸，享用腐肉；相反，鹰有着狮子的力量和高贵、大度和豪迈。

通过秃鹫和鹰的性格、外表能够发现它们的不同之处：秃鹫的眼睛凸出眼窝，而鹰的眼珠陷在眼窝中；秃鹫的头部和颈部都是光秃秃的，而鹰的头部和颈部长满了羽毛。而且，秃鹫和鹰的爪子也有一定的区别：秃鹫的爪子短且扁平，而鹰的爪子是半圆形的，因为它们几乎不会站在平地上。秃鹫的翅膀上布满了绒羽，其他食肉猛禽却不是这样；秃鹫的喉咙下方有一些细毛，而其他猛禽拥有的是羽毛。此外，我们通过站立方式也能发现秃鹫和鹰的不同：鹰总是高傲地站着，身体垂直于足爪；秃鹫是以半水平状态站立，低头哈腰的姿势体现了它的卑微。我们很容易认出秃鹫，它们是唯一结伴同行的食肉猛禽，它们的飞行很笨拙，起飞的时候非常困难，有时候试飞好几次才能够飞起来。

第二节 鸢与鵟、伯劳、猫头鹰

鸢和鵟是很常见的飞禽，但比秃鹫更令人讨厌；它们常常出现在人们居住的地方，很少待在沙漠中，而且不会在荒无人烟的地方筑巢；它们喜欢肥沃的平原，讨厌贫瘠的山地。它们的食物多种多样，但喜欢所有的肉类，这些是最符合它们胃口的美食。

鸢与鵟

在猛禽中，鸢和鵟排在秃鹫的后面，它们的性情和习惯都与秃鹫相似：丑陋、卑微、无耻。虽然秃鹫缺少高贵的品质，但它们在体形上和力量上都占有优势，所以在猛禽中的排名很靠前。但是，鸢和鵟没有什么优势，它们的体形比秃鹫小一些，所以只能依靠数量战胜秃鹫。鸢和鵟很常见，所以比秃鹫更令人厌恶，它们常常待在人们居住的地方，几乎不会待在沙漠中，更不会生活在荒无人烟的地方；它们喜欢肥沃的平原，讨厌贫瘠的山地。它们的食物多种多样，但最喜欢的还是肉类，而且是百吃不厌。在土地肥沃、枝繁叶茂的地方，常常生活着许多昆虫、爬行动物、鸟类、小动物，所以鸢和鵟喜欢居住在这种地方。鸢和鵟天性残暴，但非常愚蠢，而且狂妄自大，它们对于危险的警惕性很差，所以猎人轻易就能到达它们身边，杀死它们要比杀死秃鹫容易多了。当鸢和鵟被逮捕之后，很不容易驯化成功，所以无法进入鸟类的贵族中。

虽然鸢和鵟的本性相似，体形、嘴巴等多个方面都很近似，但我们依然很容易看出它们的不同，甚至是它们与其他肉食猛禽的差别。鸢的一个明显特征是：尾部是凹形的，尾羽的中间部分非常短，从远处看像是一个叉，所以又被称为“叉尾鹰”。与鵟相比，鸢的翅膀比较长，所以飞翔的时候比较轻松。鸢大部分时间都在空中待着，每天都能飞很远，几乎从来不会休息，但鸢飞翔不是为了逮捕猎物，也不是为了寻找猎物，因为它不吃飞禽，它是天生喜欢在空中飞翔。鸢的飞翔姿势非常优美，在空中翱翔时，一双狭长的翅膀好像伸展着不动，而尾部起到平衡作用，让它顺利地向前飞行。鸢从来不会感觉疲惫，轻轻松松地起飞，下降时慢慢地滑落，不仅可以急速起飞，还可以随时减速，甚至是停下来，静静地在空中待上好几个小时，几乎无法看出它在扇动翅膀。

伯劳

虽然伯劳的体形非常小，但十分勇敢，身体的各个部位都是小巧玲珑的，嘴巴是弯钩状的，强壮有力。由于它酷爱肉食，所以将它划分到食肉猛禽中，而且是非常残忍、嗜血成性的猛禽。我们常常发现，一只毫不起眼的伯劳居然非常勇敢地与喜鹊、乌鸦等比它大得多的鸟类进行斗争。它不是为了自卫而反击，而是常常主动攻击它们，尤其是一对伯劳在保护自己的孩子时，总是能够在搏斗中获胜。只要敌人闯入伯劳的领地，它们就会快速地冲向前去，一边大声叫着，一边奋力攻击对手，怒气冲天地赶走敌人，让它们不敢再来冒犯。在与强敌进行斗争时，虽然它们的实力很悬殊，但伯劳从来不会屈服，而且很少被敌人抓走，甚至它们会牢牢地抓住敌人，绝不松爪，最后和敌人同归于尽。因此，即使是最凶猛的鹰都不敢招惹伯劳，总是远远地避开它们。

虽然伯劳只有百灵鸟那么大，但它非常勇敢，常常成双成对地在空中翱翔，周围是鹰、雀等空中霸王，它们从来不会感到害怕。伯劳的主要食物是昆虫，但它们最喜欢的是肉类。它们在自己的地盘上寻找食物，从来不必担心遭遇危险，常常追逐自己见到的小鸟；它们还会去抓小山鹌或者小野兔，那些被陷阱困住的斑鸠、乌鸦、小鸟也会变成它们的美餐。它们用爪子抓紧猎物，然后用喙啄破猎物的脑袋和颈部，等到杀死猎物之后，便将猎物的毛拔掉，美美地吃一顿，最后将剩余部分带回巢中。

猫头鹰

在诗人的眼中，鹰是“天王”，而猫头鹰是“天后”。一般来说，猫头鹰和普通的鹰非常相似，它们都拥有强壮的身体，大小类似的体形。不过，猫头鹰要比鹰小一点，而且身体各个部位的比例与鹰有着一定的区别。与鹰相比，猫头鹰的腿部、身子、尾巴都比较小，但头部比较大，双翅伸展开大约是五尺，比鹰的双翼窄一些。此外，猫头鹰的显著特征是：头颅很大，脸庞宽阔，耳洞又大又深。通过猫头鹰的这些特征，我们很容易认出它来。它的头上是一对长长的耳朵，羽毛竖起来时大约是两寸长；嘴巴是黑色的，而且呈现弯钩状；一双眼睛又大又亮，瞳孔是黑色的，而眼睛周围是橘黄色的；放射状的羽毛组成了脸部的轮廓，面部上布满了浅色的绒毛或者白色的短毛，四周是卷曲的短羽；弯曲的爪子是黑色的，强劲有力；颈部非常短；身上覆盖着褐色的羽毛，背部分布着黑点和黄斑，腹部是黄色的，上面散布着一些黑点，而且还有褐色的条纹；从爪子的上部一直到趾甲，一层厚厚的橙红色羽毛覆盖在上面。在夜里，它的叫声非常恐怖，回荡在空旷的田野上，将周围的鸟雀都惊醒了。

一般来说，猫头鹰住在岩洞中或者塔楼内。猫头鹰的食物主要是小野兔、家兔、鼠类，捕捉到这些小动物之后，它首先将猎物生吞下去，等到将肉消化掉之后，再将毛皮和骨头吐出来。猫头鹰的食物多种多样，除了上述小动物之外，还会食用蝙蝠、蛇、蜥蜴、蛤蟆等动物，而且在喂养后代时也是用这些东西。它们总是在巢穴中堆满了食物，所以猫头鹰是擅于储存食物的猛禽。

第三节 鸽子、麻雀

家养鸽子和野生鸽子的身上有一些共同的优点：喜欢群居生活，忠诚友爱，性情温顺，干净整洁，喜爱保养自己，而且渴望得到爱怜。

鸽子

在飞禽中，身体比较笨重的容易驯化，如鸡、火鸡、孔雀等；而身体比较轻盈、飞行速度快的鸟类，则不容易驯养。人们在一块地上搭建一个茅舍，这样就能圈养家禽。不过，如果想要圈养鸽子，而且要留住它们，那就必须建立一个鸽楼：鸽楼的外墙用泥抹得光滑、平整，里面是由许多小格子组成的。

鸽子不像牛、羊、马等家畜很容易驯化，也不像鸡、鸭、鹅等家禽被囚禁起来，而是只有它们自愿做人们的俘虏时，人们才可以豢养它们。因为人们为鸽子提供了丰富的食物、舒适的住所，所以鸽子才会接近人类。如果人们无法为鸽子提供它们所需的一切，它们便会飞到其他地方去。不过，有些鸽子宁愿住在土洞中或者树洞中，也不愿意住进舒适的鸽楼中；有些鸽子不喜欢待在人们为它们提供的住所中，无论人们做得多么好，始终无法让鸽子留在鸽楼中；还有一些鸽子不敢离开鸽楼，寸步不离地待在里面，人们需要将食物放在鸽楼里。

在历史上，鸽子扮演了许多角色，有时候是宠物，有时候是信使，还有时候是人们的食物。鸽子拥有高超的归巢本领，即使人们将鸽子带到很远的地方，它还是会回到自己的巢中。于是，人们利用鸽子的这种能力，逐渐驯养出了信鸽。

家养鸽子和野生鸽子的身上有一些共同特征：喜欢群居生活，依恋同伴，性情温顺，忠诚友爱，干净整洁，希望得到怜爱。它们对待伴侣的热情从来不会消退，它们相互扶持，不会抱怨，更不会发脾气，一起承担所有的事情，雄鸽和雌鸽会轮流孵卵，共同养育幼鸽，以此分担妻子的辛苦。雄鸽和雌鸽之间是平等关系，这是维持它们幸福生活的基础，在这一点上，它们是人类的榜样。

麻雀

在荒僻的地方和人烟稀少的地区，人们从来不会见到麻雀的影子，因为它们类似于鼠类，总是待在人们的住宅附近。它们不喜欢生活在树林中或者空旷的原野上，人们发现，城市中的麻雀要比乡村中的多，它们喜欢待在人多的地方，因为它们又懒惰又贪吃，只能依靠人类施舍给它们的食物生活。麻雀最喜欢待在粮仓、谷仓、鸡舍、鸽楼等地，这些地方有它们喜欢吃的食物。由于它们的数量很多，而且非常贪婪，所以喜欢做一些愚蠢的事情。对于人类来说，麻雀没有任何作用——它们的羽毛毫无价值，肉不能制成美味佳肴；它们的叫声非常刺耳，行为无所节制；因此，人们总是驱赶它们，甚至是使用各种手段将它们赶走。

麻雀最让人讨厌的地方不是它们的数量众多，而是它们的诡计多端，从来不会放弃自己的住所。麻雀很狡猾，几乎不会害怕人，人们很少能够让它们上当，它们轻易就能躲开人们设置的圈套，而且十分讨厌想要逮捕它们的人。

麻雀的巢穴非常简单，外面是干草，里面填充着羽毛，如果人们将它们的窝捣毁，它们马上就能搭建一个新窝。一般来说，麻雀的窝里总是有五六枚蛋卵，甚至是更多，一旦遭到人们的破坏，在8～10天的时间内就能再产一窝。当它们将窝搭建在树上或者屋顶上时，如果人们破坏了它们的蛋，它们便会寻找更加隐秘的地方产蛋，如库房。麻雀会吃掉许多粮食，饲养麻雀的人经过统计得知，一对成年麻雀每年大约会食用20斤谷物。虽然麻雀有时候会吃昆虫，而且会给幼鸟喂食昆虫，但它们的主要食物是谷子。当农民播种或者收割谷物时，甚至农妇在给家禽喂食谷物时，麻雀总是紧紧地跟在后面。麻雀还会到鸽楼中寻找食物，甚至吃掉幼鸽嗉囊中的东西；它们还喜欢吃蜜蜂，消灭有益人类的昆虫；正是由于它们作恶多端，所以人们才会厌恶它们，想用各种方法消灭它们。

一般来说，麻雀生活在屋檐下或者墙洞中，有时候会将窝搭建在枯井中或者窗台上。有些麻雀会在树上建窝，曾经有人在大核桃树和柳树上发现了麻雀窝。当麻雀在树上建窝时，常常是在树顶上，外面是干草，内部填充羽毛，跟平时的窝一样。不过，有的麻雀窝比较特殊，窝的上面搭建了一个篷盖，这样能够防止雨水流到窝内。当麻雀在洞内或者有遮盖物的地方建造窝时，便不会搭建这个篷盖了；因此，通过这一点可知，麻雀有着一定的理智。当然，有些麻雀非常懒惰，而且胆子非常大，自己不愿意费力建窝，所以将白尾燕赶跑，将它的窝占为已有。有时候，它们甚至会袭击鸽子，将鸽子赶走之后，占据鸽子的住所。如同大家所见到的，麻雀比其他鸟类更多变、更完善，这是由它们的群居生活造成的；它们从社会中索取自己所需的一切东西，却不为社会做一点贡献。因此，它们获得了一种本能——谨慎，这种谨慎随着时间、场所、习惯的不同有着不同的表现形式。

第四节 金丝雀、莺、红喉雀

金丝雀的歌声优美动听，它几乎时时刻刻都在歌唱：在黑暗的岁月中，让我们感到振奋，期待着明天的到来；在和平的日子中，让我们珍惜幸福的生活；带给青年人快乐，带给隐居的人喜悦；让受到束缚的人们感染到欢快的情绪。

金丝雀

如果将夜莺称为树林歌手，那么，金丝雀就是室内音乐家。夜莺拥有的是大自然赐予的东西，而金丝雀主要是受到艺术的熏陶。金丝雀的歌喉不是很响亮，声音也不能传到远方，音调也没有什么变化，但它的听觉系统非常灵敏，模仿能力和记忆力很强。由于性格的不同，动物的感官有着一定的差异，金丝雀在听的时候很专心，更容易接受，所以越来越适合群居生活，而且它们的性情温顺，亲切随和。这些天性使得它们容易与人类相处，而且喜欢和人类亲近，依恋人类。它不仅会表现出自己的热情，而且还会抱怨，但没有任何恶意，即使是在愤怒时，它们依然不会伤害人类。与其他家养鸟相同，它们的主要食物是谷子，不像夜莺那样挑食——一定要吃肉或者昆虫，而且还要加工好才行。在驯养金丝雀时，不仅很容易，而且非常有趣，它的进步神速，不久就能适应我们的歌声和乐器；随着人们对它的教育，它带给我们的东西远远超过了我们的给予。夜莺以自己的才能为傲，想要保护自己所有的一切，我们的调教毫无作用。夜莺总是自己鸣唱，歌喉花样百出，这是大自然的恩赐，人类艺术无法做出任何改变；而金丝雀的歌喉非常轻柔，而且很容易被人类改变，它时时刻刻都在歌唱；在阴暗的岁月中，它的歌声让我们的精神振奋，使我们感觉到幸福；它带给青年人快乐，带给隐居的人喜悦，让受到束缚的人感染欢快的情绪。我们可以在近处观察金丝雀，让它的歌声唤起我们内心的感动，如果秃鹫是作恶多端的代表，那么，金丝雀就是行善无穷的使者。

莺

冬天是死气沉沉的季节，更准确地说，是自然界的休眠时期和沉睡时期。静止不动的昆虫，停止活动的爬行动物，毫无生机的植物，被冰封在水中的生物，被困在岩洞、山洞、地洞中的兽类：这一切都展示了荒无人烟的景象。不过，初春时鸟儿的出现带来了大地复苏的信号，这些生机勃勃的小生命用歌声唤醒了沉睡的大自然；树木开始长出嫩芽，小树林穿上了绿装，这一切都显示出生命的活力。

在森林中，莺的数量最多，而且最可爱，它们的主要特征是活跃、轻盈、敏捷；它们的一举一动都带有感情，所有声音都透露着快乐的气氛，所有的行为都在诉说着心中的爱意。当树木开始发芽时，当花苞开始绽放时，漂亮的鸟儿就会出现在我们身边。有些鸟在花园中，有些鸟在林荫路或者丛林中，有些鸟在森林中，还有一些鸟在芦苇荡中，到处是花香鸟语。就是这样，大自然中的各个角落都有它们的身影，嘹亮的歌声回荡在旷野中，欢快的身影在花丛中飞来飞去。

虽然鸟类具有上述特点，我们依然想用“美丽”这个词描述它们的气质；不过，大自然非常用心地塑造它们的性情，但忘了赐给它们美丽的羽毛。莺的羽毛暗淡无光：只有两三种莺的身上有一些斑点，其他全身都是灰白色或者褐色。

莺在花园中、树丛中、菜地里生活，或者栖息在豆藤的架子上；它们在这里筑巢、玩耍，不断地进进出出，一直到收获季节。当收获季节到来时，它们也接近迁徙日期了，便会依依不舍地离开这片土地。

莺之间的追逐、娱乐像是一出戏，但它们的打闹都是有节制的，战斗也是玩笑性的，而且常常以某些歌曲结束。斑鸠象征着忠实的爱情，而莺代表着不专一的爱情；不过，虽然莺非常快乐、活泼开朗，而且热心，也不缺少对爱情的忠贞。当雌鸟在孵卵时，雄鸟总是小心翼翼地呵护它，一起照顾刚刚出生的小鸟，等到它们长大之后，也不会离开。

莺天生胆怯，所以常常躲避跟自己一样弱小的鸟类，更害怕遇见自己的天敌——伯劳。不过，当危险过去之后，它们就会将一切抛在脑后，变得无比快乐，高兴地放声高歌。它喜欢在茂密的树林中唱歌，而且常常将自己隐藏起来，偶尔露一下头，马上又缩回去了，即使是在炎热的夏天也是一样。清晨，它们会采集露珠；下过雨之后，它们会站在湿漉漉的树叶上，摇晃树枝上的雨水，让自己洗一个淋浴。

在莺类中，黑头莺的歌声最动听、最持久，与夜莺类似。我们能够在很长一段时间内听到它的歌声，当其他鸟类销声匿迹之后，它的歌声依然会持续好几个星期。它们的嗓音纯净，虽然音域不是很广，但优美动听，有着高低起伏，婉转而富有感情。它的歌声好像带着森林的清新，而且歌声能够传达幸福的感觉，这样的歌声很容易引起人们的共鸣。

红喉雀

红喉雀喜欢居住在阴暗、潮湿的地方。春季时，它的食物主要是蚯蚓和小昆虫，它有时候会在空中飞来飞去，始终绕着一片树叶旋转，这是它在追捕苍蝇；有时候，它会在地面上扇动着翅膀，快速冲向自己的猎物。在秋季时，它的食物多种多样，有时候吃荆棘中的果实，有时候吃葡萄园中的葡萄，还有时候在树林里寻找浆果，这样一来，它常常会陷入人们设计的陷阱中。因为猎人了解红喉雀的习性，往往会在陷阱旁边放一些野果作为诱饵。红喉雀喜欢在水边待着，一方面是为了饮水，另一方面可以沐浴，尤其是秋天时，因为此时它比较肥胖，所以需要饮用更多的水。

在森林中，红喉雀是起得最早的鸟：每天清晨，当其他鸟还在梦中时，红喉雀就开始高歌。不过，它的休息时间也很晚，半夜还能听见它的歌声，看见它飞翔的身影；人们总是在夜幕降临时去逮捕它。红喉雀生性单纯，容易相信别人，不仅活泼好动，而且好奇心强，所以常常落入人们设计的陷阱中，是最容易被抓住的鸟儿。只要捕鸟的人发出类似于鸟的叫声，或者摇晃枝条，便能引起它的注意，然后用套网或者黏板抓住它。猫头鹰能够惊动它，即使是用诱鸟笛模仿出来的声音也是一样；甚至用口哨模仿它的叫声或者其他鸟的叫声，也能惊动附近的红喉雀。当它们飞翔时，我们在远方就能听见它们的叫声，那不是悠扬的歌声，而是很普通的声音，或者是在抒发找到新东西的激动之情。它们在陷阱周围不停地飞来飞去，直到落入陷阱中无法动弹。猎鸟的人常常在树林中的小路上设置圈套，而且放置得比较低，因为红喉雀的飞翔高度与地面只有四五尺的距离。只要有一只红喉雀逃脱了圈套，它就会向同伴发出警告，而圈套附近的鸟就会飞走。在树林边，人们通过黏鸟板或者圈套也能抓住红喉雀。不过，最可靠的捕鸟工具是捕鸟夹子和套鸟圈，如果再加上诱饵，然后在林间空地或者小路上铺网，这些鸟便会乖乖地钻进去。

第五节　南美鹤

南美鹤是一种容易饲养的飞禽，而且与照顾它的人关系亲密，它们有着狗一样的忠诚和殷勤。如果在家里饲养一只南美鹤，它会讨好主人，向主人献殷勤，而且跟在主人身边跑来跑去，以此表示它喜欢陪伴在主人身边。

在自然界中，南美鹤生活在南美洲的热带雨林中，它们不会靠近开发过的地方，更不会待在有人居住的地区。它们是群居动物，总是成群地生活在一起，喜欢待在山区或者地势比较高的地方，而不是沼泽地或者小溪边。南美鹤的奔跑速度很快，但飞翔能力比较差，而它们有时候也会飞到矮树枝上休息。不过，它们只能飞几尺高，身体很笨拙，失去了奔跑时的敏捷。它们的主要食物是野果，这一点类似于凤冠雉等鸡形目飞禽，当遇见人的时候，便会快速逃走，并且发出像火鸡一样的叫声。

南美鹤从来不用树枝、草棍等东西建窝，只是在大树底下挖坑，并且在坑中产蛋。不过，它们产蛋的数量比较多，一般在10枚到16枚之间，类似于其他鸟类，随着雌鸟年龄的增长，产蛋的数量会出现一定的变化。它们的蛋几乎是圆球状，比鸡蛋大一些，呈现浅绿色。在幼鸟刚刚出生时，身上长着细细的绒毛，这层绒毛的长度大约是两寸，摸起来很柔软，而且非常浓密。此外，这层绒毛的保留时间要比小鸡或者小山鹑身上绒毛的存在时间长一些。由于幼鸟身上长满了绒毛，所以人们常常将它们与长着鬃毛的走兽相混淆。当南美鹤成年之后，它们的羽毛才会生长出来。

南美鹤是一种非常容易饲养的飞禽，而且喜欢与照顾它的人亲近，它们有类似于狗的忠诚和殷勤。假如在家里饲养一只南美鹤的话，它会亲近主人，向主人献殷勤，跟随主人，还在主人身边跑来跑去，以此表示它对主人的喜爱之情。不过，当南美鹤遇到讨厌的对手时，它会用嘴去啄对方的腿，然后将对方赶到很远的地方，而且显得无比愤怒。其实，它这样并不是因为对方攻击它，而是如果对方长相难看或者气味难闻的话，它就会觉得非常不舒服，所以才会主动发起攻击。南美鹤非常听从主人的话，只要主人下达命令之后，它就会毫无条件地执行，待在任何人的身边。南美鹤喜欢被人抚摸，尤其是头部和颈部，当它习惯了这种爱抚之后，便会变得非常黏人，而且会主动请求人们抚摸。有时候，它等不及主人召唤就跑到饭厅中，将自己当作主人，把饭厅中的猫或者狗赶走，然后向主人要东西吃。它不仅信心十足，而且胆子非常大，所以从来不会逃跑，体形一般的狗都不是它的对手。

当南美鹤与狗进行搏斗时，一般会持续一段时间，它在战斗中会跳到空中，以此躲避狗的攻击，然后降落在狗的身上，通过嘴或者爪子去攻击狗的眼睛。如果南美鹤获得了胜利，它便会一直追赶狗，此时如果不将它们分开的话，它会一直到将狗弄死为止。此外，在与人相处时，南美鹤有着和狗相似的特征，甚至有人说可以将它培养成“牧羊犬”。由于它的嫉妒心很强，所以不喜欢有人和它一起分享主人的爱抚，甚至会记恨那个人，如果仆人或者黑人挨着主人时，它就会跑过去啄他们的腿，以此表示自己的不满。

第六节 鹡鸰和鷚鶫

鹡鸰喜欢围绕在妇女身边，而且一点也不害怕，还捡她们丢掉的面包屑；此外，还会不停地拍打尾巴，好像在模仿妇女们浣洗衣服，所以人们将它们叫作“洗衣鸟”。

鹡鸰

鹡鸰的体形大小类似于普通的山雀，但它有一条长长的尾巴，所以看起来比较大。它身体的长度大约是七寸，但尾巴的长度就占了一半，大约是三寸半。在飞行时，鹡鸰的尾巴是张开的，像是一朵绽放的花，更像是一个又长又宽的桨，能够保持飞行时身体的平衡，还有助于做出转身、前冲、返回等动作；当它想要降落时，需要上下摆动好几次尾巴，这样才能保持身体的平衡。

鹡鸰在海滩上奔跑时姿态轻盈、动作敏捷，它们甚至能够张开双腿站在水中。人们常常看见它们在水闸旁边飞来飞去，有时候会落在闸门旁边的石头上，围绕在洗衣服的妇女身边。它们喜欢围绕在这些妇女身边，一点也不害怕她们，还喜欢食用她们扔过来的面包屑，而且一直在拍打尾巴，好像在模仿妇女们洗衣服一样，所以人们又将它们叫作“洗衣鸟”。

在鹡鸰中，有一种鹡鸰喜欢待在牛羊的身边，它们在牛群或者羊群中飞来飞去，自由自在地在它们中间漫步，甚至会停在牛或者羊的背上；它们可以和牧人待在一起，在他们身边飞来飞去，绝对不会感觉到危险；当狼或者猛禽靠近它们时，它们便会发出警告性的鸣叫，所以这些在田园中生活的鸟还被称为“牧羊鸟”。它们天性活泼纯朴，平和友好，能够与人类很好地相处，除非是人们强行驱赶它们，或者它们害怕送命才会远离人群。鹡鸰非常看重感情，它们是自然界中与人类关系最亲密的鸟类：它们几乎不会躲避人群，而且不会距离人们太远；它们非常相信人类，即使是看见拿着武器的猎人，它们也不会感到胆怯，躲开一会儿后就会回来，它们甚至不懂什么是逃跑。

尽管鹡鸰与人类的关系很好，但它们不是人类的奴隶，更不会在人类的威慑下屈服，当它们被关在笼子中时，不久之后就会死亡。它们喜欢在大自然中自由自在地生活，不喜欢被困在笼子里；在寒冷的冬天，人们将它们关在房间中，然后给它们喂食面包屑，它们还是可以生存下去。有时候，当轮船在水面上经过时，它们会飞到船上，或者进入船舱，跟船员们待在一起，并待到整个旅程结束，直到船员们下船时才会离开，因为它们害怕在海上迷失方向。

鹪鹩

鹪鹩是一种体形非常小的鸟儿，在天寒地冻的冬天，我们在农村和城镇附近还能见到它们的身影。傍晚时候，鹪鹩在返回巢穴之前会在外面玩一会儿，有时候站在高高的树木顶端，有时候站在柴垛上，通过嘹亮的歌声表达自己愉快的心情；有时候会在屋顶上休息，然后跑到屋檐下或者墙洞中，等它出来时就会翘着小尾巴、蹦蹦跳跳地跑到树枝上去。鹪鹩飞行的距离比较近，而且总是转着圈飞，由于扇动翅膀的速度非常快，所以人们很难看清楚它的翅膀是否在扇动，只能听到空气的振动声。因此，希腊人将鹪鹩叫作“嗡嗡响的陀螺”。这个名字不仅能够描述它的飞行特点，而且体现了它短小、精悍的身体特征。

在北方，鹪鹩是唯一在冬季活动的鸟儿，在万物萧条、大地沉寂的季节中，只有它能够带来快乐的气氛。它总是活力十足，正如贝隆所言，它的快乐无法用语言描述。它的叫声响亮、清脆，由一些短促的音符组合而成，听起来像是“唏嘀哩啼……唏嘀哩啼……”，每隔五六分钟就会出现一次这样的叫声。在冬天中，我们偶尔会听见乌鸦的叫声，但那种叫声是非常难听的，但鹪鹩的叫声非常悦耳，这是一种轻快优雅的声音，尤其是在下雪的时候，或者寒冷寂静的夜晚，更容易听见鹪鹩的歌声。一般来说，鹪鹩居住在鸡舍中或者柴堆里，它们在树枝、树皮、墙洞、枯井等地方寻找食物，主要是昆虫的蛹或者尸体。此外，鹪鹩常常前往温泉或者没有结冰的河边饮水；它们会一起去柳树洞中寻找食物，然后回到家中。它们没有戒备之心，人们很容易靠近它们，但不容易抓住它们，因为它们动作敏捷、轻巧灵活，总是能够逃脱人们的魔爪，逃脱敌人的追捕。

春季时，鹪鹩居住在树林中，它们在茂密的树枝间筑巢，还可以在草丛中筑巢；有时候，它们甚至会在倒在地上的树干中、岩石边、小溪突出处、茅草顶上建窝，或者是林中伐木工人的屋顶上。在建窝时，鹪鹩会收集许多苔藓用作巢穴的外壳，然后在里面铺满软软的羽毛，它们的窝又大又圆、非常舒适，但外表非常普通，看起来像是随手丢弃的苔藓，所以常常能够躲过被毁的命运。鹪鹩巢穴的入口非常小，这个巢穴中一般有9枚或者10枚蛋，蛋很小，呈现出灰白色，并带有红色的斑点。当鹪鹩的蛋卵被人们找到之后，它们就会放弃蛋卵逃走。鹪鹩的幼鸟在还没有飞翔能力时就会离开巢穴，奔跑在灌木丛中。

第七节　蜂鸟

蜂鸟从来不会让污泥粘在自己的身上，而它的身上总是闪烁着绿翡翠、红宝石、黄玉一样的光泽，一直在空中飞来飞去，偶尔会从草地上掠过；它在花丛之间来来往往，自由自在地生活着。它有着花朵般的鲜艳和光泽；它的主要食物是花蜜，所以总是待在鲜花盛开的地方。

在所有的飞禽中，蜂鸟的体形最优美，色彩最绚烂。这是大自然的杰作，天然铸造成的瑰宝，这是金雕或者玉琢的精品无法比拟的。虽然它是鸟类，但体形非常小，正好验证了“最完美的东西往往汇集在最小的东西中”这句话。蜂鸟是大自然制造的精品，包含了其他鸟类的所有优势：轻盈灵活、动作敏捷、优雅的姿态、华丽的羽毛。它的身上有着绿翡翠、红宝石、黄玉般的光泽，从来不会让羽毛上沾染尘埃，而且总是在空中飞来飞去，偶尔会从草地上掠过；它在花朵之间飞翔，自由自在地生活。它有着鲜花一般的鲜艳和光泽；主要食物是花蜜，所以它常常出现在鲜花盛开的地方。

蜂鸟生活在南美大陆最炎热的地方，它们的种类很多，但仅仅存在于南北回归线之间。夏季时，那些在温暖地区活动的蜂鸟也只是能够短暂停留而已；它们好像在追逐太阳，跟着它前进、回归，并且乘着风伴着春天翱翔。

这些小鸟绚烂多彩，有着火焰般的色彩，所以印第安人将它们称为“太阳之光”；由于它们的身材娇小，体重大约是二十几粒米的重量（一粒米的重量大约是0.05克），所以西班牙人将它们叫作“米粒鸟”。尼伦堡曾说，蜂鸟和它的窝的总重量不足2克。因此，在体形上，牛虻和胡蜂都比蜂鸟大，雄峰也比蜂鸟强壮。蜂鸟的嘴巴像是一根细细的针，而它的舌头像是一根细细的线；

它的眼睛犹如两个闪闪发光的小黑点；它翅膀上的羽毛非常纤细，看起来像是透明的一样；它的两只脚又短又小，很容易被人们忽略；它很少使用自己的双脚，只有在晚上休息时才会停下来，白天总是在空中翱翔；它能够连续飞翔很长时间，而且速度非常快，还会传出嗡嗡的响声。它扇动双翅的频率很快，所以停在空中时看起来像是静止的。人们看见它停在一朵花上一会儿，然后像箭一样飞到另一朵花上。它最喜欢在花丛中穿梭，将细长的舌头伸进花蕊中，用双翅抚摸花朵，但它不会停留在一个地方，更不会一去不复返；因为它随心所欲地行动，所以才会来去无常，虽然它依靠花存活，但不会摧残花朵，更不会加快花朵的凋谢速度；它只是吸食花蜜，看起来这是它的舌头的唯一作用。蜂鸟的舌头类似于一对有着凹槽的东西，合在一起形成一个管，顶端有一个分叉，像是一个吸筒，作用也类似于吸筒。当它想要食用花蜜时，将舌头伸到花蕊的深处，这样就能吸食到花蜜了。

蜂鸟的胆子很大，勇气超群，充满了活力；人们常常看见它愤怒地追逐比自己大得多的鸟儿，附在它们的身上，反反复复地啄它们，让它们载着自己飞翔，直到它的愤怒消失为止。有时候，蜂鸟之间也会发生斗争，焦躁是它们天生就有的特点。当它降落到一朵花上时，如果发现花已经凋谢，没有花蜜可供食用，它便会非常恼怒，还会将花瓣摧毁。蜂鸟的叫声是一种低微、急促的声音，它只能发出反复的“嘶卡勒不……嘶卡勒不……”声。清晨，我们能够听见蜂鸟发出的叫声，等到太阳光芒四射时，蜂鸟就会飞往空旷的原野。

蜂鸟总是形单影只，而不是成群结队，但它们在筑巢时，往往是成双成对的。它们的巢穴非常精致，如同它们小巧的身体，筑巢的材料是花朵上的细绒或者小毛絮，巢穴编织得很精细，里面是一层软软的厚壁，非常结实。在筑巢时，雌鸟的工作是编织巢穴，而雄鸟的工作是搬运材料，它们筑巢的时候非常用心，精心地挑选适合编织巢穴的纤维，为未来的孩子打造一个舒适的家。它们还会用脖颈和尾巴将巢穴抹光滑，然后在巢穴外面放一些胶质树皮，将巢穴粘得严严实实的，完全能够抵挡住狂风暴雨。蜂鸟常常将巢建在橘子树、柠檬树的树枝上，或者两片树叶上，有时候甚至会建在干草上。蜂鸟的巢穴是半圆形的，大约是杏子一半的大小，里面是两个像豌豆般大小的白色的蛋，雄鸟和雌鸟轮流孵化12天，第13天时小鸟就会出生，此时的幼鸟像是一只苍蝇一样小。迪泰特尔神甫说：“我一直不知道蜂鸟用什么东西哺育幼鸟，只是看见它让幼鸟舔舐自己沾满花蜜的舌头。”

蜂鸟很不容易饲养，甚至是不能饲养的飞禽，有人曾经尝试着用果汁喂养蜂鸟，但不久之后蜂鸟就会死亡。虽然果汁很清淡，但与蜂鸟食用的花蜜依然有着很大的不同，或许可以用蜂蜜喂养它们，这样它们可能会存活下去。

在捕捉蜂鸟时，可以用沙子或者小石头击打它们。蜂鸟的警惕性比较低，人们甚至能够走到与它相距6步远的地方。人们还可以用手拿着一根细木棍，木棍的顶端涂上胶，静静地在花丛中等候，等蜂鸟停在花朵上时，便用木棍将它粘住。蜂鸟被抓住之后，不久就会死亡，印第安女人喜欢用它们当作首饰，通常将这些小鸟戴在耳朵上当作耳饰。秘鲁人会将蜂鸟的羽毛制作成画，而且是非常精美的图画。曾经，有人见过这样的作品，对画的艳丽和精致赞不绝口。

蜂鸟有许多种类，它们都是大自然的恩赐，全部得到了大自然的眷顾。蜂鸟的近亲——蜂雀，同样是在相似的气候中诞生的，而且是用相同的模子创造的。与蜂鸟一样，蜂雀也是光彩夺目，小巧玲珑，而且依靠花生存，全身的羽毛充满了光泽；而且，我们所说的蜂鸟的特征同样体现在了蜂雀身上，如美丽、活泼的本性，嗡嗡的叫声，喜欢采食花蜜，筑巢方式和生活习性等。由于它们有着许多相似之处，所以人们常常将它们混淆，认为它们是相同的鸟。其实，它们之间有着显著不同：蜂雀的喙是细长的，喙的尖端有些凸起，整个喙呈现弯曲状，而蜂鸟的喙是直的。此外，与蜂鸟的体形相比，蜂雀的身子要长一些，但它们的粗细很相似；然而，有些小型蜂雀要比蜂鸟小一些。

第八节　翠鸟和鹦鹉

在阳光的照射下，翠鸟好像披上了一层美丽的外衣，在它们居住的地方，阳光赋予了万物丰富的色彩。

翠鸟

在我们生活的气候中，翠鸟是最美丽的鸟类之一。在欧洲，任何鸟都不如翠鸟美丽，它身上的颜色鲜艳、富丽、闪亮；它们像彩虹一样色彩斑斓，像珐琅一样光彩夺目，像丝绸一样光泽闪亮。翠鸟的后背中部和尾巴上端是鲜艳的蓝色，在阳光的照耀下闪烁着宝石般的光泽；翅膀是绿色和蓝色的相间颜色，大部分羽毛有着海蓝色的斑点；头部和颈部的羽毛是蔚蓝色的，上面点缀着一些浅蓝色的斑点。翠鸟胸前的羽毛呈现出淡淡的黄色，看起来像是燃烧的红彤形的煤炭。

在阳光的照射下，翠鸟的外表显得非常美丽，在它们居住的地方，阳光赐予了万物丰富的色彩。虽然我们无法确定翠鸟是不是产自于东南方，但从整体上来说，它们的原属地可能是东方和南方。因为欧洲仅有一个种类，而非洲和亚洲有二十多个种类，美洲炎热地区至少存在八个种类。

虽然翠鸟生活在炎热的地区，但慢慢习惯了低温，甚至已经适应了欧洲的寒冷。在冬天，我们依然能够看见翠鸟的影子，它们会沿着小溪行走，当发现水中有鱼时就钻入水底捉鱼，然后带着猎物回到岸边。正是因为如此，所以德国人将翠鸟叫作“冰鸟”。曾经，贝隆以为翠鸟是候鸟，只是经过我们这里，其实，它们在下霜时也住在这里。

翠鸟的飞行速度很快，它喜欢沿着小溪飞行，从水面上掠过，一边飞翔，一边发出“叽！叽！叽！”的叫声。春季，翠鸟的叫声会发生变化，它们站在水边鸣叫，虽然水流声和瀑布声都比较大，但我们依然能够听见它们发出的声音。翠鸟活泼好动，从远方飞到河边的树枝上，然后去水中捉鱼。它们静静地站在树枝上，常常需要花费很长时间等着小鱼游过来，当发现鱼之后，它马上进入水中，迅速扑向猎物，几秒钟就能抓住鱼，然后回到岸边享受战利品。

如果没有距离水面比较近的树枝，翠鸟就会站在岸边的石头上或者沙滩上，一旦察觉到有小鱼经过，它就会直接冲向水中。我们常常发现，翠鸟在极速飞行时猛然停下来，然后在一个地方待几秒钟，尤其是冬天更是如此。当水面结冰之后，翠鸟只好离开河边，寻找休息的地方。在休息时，它常常待在将近二十尺的高空中，当它想去另一个地方时，便会降低高度，待在距离水面很近的地方，然后飞到高处休息，它会反反复复进行这种动作。这表明：翠鸟常常去低处捕捉昆虫或者小鱼，但往往毫无收获，它为了寻找食物总是飞到很远的地方去。

翠鸟在小河边或者小溪边居住，但不是筑巢，它常常使用水鼠或者蟹虾的洞，然后将洞挖得深一些，将入口修补的狭窄一些。在这个巢穴中，还有一些小鱼刺、鳞片等东西，所以看起来不像翠鸟的巢穴，但在这里能够找到它产的蛋。

鹦鹉

在动物与人类的关系上，猴子和我们之间的联系是它们能够模仿我们的举止，而鹦鹉与我们的联系是模仿我们的语言，所以它们与人类的关系更加密切。狗、马、牛等动物能够与人类亲密接触的原因是，它们能够带给人们某种效益；而鹦鹉与人类的关系更加密切，因为它们能够带给人们快乐，排解人们的忧愁。当我们感觉孤单时，它是最好的伙伴；当我们觉得无聊时，它会与我们对话，时而诙谐幽默，时而严肃谨慎，有时候能够准确无误地说话，有时候会说得驴唇不对马嘴。虽然这种言语毫无逻辑，甚至有些无法表达的奇怪和滑稽，但总是能够让人们心情愉悦，比空洞无物的表演好多了。当鹦鹉在模仿我们的语言时，它好像也学到了我们的天性和生活中的一些东西：爱恨分明、嫉妒、依恋、任性，自我鼓励、自我庆幸、自我振奋、自得其乐等。当人们爱抚它时，它会变得非常温顺；当主人家办丧事时，它也会像人们一样低声呜咽，甚至模仿呼唤人们哀悼的那个人的名字，引起人们心中的共鸣。

第九节　啄木鸟

虽然大自然赐予了啄木鸟适宜生存的器官和工具，但这种赏赐造成了啄木鸟凄惨清苦的一生。它始终在为了生存而忙碌，根本没有休息时间和娱乐时间，甚至在夜晚睡觉时也要保持白天劳动时的姿势。

在大自然以猎捕为生的鸟类中，啄木鸟受到的限制条件最多，而且是最辛苦的。它一直都在工作，甚至可以说一辈子都在做苦工，其他鸟类都有自己的特点——有些跑，有些飞，有些守候，有些攻击，但都是依靠技巧和勇气自由自在的活动。不过，啄木鸟是注定要辛苦劳动，只有啄破坚硬的树皮之后，才能找到藏在里面的食物。它一直在为了生活而忙碌，根本没有时间休息，更没有时间娱乐，甚至在晚上睡觉时也要保持白天劳动时的姿势。啄木鸟不能像其他鸟类一样在空中载歌载舞，也没有时间参加百鸟的音乐会；它们发出的叫声是孤僻的，凄惨的音调打破了森林中的寂静，好像在诉说自己的艰辛。啄木鸟动作急促，神态焦虑，相貌丑陋，性格孤僻，甚至同类之间也没有什么交流。

虽然大自然赐予了啄木鸟适宜生存的器官和工具，但这种恩赐也决定了它一生的凄惨生活。它的爪子上有四个强劲有力的脚趾，两个在前，两个在后，与腿后部相连的那个脚趾叫作“距”，它特别长，而且非常有力；它的脚趾前端是强壮的弯爪，后端长在强健的后脚胫上。啄木鸟用这些脚趾牢牢地抓住树干，还能绕着树干在各个方向上移动。啄木鸟的喙非常锋利，而且很直，形状类似于铁锤；末端是方形的，纵向上存在一道凹槽，尖端是扁平的，看起来像是一把凿子；啄木鸟用这些工具啄破树皮，打开树干，直到将藏在里面的害虫捉出来为止。啄木鸟的嘴非常坚硬，而且力气很大，长在结实的脑袋上；它的颈部非常短，头部和颈部的肌肉控制着喙的凿啄，直到将树啄出一个洞，开辟出一条连接着树心的道路；它的舌头又细又长，末端是坚硬的骨质，它的舌头就像是一把锥子，可以钻进树洞中去，将里面的害虫捉出来，这就是它的食物。啄木鸟的尾巴上有十根翎羽，向着内侧弯曲，末端光秃秃的，两边是坚硬的羽毛。为了牢牢地攀在树上，更容易啄凿树木，啄木鸟常常倒挂在树上，这样尾巴就能很好地控制身体的平衡。啄木鸟住在树洞中，它将树洞挖成了巢穴，在里面养育雏鸟，虽然它有翅膀，但它始终围绕着树干攀爬，所以在洞中进进出出但不会远离树。

在法国森林中，最常见的是绿啄木鸟，每当春天来临时，它那刺耳的叫声就会在树林中回荡，即使在很远的地方也能听到，尤其是它在一冲一歇、一起一落时的鸣叫。它们在飞行时，有时候向下俯冲，有时候向上窜起，在空中划过一条弧线；虽然它们飞得不高，但依然拥有比较强的滞空能力，而且能够飞越比较远的距离。在交配季节，它们不仅会鸣叫，还会发出啾啾声，而且可以重复三四十次，这很像连续的笑声，能够持续一段时间。

与其他啄木鸟相比，绿啄木鸟待在地上的时间比较长，尤其喜欢待在蚂蚁窝旁边。如果人们在蚂蚁窝附近张网，便很容易捉住它。它守候在蚂蚁经常出入的地方，然后将长舌头平伸到蚂蚁经过的路上，等到蚂蚁从舌头上爬过时，便将舌头卷起来，把蚂蚁吃下去。当天气比较冷时，外出的蚂蚁数量会减少，啄木鸟就用嘴将蚂蚁窝弄出一个缺口，然后将里面的蚂蚁和幼虫一起吃掉。

在其他时候，啄木鸟总是攀住树干，不停地啄那一棵树，非常努力地工作，常常将干枯的树皮全部啄掉。人们在很远的地方就能听见啄木鸟的啄木声，甚至能够数清楚啄的次数。由于它总是保持这个动作，所以人们轻易就能靠近它，当猎人来到它身边时，它只会绕着树干转圈，躲到另一面去。据说，啄木鸟在树干上啄几下之后，便会跑到另一面看看是不是啄透了。其实，它是去捕捉害虫了，因为它的啄木声惊动了害虫，它们都给吓跑了。还有一种说法是，它可以根据啄木的声音判断哪个地方是空心的，里面存在蛀虫，或者哪个地方有树洞，可以用来建造巢穴。

一般来说，绿啄木鸟的巢穴总是建在树洞中，与地面之间的距离大约是十几尺。它常常会选择松柳、垂柳等木质比较松软的树木，而几乎不会选择橡树、棕树等树木。雄啄木鸟和雌啄木鸟一起努力工作，将树木啄穿并找到树心，然后把树心掏空，将树洞扩大，把碎木屑和木渣都清理到洞外。有时候，它们会将洞挖得曲曲折折的，阳光都无法照进去，它们就在黑暗的巢穴中繁殖后代。绿啄木鸟每次都会产下五枚蛋，蛋的颜色是淡绿色，而且带有黑斑。幼鸟很快就学会了爬树，然后才慢慢学会了飞行。雄啄木鸟和雌啄木鸟几乎不会分开，而且它们睡觉的时间比较早，一直在巢穴中待到天亮。

第十节　鹳和鹭

鹳在驯养的过程中形成了许多优秀品质：温顺、忠诚、和睦友爱，而且充满了孝心。但是，鹭呈现在我们面前的是痛苦、不安、贫穷的样子。

鹳

鹳能够持续飞行很长时间，类似于其他翅膀大、尾巴短的鸟类。在飞行的时候，鹳的头部前伸，双腿后伸，看起来好像是舵，它能够飞得很高，即使遇到暴风雨也能长期飞行。在每年的5月8日到5月10日，我们能够看见鹳飞往德国，之前它们停留在法国各地。格斯纳（孔德拉·格斯纳，16世纪瑞士医生、植物学家、现代动物学、目录学的奠基人）说，鹳在四月份来到瑞士，甚至会更早一些，而它们在二月末或者三月初到达阿尔萨斯。鹳是春天的报讯者，它们的出现预示了春天的降临；它们总是会回到原来居住的地方，假如旧的巢穴被毁坏了，它们会用树枝和草茎重新筑造一个巢。它们的巢穴往往建造在高处：钟楼的雉堞上、大树的顶端、陡峭的岩顶等。贝隆时期，法国人民在屋顶上放置车轮，吸引它们来筑巢；德国和阿尔萨斯的某些地区，人们依然保留着这种风俗；在荷兰，人们在房顶上放置方形木箱，以便吸引它们前来筑巢。

鹳休息时会单腿站立，脖颈蜷曲，头向后缩着，靠在肩膀上。鹳的视觉敏锐，很容易发现猎物，如青蛇、蜥蜴、游蛇等爬行动物，所以鹳常常在爬行动物比较多的沼泽、山谷等地捕捉猎物。

鹳走路时步子很大，而且很有节奏，这一点类似于鹤。当鹤气愤或者感到不安时，往往会反反复复叼啄，并发出咯咯的声音，我们据此得出了“噼噼啪啪”、“咕噜咕噜”两个象声词，古罗马人彼特罗尼乌斯（公元1世纪的古罗马作家，著有《萨蒂里孔》一书）将其叫作“响板”之声，这种说法非常恰当。

鹳的性格温顺，野性不是很强，而且不害怕人，所以很容易被驯化成功。它生活在我们的园子中，将里面的虫子和爬行动物清除干净；鹳很整洁，总是在偏僻的地方方便；它看起来总是一副无精打采的样子，而且带着淡淡的忧伤；不过，它也会表现出快乐的情绪，因为它喜欢和儿童一起玩耍、嬉戏；鹳经过驯化之后寿命会延长，而且能够抵抗寒冬。

鹳在驯化之后有着不少优良品质：性格温和、忠诚友爱、和睦大度，而且有爱心。鹳会花费很长时间照顾孩子，等到子女长大到能够保护自己和独自捕食时才会离开它们；小鹳离开巢穴之后，在空中学习飞翔时，母鹳会用翅膀载着它们飞行。当遇到危险时，母鹳会拼命保护自己的孩子，如果母鹳无法救自己的孩子，便会和它们一起死，绝对不会抛弃它们自己逃命。人们发现，鹳非常依恋照顾它的人，而且对自己的主人充满了感激，鹳在经过门前时常常会发出声音，好像在提醒主人自己回来了，外出时也是一样。不过，这些品质还不是最重要的，最让人惊讶的是，它们会用心照顾老弱的父母，而且非常有孝心。人们常常见到这种现象，身强体壮的鹳给待在巢穴中瘦弱的鹳送东西吃，这可能就是古人所认为的，鹳有着尊老爱幼的本能，造物主将人类时常违背的道义赋予了它们，希望能够给人类竖立一个好榜样。历史上，希腊人制定赡养父母的法律时依据的是鹳的孝心，还将这个法律命名为“鹳”。阿里斯托芬（古希腊戏剧作家，著有《阿卡奈人》一书）以此作为主题，创作了一部讽刺人类的话剧。埃利安（公元3世纪希腊著名的作家，著有《动物史》一书）肯定地说，鹳的优良品质是埃及人尊重它的重要因素；现在，人们认为鹳在哪里居住就能给哪里带来幸福，依据的可能是古人的思想。

鹭

鹭呈现在我们面前的是一副痛苦的模样，而且带着淡淡的忧伤。它们唯一的谋生手段是等待，它们会在一个地方待上几个小时，甚至是几天，一动也不动，看起来好像不是一个活物。假如我们通过望远镜观察鹭（人们几乎不能靠近它），便会看见它单腿站在石头上，身子挺直，脖颈蜷缩到胸部和腹部之间，头和喙位于肩膀之间；如果鹭开始移动，那表示它将要换另一种姿势：它走进没过膝盖的水中，将头放在两条腿之间，以便能够抓住游过来的小鱼，或者从此处经过的青蛙。不过，它的行动受到了限制，只能静静地待着等猎物自投罗网，所以常常会忍饥挨饿，甚至会因为食物不足而活活饿死；因为当水面结冰之后，它们无法迁徙到温暖的地方去。有些博物学家认为鹭是候鸟，冬天的时候会离开我们这里，春天的时候再回来，但这种观点是错误的，因为它们一年四季都待在我们这里，即使是最寒冷的冬天也是一样。不过，它们会离开结冰的水面，被迫转移到比较温暖的温泉旁边去，这段时间是它们最好动的时期。它们来回跋涉希望能够改变自己的情况，但始终是在一个地方活动。

在天气变冷时，鹭会慢慢聚集起来，它们好像能够忍受饥饿的威胁，还能忍受寒冷的摧残，只是凭借自己的忍耐力度过这段时间。不过，与这种淡漠的品质相伴的是厌世的思想，当鹭被人们关起来之后，它可以半个月不吃东西，即使人们强行塞到它的嘴巴里，它也会吐出来。显然，这种囚禁激发了它的忧郁个性，削弱了它的求生本能，而这种本能是大自然赐予动物的重要技能，但冷漠的鹭即使面临死亡也不颓废，就算死去也不会抱怨，更不会留下遗憾。

除了孵卵时期之外，鹭的生活总是孤独凄惨的，它好像不懂快乐，也不知道如何躲避痛苦。当天气恶劣时，鹭独自暴露在风雨中，有时站在溪边的木桩上，有时站在被水淹没的土丘上；这时候，其他鸟都躲避在树林中，如土鸡在茂密的草丛里，蒲鸡在芦苇中，只有鹭待在露天里，任凭风吹雨打。

鹭的双腿虽然很长，但无法快速奔跑。白天时，它双腿的主要作用是支撑着身体，以便能够好好地休息，而它的休息时间与睡眠时间相似；夜晚时，它会飞行一段时间。不管是在什么季节，什么时间，我们总是能够听见鹭的叫声，它发出的声音单一短促，而且非常尖锐，比雁发出的声音更短促，而且有点悲伤。当它觉得痛苦时，鸣叫声就会变长，音调变得很尖锐，还十分刺耳。鹭拥有高超的飞行能力，它在飞行时腿向后伸直。无论是在飞行时还是在树上休息时，鹭都会将颈缩在肩膀之间，呈现出驼背的样子。

第十一节　鹤、野雁、野鸭

鹤可以飞得很高，飞行时会井然有序地排成等边三角形的队伍，好像是为了降低空气造成的阻力。雁在飞行时也是列队前进，这种列队体现了一种智慧，要远远超过那些毫无秩序前行的鸟类。

鹤

鹤可以飞得很高，在飞行时排列成队伍，而且是井然有序的等边三角形，好像是为了降低空气的阻力。当风力大到可能将它们的队伍吹散时，它们就会紧密地挤在一起。当遇到鹰的攻击时，它们也是这样做。它们常常在夜晚飞行，当它们还没有来到我们面前时，嘹亮的鸣声已经传来了。在夜间飞行时，领头鹤一直在鸣叫，指导着鹤群的飞行路线，整个鹤群都在回应，好像在说自己紧紧地跟随着队伍，绝对没有离队。

虽然鹤在飞行时队形会有多种变化，但都能持续很长一段时间。人们仔细观察会发现，鹤群不同的飞行方式预示着天气情况和温度变化。鹤能够飞得很高，所以很容易发现气象的变化。白天时，鹤群的鸣叫表示有雨，如果是嘈杂的叫声表示暴风雨将要到来；在清晨和傍晚时，如果鹤群安然地在天空中飞翔，这表示天气晴朗；相反，如果鹤群的飞行高度降低，甚至是落到地面上，这表示马上会出现暴风雨。鹤在起飞时比较困难，需要先跑几步，然后张开翅膀飞起来一点儿，接着才能展翅高飞，快速地挥舞双翅。

夜晚时，鹤停在地上休息，它们聚集在一起，而且会设置岗哨，由此可以看出鹤的高度警惕性。鹤睡觉的时候，将头放在翅膀中，但领头鹤无法休息，它要担负警戒的任务，将头高高地抬起来，当发现危险时便会鸣叫。普林尼说，领头鹤的出现是为了满足迁徙的需要。不过，我们不能将其看作一种权利或者被迫的接受，好像人类社会一样，而应该认为鹤群有交往的智慧，而且能够聚集在一起接受领头鹤的领导，以便能够顺利地完成迁徙。因此，亚里士多德将鹤称为结群共乐的鸟类之首。

初秋时期，天气慢慢变冷，鹤也进入了迁徙的季节，它们要前往比较温暖的地方生活。多瑙河流域和德国境内的鹤会迁徙到意大利。在法国的各个城市中，九月份和十月份的时候很容易见到鹤，如果暮秋时期的气候比较温暖，十一月份还能在法国看见它们的影子。不过，鹤群只是在法国经过，并不会停留很长时间。等到第二年的春天，即三四月份的时候，鹤群就会从南方再次回到北方。

野雁

一般来说，雁常常在很高的地方飞翔，只有在雾天时才会在地面飞行。它们能够平稳地飞行，毫无声息，挥动翅膀击打着空气，在天空中慢慢地移动。雁在飞行时，队伍很有秩序，这显示了雁群的智慧，远远优于在迁徙中毫无秩序的鸟类。雁群队伍的排列遵循几何规律，这种排列是最合适、最有利的，充分体现了雁群的几何天性。对于每只雁子而言，不仅能够跟随着队伍，将队形保持完整，而且拥有充分的空间，能够轻松自如地飞行；对于整个雁群来说，不仅能够降低空气带来的阻力，而且能够减轻飞行造成的疲劳。因为雁群排成两条斜线飞行，前面形成一个角，看起来像是一个“人”字；当雁群的数量比较少时，它们就排成一列，看起来像是一个“一”字。不过，每个雁群大约都是由四五十只雁子组成，每只雁子在队伍中都能保持自己的位置。领头雁位于“人”字形的顶端，最先承受空气的阻力，疲惫时会到队尾休息，由其他雁子在前面带路。曾经，普林尼认为这种有秩序的飞行是经过思考之后形成的，他说：“任何人都能看见雁群，因为它们是在白天飞行，而不是晚上。”

野鸭

在10月15日前后，第一批野鸭会到达法国，但数量比较少；到11月份时，大多数野鸭会到来。这些野鸭是从北方地区来的，它们会继续飞行，从一个池塘到另一个池塘，或者从一条溪流到另一条溪流。这时候，猎人开始大规模捕杀野鸭：有时候在白天搜索，有时候在傍晚埋伏，或者使用圈套和大网进行捕捉。不过，野鸭的警惕性很高，必须使用计谋捕捉它，运用各种手段进行偷袭、引诱、欺骗等。当野鸭想要降落时，它们会先在空中盘旋几圈，好像是在侦测是否存在危险，等到确定没有敌人之后，它们会越飞越低，从水面划过降落到宽阔的水域中，并且始终与岸边保持一定的距离；这时候，有几只野鸭负责警戒，当发现危险情况时会发出警报，所以猎人还没有靠近野鸭，它们就飞走了。

傍晚是捕捉野鸭的最好时机，野鸭群降落到水边时，猎人会隐藏在草丛中，或者隐藏在其他地方，然后用家养野鸭作为诱饵，当听到翅膀的呼啸声时，这表示野鸭将要到来，所以抢先捕捉先到的野鸭。晚秋时节，夜幕来临比较早，而野鸭群几乎与夜幕同时降临，所以一定要抓住这个转瞬即逝的机会。如果想要大规模逮捕野鸭，那就需要下网，而机关就在隐藏起来的猎人手中。在水面上，网能够覆盖很大的范围，可以将家养母鸭吸引来的野鸭一网打尽。在捕捉野鸭时，猎人要有很强的忍耐力——一动也不动地待在隐藏之处，身体会冻得僵硬，而且染上风寒的可能性要比捕捉到猎物的可能性还高。不过，猎人的捕猎兴趣往往很浓厚，每次都是充满了希望，但当猎人冻得手脚冰冷时，总是发誓再也不去寒冷的隐蔽场所了，可是在当晚又兴致勃勃地计划着第二天要去哪里打猎了。

第十二节　山鹬

所有山鹬的行为习惯都是相同的，所以可以认为山鹬是没有个性的鸟类，整个种群的习性决定了它们的个性。

在所有的候鸟中，山鹬可能是最受欢迎的猎物，不仅因为它的肉质鲜美，还因为捕捉它非常容易。10月中旬时，山鹬和斑鸠一起来到我们这里，在这个狩猎季节待在我们的森林中，大大提高了猎物的数目。整个夏天，山鹬始终待在高山上，等到霜雪来临之后，它才会前往山下。10月初期，山鹬便会离开比利牛斯山峰和阿尔卑斯山峰，前往内地丘陵的树林，接着来到我们的平原。

在天气阴霾时，山鹬可能会在夜间飞行，也可能在白天飞行，一个连着一个，或者两个在一起飞翔，但不会成群结队。它们待在大篱笆、矮树丛、乔木林中，尤其喜欢土壤肥沃、布满落叶的树林；它们常常在那里休息，将自己隐藏起来，只有猎狗才能将它们驱逐出去。在夜晚时，它们从茂密的树林中飞出去，飞到空旷的土地上，然后在树林边缘寻找柔软的草地和湿润的沼泽，在这里洗掉身上沾染的泥土。所有山鹬的行为习惯都是一样的，所以山鹬是没有个性的鸟类，整个种群的习性决定了它们的个性习惯。

当山鹬离开树林时，我们会听到拍打翅膀的声音，它会笔直地飞出乔木林，但在经过矮树丛时会常常转弯，然后降落在灌木丛中，以此躲开猎人的追捕。山鹬的飞行速度非常快，但无法飞得很高，而且不能长久地飞行；还会猛然降落下来，好像失去控制跌落一样。它的动作灵敏，所以在地面上很容易逃脱，当它降落到地面上之后，马上快速奔跑起来，但不久就会停下来四处张望，看看四周是否存在危险。普林尼将山鹬的快速奔跑与山鹑进行对比，因为山鹑也是用相同的方法躲避危险的；当我们在山鹬摔倒的地方寻找它时，它已经逃得无影无踪了。在繁殖时期，山鹬常常在夜间结合，而在白天分开。当雄鸟发情时，它会不停地飞翔，在傍晚时会飞到树林上空寻找雌鸟。然后，它们会落到地面上进行交配。它们会在枯枝败叶或者灌木丛中筑巢，选择的材料是枯树枝、干草、干树叶等物品。雌山鹬每次会产三四枚蛋，孵化时间大约是23天。一般来说，山鹬的幼鸟的食物是蚯蚓、鳞翅目等昆虫的幼虫。

第十三节　凤头麦鸡和鸻

秋季雨水霏霏时，法国各地都出现了鸻群的踪影，因为它们是伴随着雨季来到这里的，所以被人们叫作“雨鸟”。它们与凤头麦鸡的相似之处是，喜欢在潮湿的地方或者淤泥中寻找昆虫或者蚯蚓。

凤头麦鸡

在起飞时，凤头麦鸡总是喜欢叫上一两声；在夜间飞行时，它也会不停地鸣叫。它的翅膀强劲有力，可以连续飞行很长时间，而且能够在很高的地方飞行。当凤头麦鸡降落到地面上时，便会快速跳跃，或者边飞边跳地浏览着整个地段。

这种鸟儿天真无邪，活泼好动，喜欢嬉戏，能够以多种姿势在空中飞行。无论是哪种飞行方式都能坚持一段时间，甚至能够腹部在上飞行，也能侧着身子飞行，还能翅膀上下相互垂直进行翻飞。因此，它是飞行中的佼佼者，比任何鸟飞得都敏捷。

当天气慢慢变暖时，凤头麦鸡成群结队地来到牧场上，在绿色的麦田中嬉戏。每天早晨，草地上到处是凤头麦鸡，它们通过特殊技能将土里的蚯蚓挖出来。当凤头麦鸡看见蚯蚓弄出来的小土球时，便会扒开它，蚯蚓的洞就隐藏在里面，然后凤头麦鸡开始踩踏附近的地面，并仔细观察着洞口，轻微的响动不久就促使地下的蚯蚓钻出来，只要露出头便会被凤头麦鸡吃掉。夜晚时，凤头麦鸡开始展示其他本领：它们在草地上跑来跑去，通过脚去感受地面上的虫子，并捉住这些虫子作为食物吃下去，等到吃饱之后就去池塘边或者小溪边清洗喙和爪子。

鸻

秋季雨水霏霏时，法国各省都出现了鸻群的身影，因为它们是伴随着雨季来到这里的，所以人们将它们叫作“雨鸟”。鸻与凤头麦鸡的共同点是，它们喜欢在潮湿的地方或者淤泥中寻找昆虫或者蚯蚓；鸻不会总是待在一个地方，而且几乎不会在一个地点停留一个昼夜。由于鸻的数量众多，所以它们很快就能将一个地方可以吃的小动物消灭干净，然后只好转移到其他地方去。当霜雪开始降临时，它们只好离开法国，迁徙到更加温暖的地方去。

鸻在地面上时，总是忙忙碌碌地寻找食物，而不是安安静静地待着。鸻群在吃东西时，总有几只在警戒，一旦出现风吹草动，警戒者就会向大家发出警报。它们顺风飞行，排列的队伍很有特点：它们并排飞行，排列成横队，在空中形成非常宽的横断面，有时是好几个平行的横断面队伍，横向很宽，但纵向很窄。

第十四节　土秧鸡

土秧鸡不仅敏捷，而且非常灵活，猎犬在追逐它时，有时它会让猎犬距离自己很近，在将要被捉住时总是能成功地逃脱；在逃跑的过程中，它会猛然停住蜷缩成一团，此时猎犬无法马上停下来，往往会从土秧鸡上面跑过去，等到猎犬想要回头追土秧鸡时，已经看不见它的踪影了。

在潮湿的牧场上，从草开始生长到收割的这个时期，青草茂密的地方常常会传出沙哑的声音，准确地说是短促而尖厉的叫声：“克赖可，克赖可，克赖可。”这种声音类似于用手指拨动梳子齿发出的响声。当人们朝着声音的发源地走去时，声音便会消失，不久之后又会从不远的地方传过来。人们常常误以为这是一种爬行动物发出的声音，其实是土秧鸡的叫声。这种鸟很少飞行，总是在地面上快速行走，穿过茂密的草丛，而且会留下清晰的脚印。在5月10日到5月12日这几天内，我们在法国能够听见土秧鸡的叫声，还能听见鹌鹑的叫声，所以看起来土秧鸡和鹌鹑好像是一起出现，而且一起离开的。土秧鸡的身体长度大约是30厘米，头部很小，头上有着显著的斑纹。土秧鸡的食物是蚯蚓、昆虫、植物的嫩芽等。

土秧鸡动作敏捷，而且非常灵活，当猎犬在追逐它时，它常常会让猎犬距离自己很近，然后快速地逃脱；在逃跑的过程中，它会突然停下来缩成一团，而猎犬往往无法立刻停下来，只能从土秧鸡的上方跑过去，等到猎犬回头去追土秧鸡时，早已失去了它的踪影。据说，土秧鸡借助对手的失误，然后沿着原路回去，成功地逃脱了追捕。只有在最危险的时候，土秧鸡才会飞起来逃命；不过，它的飞行很笨拙，而且飞一会儿就得降落下来，无法飞行很远的距离。可是，当我们去它降落的地方寻找时，往往会毫无收获，因为等我们赶到它的降落地点时，它已经在百步之外了。由此可知，土秧鸡善于用飞快的奔跑弥补飞行的不足之处。因此，它常常利用自己的双脚，而不是利用自己的双翅。此外，它用茂密的草丛作为掩护，自由自在地奔跑在牧场上或者田野中，它的逃跑路线变化莫测，错综复杂，没有规律可循。由于它的身体非常细瘦，所以能够很好地穿梭在芦苇或者沼泽中。

不过，在迁徙季节，土秧鸡便会拥有不可思议的力量，能够飞行很长的距离。一般来说，它常常在夜间飞行，在风的帮助下飞到法国南部各省，然后飞越地中海。显然，它们在飞越地中海时，许多鸟儿会葬身海底，因为它们返回时的数量要比出发时的数量少得多。

第十五节　鹈鹕

在传说中，鹈鹕是一个伟大的形象，因为它将自己的胸脯撕开，用鲜血喂养自己的孩子。其实，这个传说并不符合鹈鹕的实际形象，鹈鹕的生活很富裕；与其他以鱼为食的鸟类相比，它有一个大口袋，能够用来储存许多食物。

许多博物学家将目光投向鹈鹕，因为它是一种相貌奇特的水禽：它的个头比较大，喙的下面是一个大食囊；另外，在古代传说中，“鹈鹕”这个名词有着很高的声望，无知民族的宗教认为它很神圣。在传说中，鹈鹕是神圣的慈父形象，因为它会将自己的胸脯撕开，然后用鲜血喂养自己的孩子。其实，这个传说是古埃及人用来描述秃鹫的寓言，它并不适合用在鹈鹕身上，因为鹈鹕的生活很富裕；与其他将鱼类作为食物的鸟类相比，鹈鹕多了一个大口袋，可以用来存放许多食物。

在个头上，鹈鹕类似于天鹅，有些要比天鹅大一些。如果信天翁的身子窄一些，火烈鸟的腿短一些，鹈鹕就是水禽中体形最大的了。虽然鹈鹕的双腿非常短，但双翅张开之后有十一二尺长，所以它能在空中自由地飞翔，而且能够飘浮在空中很久；当它采取行动之后，便会垂直地扎进水中，开始追逐鱼类。一般来说，猎物难以逃脱它的追捕，因为它的出击力量很大，宽大的翅膀拍击着水面，将水搅动起来，把鱼弄得晕头转向，无法逃脱。鹈鹕就是通过这种方式捕捉鱼类；它们也会一起行动：只见它们围成一个圈，一起游泳，逐渐缩小圈子，此时困在圈子中的鱼类就是它们的猎物。

鹈鹕总是将捕鱼的时间选在清晨或者傍晚，因为此时是鱼类最活跃的时期。鹈鹕在捕鱼时，总会挑选鱼类聚集的地方，它们会掠过水面，扑腾几下就飞起来了。然后，将颈项挺直，带着半满的食囊再次扎进水中，一会儿又飞起来，接着再次扎进去，一直到将食囊装满。之后，它们会前往岩石顶部，在那里慢慢吃掉和消化食囊中的东西，吃完后就待在上面休息，一直到天黑。

鹈鹕轻易就能被驯服，虽然它的身体笨重，但性格活泼，而且不怕生，喜欢与人类待在一起。曾经，贝隆发现罗德岛的一只鹈鹕在城镇中自由自在地散步；库尔曼（德国著名的学者）讲述过一个著名的故事：在马克西米安皇帝出征时，一只鹈鹕始终飞行在队伍上空，有时飞得非常高，虽然它的双翅展开时的宽度达到15尺，但因为飞得太高了，所以看起来如同一只燕子般大小。

鹈鹕的体重大约是二十四五斤，但它拥有高超的飞行技术，令人叹为观止。其实，这很容易理解：鹈鹕的身体有利于填充大量空气，而空气能够增大它的浮力；此外，它的骨骼轻盈，仅仅是一斤半左右，骨头非常细，几乎是透明的，所以阿尔德罗旺迪（意大利学者，游历了整个欧洲，著有《自然史》13卷）曾经以为鹈鹕没有骨骼。由于鹈鹕的寿命很长，所以它们的骨质硬化得比较晚。

第十六节　军舰鸟

军舰鸟在海上到处游弋，它像风一样轻盈，不仅飞得高，而且飞得远，海员们将军舰鸟叫作“战鸟”。对此，军舰鸟当之无愧，因为它们有时会袭击人类。

最卓越的风帆、最快的船只、三桅战舰都将自己的名字送给了在海上飞行速度最快的鸟。确实，在所有的鸟类中，军舰鸟的飞行最有特色，而且飞行的距离也最远。这种鸟的双翅展开后很大，能够飘浮在空中，看起来没有显著动作，好像在天空中悠闲地游泳一样，当机会来临时，便会像利箭般地冲向猎物。等暴风雨降临时，它便会冲向九霄，前往暴风雨的上方寻找安宁。军舰鸟在海上到处游弋，不仅能够飞得很高，而且可以飞得很远，在广阔的海洋上飞翔数百里，而且是一口气飞完这么远的距离，当白天的时间不足时，它们便会在晚上飞行，一直飞到含有丰富食物的海域，这时才会停下来。

当鱼群需要远洋迁徙时，如飞鱼为了躲避金枪鱼和剑雨的追捕，常常会跃出水面，但这样便会被军舰鸟捕捉。正是迁徙的鱼群引领着军舰鸟远渡重洋。有时候，迁徙的鱼群非常密集，它们在水中的游动声音很大，而且海面会是白色的；军舰鸟在远处就能观察到这种情况，于是从高空冲下来，沿着海面飞行，紧紧地贴着海面，但不会让自己身上沾水，一边飞行，一边捕捉鱼，有时候用喙叼，有时候用爪子抓，还有时候同时使用喙和爪子捉鱼。

在热带地区或者热带以南的海洋上，我们才能看见军舰鸟。军舰鸟能够很好地控制热带鸟，它们经常让多种热带鸟为自己提供食物，尤其是鲣鸟，它们会用翅膀拍打鲣鸟，或者用喙啄它们，强迫它们把吞下去的鱼吐出来。正是由于军舰鸟的这种做法，所以海员们将军舰鸟叫作“战鸟”。对于这个名字，军舰鸟受之无愧，因为它们有时甚至会袭击人类。

军舰鸟的肆意妄为不仅是由于它的飞行速度，还由于它贪婪的本性。它的身体构造有利于它进行战斗：它的爪子很锋利，喙的前端是锐利的钩，腿又粗又短，全身长满了羽毛，飞行速度很快，视力很好。这些特性使军舰鸟与鹰十分相似，还让军舰鸟成了海洋中的暴君。不过，从体形上来说，军舰鸟适合在水中生活，尽管人们没有见过它们游泳，但半圆形的蹼将它们的脚趾连接起来，所以它们类似于鲣鸟、鹈鹕等鸟儿，可以将它们当作足蹼类。而且，军舰鸟的喙的前端是弯钩状的，而且非常尖，在捕猎中有着重要作用，但与陆地猛禽的喙有所不同，军舰鸟的喙很长，还有一点凹陷，弯钩位于喙的前端，看起来好像没有连在一起，类似于鲣鸟的喙，接缝处缺少明显的痕迹。

军舰鸟的体形比鸡的大一点，但翅膀展开之后有10尺宽，甚至会达到14尺。它们就是借助于巨大的翅膀进行远程飞行的，甚至是在海洋上空遨游。在海天之间，它们是航海者能够见到的唯一风景。不过，翅膀太长也会带来坏处，当它们落到地面上之后，再次起飞会变得比较困难，很容易在尚未起飞时被人们捉住。因此，军舰鸟只有在突出的岩石上或者大树的顶端，才能顺利起飞。

第十七节　天鹅和鹅

天鹅不仅有威严，而且有力量和勇气，还不会随便使用权威，只有在自卫时才会使用武力；虽然它在战斗中很容易取胜，但不会主动发起攻击。

天鹅

在任何社会中，无论是动物社会还是人类社会，以前依靠暴力产生霸主，但现在凭借仁德选取贤君。陆地上的狮子和老虎，天空中的鹰和鹫，全部都喜欢使用武力，依靠凶残统治手下；但天鹅截然不同，它是凭借各种美德在水上称王的，如高尚、尊严、宽厚等，目的是创造一个和平的水上世界。天鹅不仅有威严，而且拥有力量和勇气，但不会滥用权威，更不会随便使用武力，除了进行自卫时；虽然它在战斗中很容易获得胜利，但绝对不会主动发起攻击。在水禽中，它是提倡和平相处的君王，敢于跟空中的霸主相斗，既不会挑衅，也不会退缩，只会严肃对待鹰的冒犯。天鹅的翅膀能够当作坚实的盾牌，用力挥舞翅膀来对抗鹰的尖爪利齿，以此打退鹰的进攻，而且常常能够取胜。况且，它只有这一个强劲的敌人，其他善战的猛禽都不敢冒犯它。天鹅能够与大自然和平共处，对于种类繁多的水禽而言，与其说它以君主的身份统领水禽世界，不如说它以朋友的身份照顾着各种水禽，而且那些水禽都乐于服从它。天鹅像是和平共和国的领袖，它希望的是安宁和自由。它向别人要求多少，便会回馈多少，所以全体公民无须害怕这样的领袖。

天鹅的面部高贵，体态优雅，正好符合它的天性，让所有看见它的人都觉得赏心悦目。只要它到达一个地方，便会成为这个地方的亮点，让这个地方增色不少，人们都非常喜欢它、欢迎它。在所有的飞禽中，天鹅是最受人们怜爱的禽类，因为大自然赋予它优美的身姿、高贵的神态，让我们意识到大自然能够创造出如此完美的东西。天鹅有着俊美的身姿、圆润的外形、优美的线条、传神的动作，而且英姿勃发、怡然自得，总而言之，天鹅浑身都在散发魅力，让我们充分感受到它的优雅和娇美，这让人觉得它是那么不同凡响。据说，天鹅还被人们称为爱情之鸟（在希腊神话中，美女海伦的双亲是勒达和一只天鹅，而天鹅是宙斯幻化而成的）。上述所说的一切表明，这个神话有着一定的道理。

当我们看见天鹅潇洒自如的样子，在水面上做着敏捷轻快的动作时，无法否认它是水禽中的航行冠军，而且是大自然创造出来的最完美的天然航行模型。我们发现，天鹅的颈项长长的，胸脯挺直，而且很丰满，好像是在波浪中行驶的船头；它的腹部类似于船底；为了快速行驶，它的身体前倾，越是靠前越是挺起，最后高高地翘起来，类似于船舳；尾巴像是船舵，脚蹼像是船桨；它的一双翅膀迎着风处于半张开状态，稍微有些鼓，与风帆的作用相似，推动着这艘带有生命的帆船前进。

天鹅懂得自身的高贵，所以觉得无比自豪；它也明白自己的美丽，所以知道洁身自爱。它总是将自己的优势展现在人们面前，不仅能够引起人们的注意，还能得到人们的赞美。实际上，人们对它也是百看不厌，当它们在远处成群结队地行驶在浩瀚的海洋中时，看起来像是带着翅膀的船队一样，无拘无束地游弋；当它们靠近岸边时，便会离开队伍独自活动，将各种优雅的动作展示在人们面前，充分显示出它的妩媚和姣美，让人们觉得赏心悦目。

天鹅天生丽质，热爱自由，而且不属于能够被人们幽禁起来的奴隶。天鹅自由自在地生活在湖泊中，如果它无法充分地享受自由，并产生了自己被奴役、被囚禁的感觉，它就会义无反顾地离开那里。它要无拘无束地在水上遨游，或者沿着水边散步，或者在岸边休息，有时会躲到草丛中，有时会待在偏僻的港湾中，然后离开自己的住所，前往有人的地方，享受与人们共处的快乐时光——它喜欢接近人类，将人类当作自己的朋友，而不是自己的暴君。

在许多方面，天鹅都比家鹅优秀，家鹅的主要食物是野草和籽粒；天鹅则会寻找精致的食物，通过各种计谋捕捉鱼类，借助各种姿势希望能够捕捉成功，而且主要是使用技巧，而不是使用蛮力。天鹅善于躲避或者对抗自己的敌人，一只天鹅不会害怕一只强壮的狗，它挥舞翅膀的力量甚至能够打断人类的腿，由此可以想象出力量的巨大。总之，天鹅不会畏惧任何攻击或者挑衅，因为它的勇猛能够与它的灵巧相提并论。

天鹅经过人工驯养之后，它的叫声是粗浑的，而不是嘹亮的。这是一种与哮喘相似的声音，而且非常像俗语中说的“猫念咒”；古人通过谐音“独能嚷”进行表示，这种音调好像是在恫吓，或者是在表达自己的愤怒。古人描述的天鹅的叫声像是天籁之音，而且深受人们的赞扬，显然依据的不是人工饲养的仅仅能够发出嘶哑鸣声的天鹅。我们发现，野天鹅完好地保存了原有的天然特性，它不仅拥有充分的自由，而且拥有圆润的音调。野天鹅的叫声或者鸣叫听起来像是一种有节奏、婉转动听的歌声，而且非常响亮，但与某些鸣禽的柔和嗓音相比，显得有些尖锐，而且变化比较少。

此外，古人不仅认为天鹅是神奇的歌手，还认为天鹅是唯一会在弥留之际歌唱的生物，它们用歌声感怀生命，将和谐的声音当作死亡的前奏。据说，天鹅只有在面临死亡时，才会发出柔和、感人的声音，作为它对生命的深情告别。这种声音如泣如诉，而且低沉悲伤，这是它们为自己所唱的挽歌。古人说，人们只有在旭日东升、风平浪静时才能听见这种歌声，甚至有人看见许多天鹅一起唱着挽歌，最后在音乐声中走向死亡。在古代传说中，这是一则最动人的寓言，它多次被人们赞美和重复，甚至许多人认为这是事实。这个传说赋予了古希腊人神奇的想象力：无论是诗人还是哲学家，甚至是雄辩家，他们都欣然接受了这个传说，他们认为这是一件非常唯美的事情，从来不愿意去怀疑它的真实性。我们可以原谅他们杜撰出来的这则寓言，因为它确实很动人，它的价值远远高于枯燥的史实，这是对敏感心灵的慰藉。显然，天鹅绝对不会赞扬自己的死亡。但是，每当谈论一个伟人临终前的最后的辉煌时，人们总是无限感慨地说："这是天鹅之歌！"

鹅

在各种动物中，我们将自己的目光和赞美都送给了占据首要地位的动物，而次等动物在对比中得到的是不屑的眼光和鄙夷的态度。鹅和天鹅的对比类似于驴和马的对比：鹅和驴都没有得到公平的对待，低等动物好像天生就应该受到漠视，无论它们拥有什么品质，而与头等动物的对比将它们贬得一文不值。其实，这种对比是一种不合理的对照，所以我们暂时放下天鹅的高贵形象，这时我们将会发现，鹅是家禽中了不起的成员。

鹅有着胖胖的身体，挺拔的身姿，步履庄严，整齐干净，带有光泽的羽毛，还有合群、恋旧的特性，使得它很容易依恋人类，而且会对人类产生感激之情。此外，它的警惕性也非常高。这些都说明，鹅是最有益的家禽。除了鲜美的肉质之外，鹅还会给我们提供精致的羽毛，这是用来制作衣服的原料；此外，还能提供一种羽毛用来制作毛笔，将我们的思想记录下来，而且还写出了我们对鹅的赞美之词。

在养鹅时，我们无须花费太多的心思，也不用细心照料它：它能够与其他家禽和平共处，而且它们能够生活在同一个棚子中，虽然这种生活方式违背了它的天性。如果想要饲养许多鹅，必须选择靠近水边或者沙滩的地方，这里需要有宽阔的空地，还要有鲜美的青草，让它们能够无拘无束地吃草、玩耍。不过，鹅群不能进入草场，因为它们的粪便会烧毁嫩草，它们还会将小草连根拔起。此外，我们还要让鹅群远离麦田，等到收割之后，才能让它们进入麦田活动。

第十八节　孔雀

大自然不仅将天地间的各种色彩赏赐给孔雀，而且还让它成为大自然的杰作，通过无可复制的画笔将它们的协调和细腻展现出来，创作出一幅独一无二的画。在这幅画中，造物者将明暗、冷暖等不同的色调巧妙地融合在一起，形成了一种鲜明的效果，而且有着瑰丽的光泽，即使是最优秀的艺术作品也无法与它相媲美。

如果在动物王国中评选最美冠军的话，那么，当选者毫无疑问是孔雀。除了孔雀之外，任何一种鸟雀身上都无法体现大自然的慷慨馈赠。孔雀的体格健壮、相貌庄重、举止优雅、神态高贵，这一切都表明它是一种高贵动物。它的冠羽是由多种颜色组合而成，不仅点缀着它的头部，而且使它增高许多；它的羽毛汇聚了天地间的所有颜色，像鲜花一样美丽，像宝石一样夺目，像彩虹一样绚烂，这让我们大开眼界、惊叹不已！

大自然不仅将天地间的各种色彩赋予孔雀，让它成为大自然的杰作，而且通过难以模仿的画笔使其显得协调和细腻，创作出一幅独一无二的画。在这幅画作中，造物主巧妙地将明暗、冷暖等不同的色调结合起来，提炼出瑰丽的色彩和光线效果，即使是最高超的艺术作品也无法与其相提并论。

春季时，雄孔雀独自行走，它的羽毛完全呈现在我们面前，但只要雌孔雀出现在它的面前，它就会变得兴致勃勃——目光中满是兴奋，表情非常丰富，头上的冠羽一直在晃动，充分体现出内心的情感；将长长的尾羽展开，好像在炫耀自己的美丽；在阳光的照耀下，羽毛呈现出耀眼的光泽，而且产生了更动人、更多变的色彩；它的举止引起的细微变化和转瞬即逝的束束反光，不断被新的微妙变化所代替，与其他光泽相比，这种新的光泽是那么与众不同，总是让人们无比惊叹。孔雀将自己的脑袋和脖颈转向后面，将绚丽的色彩充分展示出来。

这时候，孔雀好像在借助自己的优势向缺乏这种优势的同伴致敬。在爱情的洗礼下，它的动作更加优美，它的举止更加优雅，充分显示了它的高贵和自豪。之后，便会传来低沉的私语声。

这些羽毛鲜艳夺目，比任何花朵都美丽，而且像花朵一样会枯萎，这些羽毛每年都会脱落，孔雀害怕别人看见自己羽毛脱落的样子，所以总是待在最阴暗、最僻静的地方，以此躲开人们的目光，等到第二年春天长满新的羽毛后，它才会再次走到阳光下，接受人们的赞美。有些人说，孔雀对于赞美非常敏感，所以人们希望它开屏时，需要用专注的目光赞美它。相反，如果人们毫不在意它的美丽，甚至不注意它时，它就会将自己的羽毛收拢起来，这些不懂得欣赏的人将无法看见它那五彩缤纷的羽毛。

第十九节　山鹑和幼鹑

当雄山鹑跑开之后，雌山鹑会回到躲藏在草丛中或者落叶中的孩子身边，然后将它们集中起来，趁着猎犬在追赶雄山鹑时，将孩子带到很远的安全地带，而且在移动过程中不会发出一点声音。

虽然雄山鹑无须孵化幼鹑，但它会与雌山鹑一起照顾幼鹑；它们一起照顾子女，不断地教育孩子，让它们明白哪些东西可以食用，教导它们用爪子在泥土中寻找食物。我们常常看见它们一个个蹲下来，将自己的孩子保护在翅膀下，这些幼鹑从翅膀下探出小脑袋，两只小眼睛炯炯有神。在这种情况下，山鹑不会抛下自己的孩子逃命。同样，猎人也不忍心打破这种十分感人的画面，残忍地杀害它们。不过，如果这时出现了一条猎犬，而且在距离它们不远的地方，雄山鹑便会发出奇怪的叫声，还会跑到三四十步远的地方去，拍打着翅膀一次次冲向猎犬，因为想要保护孩子的决心激发了它们的勇气。

除此之外，为了拯救自己的孩子，它们可能会采取更谨慎、更复杂的方法将敌人引开。雄山鹑在引起敌人的注意之后，便开始逃命，它跑起来的脚步沉重，而且耷拉着脑袋，好像在麻痹敌人的神经，让敌人以为轻易就能捉住它。但是，雄山鹑总能跑到比较远的地方，而且不被敌人捉住，还让敌人离小山鹑越来越远，从而保证了它们的安全。雌山鹑在雄山鹑离开之后，便沿着山沟跑到孩子们藏身的草丛中或者落叶中，然后将它们集中起来，趁着猎犬追赶雄山鹑的时候，将孩子们带到远方的安全地带，而且在移动过程中不会发出丝毫声音。

第二十节　嘲鸫

嘲鸫不仅会认真唱歌，而且歌声优美动听，更准确地说，它是在用歌声抒发内心的情感。

在自然界的飞禽中，嘲鸫是最优秀的歌手，甚至比夜莺更加出色。它像夜莺一样用歌声吸引人们的注意，而且喜欢模仿其他鸟类的声音，因此才得到了“嘲鸫”这个名字。不过，它的鸣叫只是为了锻炼自己的嗓音，通过各种方式训练自己的歌喉。

嘲鸫不仅会用心唱歌，而且唱得非常动听，更恰当地说，它借助于歌声表达自己内心的情感。嘲鸫通过歌声自娱自乐，而且伴随着有节奏的动作，总是用天然的或者后天学习到的调子丰富自己的歌声。一般来说，它首先将翅膀抬起来，然后将头低下去，接着便会放声高歌，它用自己的嗓门展示出轻盈的叫声，而且只有持续练习一段时间之后，才能够协调好各种动作。它发出的声音是一种很有节奏的旋律，而且挥舞着翅膀应和着节拍。

在飞行的过程中，嘲鸫可以在空中描绘出相互交错的圆圈，它沿着一条弧线上升、下降，然后再上升、再下降，一直重复着这样的飞行，通过这种方式展示自己高超的飞行技术。人们有时会发现，嘲鸫在树顶上空翱翔，挥动翅膀的速度慢慢降下来，最后一动也不动了，好像悬挂在空中一样。在飞行时，嘲鸫也会唱歌，而且有着高低起伏的变化，首先是明快、响亮的，然后慢慢地降低，最后彻底消失了，像是一首优美曲子的结尾。嘲鸫身体的长度大约是25厘米，羽毛呈现出灰褐色，它们生活在灌木丛或者森林中。嘲鸫一直在唱歌，其实是在用歌声宣告自己的地盘。虽然嘲鸫没有光彩夺目的外表，但它的美妙歌声能够弥补外貌上的缺憾。嘲鸫是一种食肉飞禽，它的食物是一些对农作物有害的昆虫。

第二十一节　夜莺和戴菊莺

夜莺从来不唱重复的歌，至少不会被迫重复：即使它在重复某一段的内容时，也会用新的音调鸣唱，让它变得更加生动；它能够演唱各种曲调，表达各种情感；它可以把握歌唱的各种特征，通过对比让歌声带有不同的效果。

夜莺

当一个感情细腻的人听到夜莺这个名字时，他会联想到春天的夜晚：万籁寂静，空气清新，整个大自然都陶醉在夜莺的歌声中。我们还知道其他会唱歌的鸟类，它们在某些方面能够与夜莺相媲美。当夜莺休息时，云雀、金丝雀、燕雀、莺雀、朱顶雀、金翅雀、乌鸫、嘲鸫等鸟类都可以为人类唱歌。这些鸟都拥有美丽的歌喉，有些鸟有着柔和的嗓音，有些鸟有着高超的技巧。不过，与夜莺的多种才能和变化多端的鸣唱相比，它们都会变得毫无特色。因此，对于这些鸟类来说，它们的歌声仅仅是夜莺歌声的一小部分而已。夜莺从来不会唱重复的歌，至少不会被强迫重复：即使在重复某一段的内容时，它也会用不同的音调去唱，让它变得更加优美动听；它能够演唱各种曲调，表达不同的思想；它可以把握歌唱的种种特征，通过对比加强歌声的效果。

这位合唱队的领唱者想要为大自然演奏颂歌，它通过一连串音符抒发自己的感情，开始是细弱的、含糊不清的音调，好像在调试乐器，同时唤起聆听者的注意力；接着，它自信满满、万分激动，通过饱满的音调将自己的各种本领展示出来；嘹亮的琶音，轻快的和弦，勃发的音群，全部都是那么清晰、流畅；突发的鸣啭清晰有力，而且充满了阳刚之气；哀怨的调子是由柔和的韵律组成的，优美动人、沁人心脾；它唱歌时会流露出自己内心的感情，引起听者的共鸣，唤起听者内心深处的忧伤。在这种歌声中，人们好像听到一个十分幸福的新郎在向新娘诉说内心的喜悦；即使在不是那么动听的乐章中，依然能够听出夜莺愉快的歌声。面对自己心仪的对象，它会与对手一起唱歌，一较高低。

在各种各样的乐章中，夹杂着许多休止符，它们在旋律中有着重要作用，形成了画龙点睛的效果。我们享受着美妙的音乐；这些享受是内在的、专注的，而且不断被新的感受所替代。我们一直在期盼，希望能够听到令人更加愉快的声音。即使我们错过了几个音节，后面美妙的歌声也不允许我们惋惜，而且会带给我们新的感受，让我们兴致勃勃地燃起新的希望。

夜莺的歌声柔和、美妙，甚至能够持续20分钟而不间断，这是其他鸟类无法做到的事情。在夜莺的鸣唱中，我们能够听出16种不同的音调，并明白它不仅懂得即兴发挥，还可以让音调重复多变。夜莺的歌声十分响亮，即使在方圆一公里之外都能听见，尤其是在天气晴朗的夜晚，它的鸣声能够传到很远的地方。

戴菊莺

戴菊莺的体形非常小，它能够从普通捕鸟网的网眼中逃脱，所以各种笼子都无法关住它。当人们将它放在一个房间里时，不久之后它就会消失无踪，因为它可以从几乎看不见的洞中跑出去。当它在花园中时，机灵地进入林荫小路，一会儿就看不见它的影子了，它能够在树木、草丛等许多地方藏身。如果猎人想用枪逮捕它的话，最小直径的铅弹依然太大，假如想要完整的鸟儿，那就需要将最小的沙砾装在猎枪中，以此替代子弹。当人们用捕鸟笼或者细网捉到它之后，放在手中几乎看不清它的样子；但是，它是非常活跃、灵巧的，当人们觉得抓住它时，它早已跑得无影无踪了。戴菊莺的叫声非常尖锐，而且很刺耳，与蝈蝈的叫声很相似。亚里士多德曾经说，戴菊莺自由自在地歌唱，而且歌声优美动听。显然，他把鹪鹩当成戴菊莺了。

戴菊莺的巢穴是空心的球形，由苔藓和蜘蛛网编织而成，里面填充着柔软的绒毛，雌戴菊莺就在里面产蛋，每次大约产六七枚蛋卵，一枚蛋卵的大小类似于一个豌豆；戴菊莺常常在树林中筑巢，有时候也会在花园中，或者是宅院内的松树上。

戴菊莺的主要食物是小型昆虫。夏季时，它们一边飞翔，一边捕捉小虫子；冬季时，它们在各个地方寻找小虫子。此外，它们会食用各种小虫的幼虫，而且轻易就能捕捉到这些猎物。戴菊莺很贪吃，有时候吃得太快会被噎住，甚至是被撑死。在夏天，它们也会吃小浆果、小种子等东西。曾经，人们见到它们在柳树洞中寻找食物，但从来没有在它们的嗉囊中发现过小砾石。

第二十二节　燕子

燕子帮我们消灭了库蚊、象虫等多种害虫，这些害虫会严重损害庄稼和森林。它们给许多地方造成了巨大损失，而燕子和其他食虫鸟都在尽全力减少这种损失。

燕子

在春分不久，燕子就会从南方飞到我们这里来。在此之前，它们会先飞到中部地区，然后再飞到北部地区。不过，无论三月初到四月初的这段时间是寒冷还是温暖，它们总会在这个时期到达法国。

我们应该善待向我们报春的鸟儿，而且它还会给我们提供许多帮助。因此，我们需要善待这些鸟儿，保护它的安全。有些人会偶尔保护它，也有些人对它到了迷信的地步；但是，我们常常见到有人在猎捕燕子，他们的狩猎仅仅是为了提高自己的射击技巧，或者是为了娱乐。不幸的是，这些无辜的鸟儿好像不怕枪声，甚至猎人在残忍地攻击它们时，它们依然无法下定决心逃跑。当人们在捕杀燕子时，不仅对燕子造成了伤害，而且危害了人类的利益，所以这种做法显得非常荒谬。燕子帮我们消灭了库蚊、象虫等害虫，这些害虫会对庄稼和森林造成严重的损伤。它们会带给某些地方巨大的损失，而燕子和其他食虫鸟则尽全力降低这种损失。

这些鸟雀的主要食物是各种有翅昆虫，因为这些昆虫的飞行高度与天气有关，所以在天气比较冷或者下雨天时，鸟雀就要贴着地面飞行，以便顺利地捕捉昆虫。它们在地面附近穿梭，在植物茎梗上或者草地上寻找这些昆虫；它们还会掠过水面，将半个身子侵入水中去捕捉昆虫。当食物十分匮乏时，它们会与蜘蛛争斗食物，甚至是跑到蛛网中将蜘蛛吃掉。

燕子的飞行

燕子的飞行与夜莺的飞行不同，主要在两个方面有着显著区别：第一，燕子飞行时不会发出低沉的嗡嗡声，因为它在飞行时是闭着嘴的，而不是像夜莺一样张着嘴；第二，虽然燕子的翅膀比较短，力量比较小，而且不是非常灵活，但它在飞行时很轻捷，而且十分优雅。由于它的视力非常好，所以能够发挥双翅的全部力量。因此，对于燕子来说，飞行是最普遍的状态，而且是不可或缺的状态：它在吃东西的时候是飞行状态，饮水和洗澡的时候是飞行状态，甚至在给幼鸟喂食的时候依然是飞行状态。

虽然燕子的行动不是十分快捷，但它身体轻盈、灵活多变，不仅能够急速下冲，而且可以悠闲地滑翔；天空是它活动的舞台，它在空中飞来飞去，好像是为了享受飞行的乐趣，快乐的呢喃是它表达内心情感的方式。有时候，它会追逐一只昆虫，始终将它锁定在自己的视线中，但不久后可能会放弃这一只，然后去追逐另一只昆虫；有时候，它会从水面或者地面上掠过，然后去捕捉那些由于下雨或者阴天聚集起来的昆虫；有时候，它凭借灵活的动作躲避猛禽的攻击。燕子可以始终用最快的速度飞行，而且随时变换飞行方向，好像要在空中画出变化莫测的迷宫，飞行路线纵横交错，相互纠缠在一起，时而上升，时而降落，绘制出变化多端的轨迹，不仅无法用线条描述出来，而且无法用语言或者笔墨表达出来。

第二十三节　雨燕

雨燕主要有两种生活方式，一种是在气流中活动，另一种是待在自己的巢穴中。此外，它们常常攀附在墙壁上或者沿着巢穴旁边的树干慢慢爬行，在自己的喙和其他支撑点的帮助下起飞。

虽然雨燕是真正的燕子，但与燕子相比，它们有着许多显著特征，而且它们的主要特性与燕子不同。雨燕的喙、颈、足趾比较短；头部和喉部比较大，翅膀也比较长；飞行速度更快，而且飞得更高。不过，与其他飞行敏捷的鸟类相比，雨燕是不得不飞行，因为它们几乎不会降落在地面上，如果它们因为某种意外而落在地面上，它们便会艰难地站起来，慢慢地在土冈上行走，然后爬到土丘上或者石头上，借助地势的优势起飞。由于身体的结构，所以它们在起飞时比较困难：它们的跗骨很短，这个跗骨在休息时充当足后跟支撑在地面上。因此，它们在休息时几乎是整个身子附在地面上，对于这种姿势来说，长长的翅膀不仅没有帮助，而且会成为障碍，只有控制平衡的作用；如果地面不是凹凸不平，而是非常平坦，雨燕便会成为笨拙的爬行动物；如果它们是在平滑的地面上，便无法前进一步；任何位置的改变对它们而言都是非常困难的事情。因此，地面在它们眼中是难以跨越的障碍，所以它们要尽量避开这个障碍。

雨燕喜欢在我们的屋子中筑巢，它们希望能有一个安定的住所，而不是一个舒适的住所。在城市中，雨燕的住所仅仅是一个墙洞，洞底要比洞口宽一些；它们最喜欢高处的洞，因为这会让它们觉得安全；它们常常外出寻找洞穴，有时在钟楼和高塔上，有时在桥拱下，虽然那里的洞不高，但它们觉得是藏身的好地方；此外，它们还会在空心树或者陡峭的岩壁上筑巢，周围就是翠鸟、蜂虎、燕子等鸟类。它们选择好住宅之后，每年都会住在那里，虽然它们的住所没有明显的特征，但它们轻易就能辨认出来。我们根据多种因素推测，不是雨燕占据了其他鸟雀的巢穴，而是其他鸟雀占据了雨燕的巢穴。在这种情况下，雨燕会请求不速之客将巢穴还给它们。

由于雨燕害怕热，所以在中午温度比较高的时候，它们会躲在高墙和岩石缝中，或者是高楼的瓦片之间。清晨和傍晚，它们会在空中盘旋，不是为了寻找食物，而是为了锻炼翅膀的力量；在上午10点钟左右，它们会返回巢穴中，等到太阳落山之后，便会成群结队地出来，时而在空中画着圈圈，时而排成一列，沿着直线朝着同一个方向飞行，时而围绕着高大的建筑物盘旋；它们常常将双翅张开，然后开始抖动双翅。虽然我们能够看见雨燕的各种姿势，但不明白每个姿势代表的含义。

七月初期，雨燕的行动预示着它们将要迁徙。它们开始聚集起来，在十几天的时间中，每天傍晚都会举行大聚会，而且数量越来越多；此外，它们常常绕着钟楼飞行。这些聚集在一起的雨燕的数目非常多，难以数清楚到底有多少。它们是从中部地区而来，在此路过的雨燕，等到太阳落山之后，它们会飞向高空，同时大声鸣叫，这种飞行不同于愉快的飞行。当我们看不见它们时，依然能够听见它们的叫声，而且在很长一段时间内不会消失。雨燕一般选择在树林中过夜，因为它们在树林中筑巢、捕捉昆虫，那些白天待在平原上或者居住在城市中的雨燕，傍晚时也会飞往树林，而且一直待到深夜。在城市生活的雨燕也会聚集起来，所有雨燕会一起迁徙，前往气候比较适宜的地方。

第二编

植物

在很多时候，人们往往根据习惯将地球上的生物分为两大类：一类是动物；另一类是植物。动物指的是能够运动的生物；而植物指的是生长在原地无法四处走动的生物。对于一般人来说，上述定义简单明了，而且非常准确。不过，事实并不是这样，因为大自然是神秘的，其中有许多人们所不知道的植物，尤其是低等植物，内在生长机制往往是运动的，所以仅仅依靠运动或者不运动来区分动物和植物，这是不对的。

第一章　植物的概念和种类

从广义上来说，植物指的是所有非动物的生物。植物和动物的本质区别是：第一，植物不会自己移动；第二，在摄取养分时，植物依靠体内的叶绿素，通过光合作用得到足够的养分。不过，上述划分有着一定的缺陷，因为简单植物和低等动物之间没有明显的界限。因此，为了能够正确地认识植物，我要论述一下植物的狭义概念。从狭义上来说，植物指的是苔藓类、蕨类、裸子植物、被子植物。此外，藻类和真菌类也可以归到植物中。

第一节　植物的细胞

大自然是由无数细胞构成的，所以我们需要详细论述一下细胞。细胞是构成万物的基本元素，它的组成部分是细胞壁、细胞核、线粒体、叶绿体、内质网、液泡等有机物质。

正如我们所知，细胞是组成万物的基本元素，所以大部分植物都是由细胞组合而成。不过，不同植物之间有着一定的区别，有些植物是由一个细胞组成的，有些植物的结构非常复杂，由无数个细胞构成，这些细胞按照一定的顺序排列成组织，然后多个组织连接成器官。

细胞壁是细胞的组成部分，它是包裹在细胞外面的一层厚厚的壁，主要成分是多糖类物质。细胞壁是动物细胞和植物细胞的主要区别之一。植物细胞壁是由纤维素、半纤维素、果胶质等物质构成的，它包括胞间层（还叫作中胶层）、初生壁、次生壁三个部分。

在结构和成分上，不同植物、不同部位、不同功能、不同时期的细胞壁有着一定的区别。例如，分生组织分裂形成的幼嫩细胞，细胞壁是一层薄薄的胞间层，随着细胞的生长，逐渐形成了初生壁，这是由原生质体分泌而成。

细胞核是细胞最重要的组成部分，也是最大的细胞器，它是由核膜、染色质、核仁、核液等物质组成。在细胞的代谢、生长、分化中，细胞核有着重要作用，而且还含有遗传物质，不仅是细胞的控制中心，更是细胞的“生命中枢”，因为细胞核中含有染色质，也就是我们平时所说的“染色体”。染色质的主要成分是脱氧核糖核酸，也就是“DNA”，而DNA上面的碱基排列顺序中储存着遗传信息。一般来说，这里面的信息决定了植物下一代的特征。因此，细胞核可以说是细胞中最重要的物质。

线粒体也是细胞的组成部分，它是一种细胞器，由双模围绕而成，它是植物进行呼吸作用的地方。线粒体类似于能量供应站，通过呼吸作用将糖转化成二氧化碳和水，同时将能量释放出去，能量的释放形式是ATP，这是一种高能物质，细胞中的合成作用需要消耗大量的ATP。

高尔基体的组成成分是扁囊和小泡，它与细胞的分泌活动密切相关，而且在细胞壁的形成中有着重要作用。

叶绿体指的是藻类和植物中含有的叶绿素，这是植物的重要细胞器之一，而且是植物进行光合作用的场所。在这里，太阳能（光能，各种生命活动所需要的能量）转化为化学能。光合作用借助光能同化二氧化碳和水，合成含有能量的有机物质，同时释放出氧气，所以绿色植物的光合作用保证了地球上有机体的生存和繁殖能够顺利进行。

叶绿体的主要成分是叶绿素、胡萝卜素、叶黄素，由于叶绿素的含量最多，所以将其他色素遮住了，因此一般植物都呈现出绿色。此外，叶绿体是由叶绿体外被、类囊体、基质构成。对于内部结构来说，叶绿体含有三种膜：外膜、内膜、类囊体膜；三种彼此分开的腔：膜间腔、基质、类囊体腔。其中，类囊体是叶绿体的主要组成部分，光能的转化场所就是类囊体的膜。许多类囊体叠加在一起形成了基粒，基粒是光合作用暗反应的场所。

内质网是植物细胞内膜系统构成的连续管道系统，这个管道系统分为两类：一类是粗糙内质网，另一类是光滑内质网，前者含有核糖体，主要作用是参与蛋白质的合成和加工；由于后者不含核糖体，所以主要作用是参与脂类的合成。

液泡是细胞中的泡状结构，而且是植物独有的结构。一般来说，只有成熟的植物细胞中才含有液泡，随着细胞的生长，液泡也会慢慢长大，然后相互合并，最后形成一个巨大的中央液泡，这个中央液泡在细胞中占据的体积超过了90%。当中央液泡形成之后，细胞质和细胞核会被挤到一起，然后紧紧地贴着细胞壁。成熟细胞的显著特点是拥有一个中央大液泡，这也是植物细胞和动物细胞的显著区别。

液泡被一层薄薄的膜包裹着，这就是液泡膜，里面填充着细胞液。细胞液是一种水溶液，包含着多种有机物和无机物，如无机盐、生物碱、糖类、蛋白质、有机酸、各种色素等物质，甚至是有毒化合物。细胞液一直是高渗状态，所以细胞看起来非常饱满。而且，液泡膜具有选择透过性，它的上面有一些非常小的孔，可以让一些微小物质进入，让许多物质聚集在液泡中，从而让不同植物表现出不同的味道，如甘蔗的茎和甜菜的根中含有许多蔗糖，所以有着浓浓的甜味。有些果实由于含有大量有机酸，所以有着强烈的酸味。

由于细胞液中含有多种物质，所以细胞液的浓度比较高，这与细胞的渗透压、水分的吸收密不可分，所以液泡和细胞的代谢有着紧密联系。简单来说，当植物吸收水分之后，液泡处于膨胀状态，植物的叶子就是舒展的；当植物缺少水分时，液泡会变小，植物的叶子就是蔫的。

第二节　植物的组织和器官

高等植物是由许多细胞构成的，这些细胞会形成有着不同生理功能、不同形态结构的细胞组合，这些细胞组合结合在一起就形成了各种器官。

由于植物需要拥有不同的生理功能，所以细胞分化成了组织。对于一种植物来说，细胞分化程度越高，它的结构就越复杂，适应环境的能力就越强。如同被子植物，因为它的分化程度很高，所以形成了非常完善的组织结构，所以在数量和分布上，它都占有很大的优势。

根据不同的组织功能和结构，组织可以分为分生组织、基本组织、保护组织、输导组织、机械组织、分泌组织六种。在形成器官时，分生组织分裂形成了其他五种组织，所以人们将这五种组织叫作成熟组织。这些组织有着不同的功能，各自发挥着不同的作用，而且相互配合，一起为植物的生长效力。

细胞分化之后，便会形成有着不同结构、不同功能、不同形态的细胞群，而结构和功能相同、形态相似的细胞群构成了组织。生物体中有着不同功能和不同作用的组织按照一定的次序排列起来，这就形成了有着一定功能的结构，这种结构就叫作器官。某些器官按照一定的顺序联系在一起，共同完成一项生理活动，甚至是几项生理活动，这就构成了系统。大多数动植物的系统都是这样形成的，所以动植物体内的各个部分有着紧密联系。

对于生物体而言，器官要比组织更高级，而且更加复杂，它有着一定的功能，承担着生物体的某些工作。动物器官的种类又繁多又复杂，而植物器官要简单一些，对于植物来说，最高级的植物是被子植物。被子植物指的是拥有根、茎、叶、花、果实、种子六种器官的植物。除了被子植物之外，其他植物都无法拥有六大器官，如裸子植物有根、茎、叶、种子四种器官；蕨类植物有根、茎、叶三大器官；而苔藓植物有茎和叶，而没有根。大部分的藻类植物没有分化的器官，甚至有些藻类是由一个细胞构成的，连组织都没有。

第二章　光合作用和蒸腾作用

植物与动物的最大区别是，植物通过光合作用能够将光能转化为化学能，提供自身所需要的各种养分。而且，植物借助于光合作用为地球上的人类和动物提供了氧气和食物，这是维持人类和动物生存的基础。对于植物来说，它们吸收的水分一小部分蒸发掉，大部分用于蒸腾作用。

第一节　光合作用

光合作用不仅可以为植物提供养分，还能为人类和动物的生存提供物质来源和能量来源，所以光合作用在整个生物界中有着重要作用。

光合作用指的是绿色植物通过叶绿体，借助于光能把二氧化碳和水转化成含有能量的有机物，同时向外释放氧气的过程。因此，植物细胞中的叶绿体被当作阳光传递生命的桥梁。我们呼吸时吸进肺中的氧气，就是植物进行光合作用时释放出来的；我们所食用的食物，也是植物的光合作用直接或者间接提供给我们的有机物。

早期，人们认为植物中的养分是从土壤中得到的，一直到1773年，英国科学家普利斯特利的实验让人们对植物有了新的认识。在进行实验时，普利斯特利首先准备了一个密封的玻璃罩，然后将一只小白鼠和一支燃烧的蜡烛放在里面，不久小白鼠就死了，而蜡烛也熄灭了；接着，普利斯特利将一盆植物和一只小白鼠放在一个密封的玻璃罩中，将一盆植物和一支点燃的蜡烛放在另一个密封的玻璃罩中。这时，植物能够存活一段时间，蜡烛也没有马上熄灭，而小白鼠也不会死亡。于是，他认为植物能够净化蜡烛燃烧和动物呼吸变得污浊的空气。普利斯特利的实验改变了人们对植物的看法，促使人们更加认真地研究植物，此后，人们对植物的了解越来越详细了。

因为植物缺乏消化系统（这是植物与动物的最大区别），所以它们要用其他方式摄取生长需要的养分。植物需要在阳光充足的时候，借助于阳光进行光合作用，制造自身生长需要的养分。在这个过程中，植物细胞内的叶绿体有着重要作用：在阳光的照射下，叶绿体可以将通过气孔进入叶子内部的二氧化碳和根部吸收的水分转化为葡萄糖，不仅能够为自身的生长提供养分，同时还会释放出动物和人类呼吸所需要的氧气。

光合作用能够为人类和动物的生存提供基本的物质来源和能量来源，所以对于人类和生物界来说，光合作用有着重要意义。光合作用的意义可以概括为以下四点：

第一，植物通过光合作用能够制造出大量的有机物。据统计，绿色植物每年大约能够制造出四五千亿吨的有机物，这比全世界一年制造的化工产品总量还高，所以人们将绿色植物称为“绿色工厂”。

第二，植物通过光合作用将太阳能转化为化学能，并将化学能储存在制造出来的有机物中。地球上的所有生物进行生命活动所需要的能量都是直接或者间接地来自于绿色植物制造的能量。

第三，植物通过光合作用能够调节空气中的二氧化碳和氧气的含量，促使它们始终维持在相对平衡的状态上。我们明白，所有生物呼吸都需要消耗氧气，据统计，地球上所有生物每秒钟消耗氧气的量大约是一万吨。根据这个数据得知，空气中的氧气大约仅仅能够用二十年。当氧气耗尽之后，地球上的生物也会跟着消失。不过，植物的光合作用避免了氧气的流失，更避免了这种情况的出现。因为绿色植物通过光合作用能够消耗二氧化碳，同时释放出氧气，所以才能保证大气中的氧气和二氧化碳的含量，让它们的含量维持在相对稳定的状态。

第四，植物的光合作用在生物的进化中有着重要作用。我们知道，地球在形成之初没有生命，因为那时候还没有绿色植物，这说明大气中没有氧气。当绿色植物出现之后，大气中才慢慢有了氧气，所以地球上才出现了有氧呼吸生物，并逐渐发展起来。

第二节　蒸腾作用

植物吸收水分和运输水分主要依靠的是蒸腾作用，因为蒸腾作用能够形成压降，将植物下部的水分运送到植物上部。换句话说，假如离开了蒸腾作用，植物的根茎就无法吸收水分，植物就不能生长了。

蒸腾作用指的是植物体表（主要指叶子）的水分通过水蒸气的形式散发到空气中的过程。蒸腾作用与物理学上所说的蒸发作用有着一定的差别，蒸腾作用不仅会受到外界环境的影响，还会受到植物的调节和控制，所以蒸腾作用要比蒸发作用复杂得多。蒸腾作用的发生与植物的大小无关，即使是幼苗依然能够进行蒸腾作用。

植物进行蒸腾作用的主要场所是叶片。蒸腾作用以两种方式在叶片上进行：一种是出现在叶片角质层上，这是角质蒸腾作用；另一种是出现在叶片气孔上，这是气孔蒸腾作用。由于水分对于植物的生长有着重要作用，所以水分的丧失会对植物造成严重的伤害。为了降低蒸腾作用对植物的不利影响，植物的叶片表面形成了一层角质层，这个角质层能够有效地阻止水分的流失。此外，植物叶片上的气孔有着精致的结构，这种结构也能减慢水分的流失速度，所以蒸腾作用的主要方式是气孔蒸腾。

假如说植物的光合作用是为了造福地球上的所有生物，那么，植物的蒸腾作用就是完全为自身服务，所以我们说植物吸收水分和运输水分的主要动力是蒸腾作用。蒸腾作用能够形成压降，将植物底部的水分运送到植物顶部。换句话说，如果失去了蒸腾作用，植物顶端的茎和叶就无法吸收水分，整个植物也不能正常生长。此外，蒸腾作用还能降低植物体表和叶片表面的温度，提高叶片周围的湿度，这样能够防止强烈的阳光灼伤叶片。炎热的夏天是植物进行蒸腾作用最强烈的时间段，但蒸腾作用能够让周围的空气变得湿润。而且，蒸腾作用能够引发液流上升，这样能够将矿物质和根部生成的有机物运送到植物上部。蒸腾作用还能将植物叶片的气孔打开，这样能够让植物更好地进行呼吸作用和光合作用。不过，蒸腾作用会让植物失去很多水分，如一株玉米从小到大需要消耗四五百斤的水，但植物本身仅仅能够吸收1%的水，剩余的99%都用于蒸腾作用了。因此，在湿度比较高的地方，植物生长的比较茂盛，这就是热带湿度高的地方为什么会有大片树林的原因。

第三章 藻类植物

藻类是最低等的植物，而且是单细胞植物，一个细胞担负着所有的工作。虽然藻类有许多种类，但并不是一个独立的自然类群，而是一个很大的集群。由于这些植物有一些相同特点，所以人们将它们叫作“藻类”。这类植物的共同特征是，体内有叶绿素，能够进行光合作用，都是自养植物，整个生物体都会参与生殖作用。

第一节 蓝藻门和红藻门

在藻类植物中，最简单、最低级的是蓝藻门，而且是历史上最古老的植物；红藻门是另外一个种类，它们储藏的养分常常是独特的非溶性多糖类，这种物质叫作红藻淀粉。

蓝藻门

蓝藻门还叫作蓝绿藻门，它是藻类中最简单的植物，而且是历史上最古老的植物。30多亿年前，地球上已经出现了蓝藻门，它的出现促使地球上的氧气增加，为其他生物的出现奠定了基础。

大部分蓝藻门类的植物生长在有机物含量比较多的淡水中，小部分分布在湿土、岩石、树干、海洋等地方，有一些与真菌一起构成地衣，还有一些生长在植物体内形成内生植物，甚至少数种类生活在温泉中，或者终年被积雪覆盖的地方。蓝藻门植物的细胞壁缺乏纤维素，而且没有真正的细胞核，虽然细胞中含有构成细胞核的染色质，但缺少核膜和核仁。在这类植物的细胞内，不仅含有叶绿素和胡萝卜素，而且含有藻蓝素，还有一些蓝藻门植物含有藻红素。不过，与其他植物相比，蓝藻门植物的色素是分布在细胞质的周围，而不是被细胞质包围着。在繁殖方式上，蓝藻门是分裂生殖，而不是有性生殖。

蓝藻门的一些种类在生活中有着各自的作用，如项圈藻、念珠藻、筒孢藻等藻类具有固氮作用，能够让土壤变得更加肥沃；葛仙米、发菜、海雹菜等藻类可以吃。但是，有些蓝藻门植物生长得很多时，便会对人类造成危害，如微胞藻、项圈藻等在夏季生长速度快，从而降低水中的含氧量，这些藻类死后分解会产生毒素，让鱼虾等生物生病，甚至是死亡。

红藻门

在藻类植物中，红藻是另一个种类，大部分是多细胞植物，体长不同，从几厘米一直到十几厘米。红藻的颜色不是纯红色，大部分是紫红色，还有褐色、绿色、粉红、黑色等多种颜色，因为红藻不仅含有叶绿素和胡萝卜素，而且含有藻胆素（藻红素和藻蓝素）。红藻储藏的养分一般是一种特殊的非溶性多糖类，这种糖类叫作红藻淀粉。而且，有些红藻的体内含有硝盐，尤其是比较老的部位，硝盐的含量更高。红藻的生殖方式是有性生殖，会产生孢子和卵，但没有鞭毛，而且过程十分复杂，雌性生殖器叫作果胞，它的前端是一个长长的受精丝，这就是精子受精的位置。由于红藻的适应能力很强，对环境的要求也不高，所以它们的分布范围很广，甚至能够生活在营养浓度低、光照强度弱或者温度非常低的地方。在地理环境上，它们不仅能够在溪流、江河、湖泊、海洋中生存，还能够生长在潮湿的地方。从炎热的地方到寒冷的两极，从冰雪覆盖的高山到流水潺潺的温泉，从潮湿的地层表面到比较深的土壤中，几乎都能看见红藻的影子。

第二节　甲藻门、紫菜、轮藻门

紫菜是一种海洋红藻植物，它不仅含有叶绿素、胡萝卜素、叶黄素，而且含有藻红蛋白、藻蓝蛋白等色素，如果这些色素的比例发生变化，紫菜的颜色也会变得不同。

甲藻门

甲藻门是单细胞植物，它的细胞壁含有厚厚的纤维素，看起来像是战士穿的铠甲，所以叫作“甲藻”。不过，有些甲藻类植物没有细胞壁，它们叫作“裸甲藻”。还有一些甲藻门植物的细胞内含有甲藻液泡和刺丝胞。甲藻门植物是杂色藻类，不仅含有叶绿素和胡萝卜素，而且含有叶黄素，如硅甲黄素、甲藻黄素、新甲藻黄素等，大部分细胞表现出棕黄色或者黄绿色，也有一些是粉红色或者蓝色。甲藻门储存的养分是淀粉、脂肪等物质。许多甲藻门都长有长短不同的两条鞭毛，这是由许多小甲板排列而成，但有些种类不含有小甲板。甲藻门的生存方式主要是腐生和寄生两种，繁殖方式是细胞分裂或者形成游离的孢子，有性生殖是同配或者异配，但这些非常少见。

紫菜

在日常生活中，我们常常见到的藻类是紫菜。紫菜是一种食物，有着广泛的作用，它的味道鲜美，所含的蛋白质高达29%~35%，还含有碘、多种维生素、无机盐等物质，而且能够预防缺碘引起的甲状腺肿大，还能降低胆固醇。虽然与其他种类的海藻相比，紫菜的种类比较少，仅仅发现了七十多种而已，但它的分布范围很广泛，分布在地球上的许多地方。不过，总体而言，紫菜主要分布在中纬度温带地区。由于人们需要大量的紫菜，而自然生长的数量无法满足人们的需求，所以现在人们食用的紫菜主要是人工养殖而成。

紫菜的样子很简单，它是由圆盘状的固着器、叶柄、叶片三个部分组成。其中，圆盘状的固着器将植物体固定在基质上，叶柄连接着紫菜的叶片和固着器，叶片是由几层细胞构成的膜状体，由于种类不同，所以它们的体长有所不同，有的是几厘米，而有的是好几米。而且，不同种类的紫菜有着不同的颜色，最常见的是紫色，所以紫菜最受人们的欢迎，但还有紫红色、蓝绿色、棕红色、棕绿色等多种颜色。因为紫菜中不仅含有叶绿素、胡萝卜素、叶黄素，而且含有藻红蛋白、藻蓝蛋白等色素，当这些色素的比例不同时，紫菜就会呈现出不同的颜色。

轮藻门

轮藻门植物仅仅有三百多种，与其他藻类不同，它们主要生长在淡水中，如稻田、沼泽、池塘、湖泊等地。在水质方面，轮藻门生长在透明度高、含钙量高的硬水中，但也有少数种类生长在半咸水中。无论是细胞结构还是通过光合作用储存营养的方式，轮藻门都与绿藻门非常相似，但轮藻门的藻体是直立状态，而且比较大。轮藻门的生长方式类似于高等植物，它的茎部在生长过程中会慢慢地分化为节和节间，然后在节上生长出小枝和侧枝，虽然看起来有些复杂，但轮藻门依然是单核细胞植物。轮藻门有两种生殖方式：一种是有性生殖；另一种是营养生殖。不过，与其他藻类相比，它的生殖器官比较发达，而且具有储藏精器和储藏卵器的功能，全部生长在小枝上。因此，当精子和卵子结合在一起形成合子之后，便能发育成新的个体。当然，如果轮藻门的藻体被折断了，节的部位便会生长出“假根”，然后慢慢地长成新的植物体。

第三节　绿藻门

绿藻门植物含有叶绿体，而且形状多种多样，如杯状、环带状、螺旋状、星状、网状等，绿藻的叶绿体中含有光合色素，而且与高等植物体内的光合色素相似，所以一些植物学家推测高等植物是绿藻门植物慢慢演化而成。

在藻类植物中，绿藻门是一个大类，不仅数量多，而且种类也很多，目前已经发现了一万多种。一般来说，绿藻门植物的外表是草绿色的，根据内部结构可以分为单细胞、群体、多细胞，外形上表现出丝状、片状、管状。绿藻门植物的细胞壁主要是纤维素，而且是由两层组成的，内层主要是纤维素，外层主要是果胶质，而且是黏液化状态，细胞内部含有真正的细胞核，包含着核膜和核仁。绿藻门的色素体的形状、数目随着种类的不同而有所不同，含有的色素成分类似于高等植物。

绿藻细胞中含有叶绿体，而且形状多种多样，如杯状、环带状、螺旋状、星状、网状等，而且叶绿体中含有类似于高等植物细胞内含有的光合色素，但绿藻进行光合作用的产物主要是淀粉，储存在蛋白核的周围。由于绿藻的这些特征类似于高等植物，所以有些植物学家认为高等植物是由它们逐渐演化而来。绿藻门植物的繁殖方式有三种：细胞分裂、形成各种类型的游动孢子和不动孢子、有性生殖。同时，绿藻门植物的形态有着巨大差别，而且进化程度有所不同，从单细胞到多细胞，从简单植物到复杂植物，几乎呈现了藻类进化的各个阶段。

绿藻门植物中含有刚毛藻、团藻、鞘毛等科。刚毛藻不仅可以生长在海洋中，而且可以生长在淡水中。刚毛藻拥有厚厚的细胞壁，而且细胞壁有着很强的韧性，所以它们是很好的造纸原料，此外，它的细胞中含有大量纤维素，所以能够制造各种纤维素食品。刚毛藻是分枝的丝状体，在幼年时会生成固着器，也就是假根，等到年老之后，便会与基质脱离，形成可以漂浮的个体。

团藻是处于动植物之间的生物，在动物中属于原生动物门，在植物中属于绿藻门团藻目团藻属。团藻拥有大量细胞，甚至高达上万个，它们主要生长在富含有机质的淡水中，与动物界的某些昆虫相似，不同细胞具有不同的功能，由于大部分团藻细胞失去了生殖功能，所以有些细胞专门负责生殖工作，团藻中出现两三代，甚至五代同堂的现象，这是很常见的情况。此外，团藻是集群植物，大约1000~50000个衣藻型细胞单排在球体表面排列着，构成了一个团藻。团藻呈现出球形，直径大约是五毫米，外面包裹着一层薄薄的胶质层。团藻能够吸收放射性物质，所以能够用来净化水质。

绿藻门中的鞘毛藻科属于淡水绿藻，许多淡水中都有它的影子。鞘毛藻是由单列细胞构成的丝状体，有些种类的丝状体形成了二分叉的分枝，并分化为匍匐和直立的两部分；有些是匍匐状，但丝状体之间表现出分离状态，或者紧密地排列在侧部，构成了圆盘状或者假薄壁组织状的植物体。不过，所有的种类都是从细胞内部长出来的一根细长的刚毛，刚毛的基部是鞘。这就是鞘毛藻这个名字的来源。鞘毛藻的生殖方式是有性生殖中的卵式生殖。

第四节　褐藻门

> 褐藻门植物储存的主要养分是海带多糖（又叫作褐藻淀粉）和甘露醇。其中，褐藻胶有着多种用途，如纺织、造纸、橡胶、医药、食品等多个方面。

在藻类植物中，褐藻门植物的进化程度比较高，细胞内含有叶绿素、胡萝卜素、墨角藻黄素、叶黄素等物质。随着所含各种色素比例的不同，藻体也会呈现出不同的颜色，一般是黄褐色或者深褐色。褐藻门植物储存的养分主要是海带多糖（又叫作褐藻淀粉）和甘露醇，这两种物质常常被当作工业原料。其中，褐藻胶在纺织、造纸、橡胶、医药、食品等各个方面有着重要作用。

褐藻门的植物体有着多种形状，如丝状、叶状、树枝状等，而且大小有着很大的区别，有些种类的长度仅仅是几百微米，而有些种类的长度高达几十米，虽然它们的长短不同，但都是多细胞个体，根本不存在单细胞个体或者群体。褐藻门植物的繁殖方式主要是三种：营养繁殖、无性生殖、有性生殖。褐藻门植物最常见的是裙带菜和海带。

在日常生活中，我们常常见到裙带菜，它是温带性海藻，可以承受比较高的温度，大部分生长在中国东部沿海地区，它属于经济海藻，由于它的形状类似于古代女子的裙带，所以叫作裙带菜。裙带菜的孢子是黄褐色的，由固着器、叶柄、叶片三个部分组成。它的结构类似于海带的结构，而且与海带的生活史很相似，同样是世代交替，但孢子体的生长时间要比海带短一些。裙带菜中含有多种营养，不仅有人体所必需的矿物质，还有蛋白质、脂肪、糖类、多种维生素等物质，而且它的蛋白质含量要远远高于海带的蛋白质含量。此外，裙带菜还能够用来提取褐藻酸。

在褐藻体植物中，由于海带的个体比较大、营养价值高，所以在生活中有着广泛的应用。海带的表面很光滑，长度大约是两三米，人工养殖能够长到五米到八米。海带的颜色是褐色，形状是长带状，由固着器、柄部、叶片三个部分组成。固着器表现出假根状，柄部是圆柱形的，又粗又短，而且上部要比下部宽大一些，上部连接着长带状的叶片，这是生活中所食用的部分。叶片中央是两条相互平行的线，中间是中带部，厚度大约是几毫米，中带部的两端比较薄，而且带有褶皱。海带的营养价值很高，食用价值也很好，从里面提取出来的碘和褐藻酸可以用于医药、食品、化工等多个方面。而且，海带中的碘的含量非常高，虽然碘在人体中的比例很小，但有着重要作用，还是人体必需的元素之一。当人体缺乏碘元素之后，便会出现甲状腺肿大，只要多吃一些海带就能预防这种疾病发生，而且海带还能够预防动脉硬化，降低人体中胆固醇、脂肪的含量。

第四章　苔藓植物

苔藓植物是自养性的绿色植物，而且是陆生植物。从进化的角度来说，苔藓植物是由绿藻演化而来，它是小型多细胞的绿色植物，大部分生长在潮湿的地方。苔藓植物的植物体非常简单，属于配子体，由孢子发展成原丝体，然后由原丝体逐渐发育而成。

第一节　苔藓植物的结构和生殖

在自然界中，虽然苔藓植物非常小，看起来好像微不足道，但它依然有着重要的作用。它不仅有着良好的吸水性，可以有效地防止水土流失，还能够净化空气。

苔藓植物的个体非常小，而且只有假根，没有真正的根，一层细胞组成了它的叶片。苔藓植物借助于光合作用供应自身生长所需的水分和养分。在地球上，苔藓植物的种类大约是23000多种，而中国大约有2800多种，其中21科中的43种具有药用功能。

根据营养体的形态结构，苔藓植物能够分为两类：一类是苔类，这种植物保留了叶状体形态；另一类是藓类，这类植物分化出来茎和叶。不过，有些人将苔藓植物划分为三个纲：苔纲、角苔纲、藓纲。苔藓植物的分布范围非常广泛，不仅可以生长在热带和温带，甚至能够生长在南极洲和格陵兰岛。从植物分化角度来说，苔比藓更加原始，更加简单。人们常常将苔藓植物叫作苔原，主要在欧亚大陆北部和北美洲等地，少数分布在高山地区。

苔藓植物的雌性生殖器叫作颈卵器，看起来有点像实验室中的烧瓶，上面狭长，下面比较膨胀，外面包裹着一层营养细胞。苔藓植物的雄性生殖器叫作精子器，形状是球形或者棒形，外面也是包裹着一层细胞。不过，苔藓植物的生殖必须在水中，所以精子器中的精子需要在水中进入颈卵器，然后与卵细胞结合在一起形成受精卵，以便孕育下一代。苔藓植物有三种繁殖方式：无性生殖、有性生殖、营养生殖。无性生殖会产生许多孢子；有性生殖是卵式生殖，即依靠精子和卵子的结合生殖；营养生殖是形成营养体，即配子体的断裂和新生，也就是孢子在适宜的环境中发展成一个新的植物。

虽然苔藓植物是小到会被忽略的植物，但对于自然界来说，它依然有着难以替代的作用。首先，苔藓植物具有很强的吸水性，可以有效地防止水土流失；其次，苔藓植物能够净化空气，因为苔藓植物的叶片是单层细胞结构，轻易就能将空气中的污染物吸收掉，而且它对空气中的污染物很敏感；再次，苔藓植物晒干之后可以当作肥料或者燃料，如泥炭藓就是一种营养很丰富的肥料；最后，苔藓植物能够加强沙土的吸水性。许多苔藓植物晒干之后可以作为燃料，还能够用于发电。此外，苔藓植物是最低等的植物，还是一些鸟雀和哺乳动物的食物。当然，苔藓植物在形成土壤时有着重要作用，它可以聚集周围的水分和浮尘，分泌酸性物质加快岩石的腐蚀速度，促进岩石的分解，让岩石慢慢变成土壤。有些苔藓植物能够当作药材，如某些泥炭藓可以作为草药，具有清热消肿的作用，而泥炭酚能够治疗皮肤病。而且，苔藓植物能够通过光合作用向外释放氧气，为生物的呼吸作用提供原料。

第二节　地钱、葫芦藓、金鱼藻

在苔藓植物中，最常见的是地钱、葫芦藓、金鱼藻。而且，地钱能够入药，具有清热解毒的作用。

地钱

在苔藓植物中，地钱是苔类植物，它的分布范围很广，世界上的每个角落都有它的影子。地钱的植物体是扁平状的，体积很小，宽度大约是一厘米，长度大约是十厘米，主要是淡绿色或者深绿色的，叶片的边缘是波浪状的，主要生长在阴凉、潮湿的地方，一般是潮湿的草丛中或者小溪边的碎石中，有时在水稻田埂或者房屋附近也能发现它的影子。地钱的生殖方式主要是营养生殖，地钱的植物体成熟之后，叶状体的表面就会长出类似于酒杯的结构，这个结构就是孢芽杯，这是一个圆形的薄片，当孢芽杯中的水分比较多时，里面的孢芽就会落到地面上，如果遇到适宜的生长条件就会发育成一个新的地钱。地钱还可以入药，具有清热解毒的功能。

葫芦藓

葫芦藓是一种常见的、矮小的苔藓植物，每株的高度大约是两三厘米，与其他藓类相同，葫芦藓也是生长在潮湿、阴暗的地方，一般是庭院、田园路边、山地燃烧之后的烬土等有机质含量比较高的土壤中。葫芦藓的颜色是鲜绿色，生长在阴暗的角落中，有些比较稀疏，而有些比较稠密。葫芦藓的茎的中上部生长着“叶片”，叶片呈现莲座状，稀稀疏疏的。叶片上有一条中肋，除了这条中肋之外，其他部分都是单层细胞组成的。葫芦藓是雌雄同体，雄器生长在胞顶上，呈现花蕾状；雌器苞在雄器苞下面的侧枝上，当雄枝萎缩之后，侧枝便会逐渐变成主枝。葫芦藓的蒴柄是红褐色的，长度大约是四五厘米，蒴柄的前端呈现出弧形，等到葫芦藓干燥之后，这个形状便会发生变化。

金鱼藻

金鱼藻还叫作细草、鱼草、软草、松藻等，它的种类非常少，全世界也仅仅有上百种。金鱼藻的植物体是深绿色的，茎又细又滑，高度在20厘米到40厘米之间，稀稀疏疏地生长着一些短枝。叶片轮生，没有叶柄，长度大约是一厘米多，一般是一回二叉状分枝，有时会出现二回二叉状分枝，前端是两个短短的尖刺，边缘是一些刺状的小齿。金鱼藻的花非常小，而且是单性的，生长在节部叶腋，一般是一朵到三朵，花梗非常短。一般来说，金鱼藻生长在淡水池塘、水沟、小河、温泉、水库等地方，常常用来制作家禽的饲料，分布范围十分广泛，主要在中国、蒙古、朝鲜、日本、马来西亚、印度尼西亚、俄罗斯等国家，还有欧洲、北非、北美等地。

第三节　真菌类植物

我们常常见到的真菌植物是香菇、草菇、金针菇、双孢蘑菇、平菇、木耳、银耳、竹荪、羊肚菌等，它们不仅是菌类蔬菜，而且是食品和药品的重要原料。

真菌属于陆生真核生物，如蘑菇、酵母菌等，真菌常常是多细胞生物，含有细细的菌丝，用来吸取其他生物制造的化合物，作为自身生长所需的养分。许多真菌可以把动植物的残骸分解掉，让它们再次进入循环系统。真菌是异养生物，拥有真核和细胞壁，而且种类繁多，大约是十万多个。对于许多真菌来说，营养体指的是通过纤细管状菌丝形成的菌丝体。大部分真菌的细胞壁中含有甲克质，这是很有特征的物质，然后是纤维素，一般真菌含有的细胞器是细胞核、线粒体、微体、核糖体、液泡、溶酶体、泡囊、内质网、微管、鞭毛等。

真菌主要是由酵母菌、霉菌、大型真菌构成的，大型真菌指的是能够形成肉质或者胶质的子实体或者菌核，最常见的是香菇、草菇、金针菇、双孢蘑菇、平菇、木耳、银耳、竹荪、羊肚菌等，它们不仅是菌类蔬菜，而且能够用来制造食品和药品。

许多真菌都属于腐生生物，主要食物是已经死亡或者正在分解的有机物，但有些真菌是食用活的有机物，如念珠菌，而有些真菌与其他生物是共生关系，如地衣。

当真菌生长到一定阶段之后，便会进入繁殖阶段，形成繁殖体，也就是子实体。真菌的繁殖体有两种：一种是无性繁殖形成的无性孢子；另一种是有性生殖形成的有性孢子。无性繁殖指的是营养体不用经过核配和减数分裂就能产生后代的繁殖，主要特征是：营养繁殖一般是由菌丝形成无性孢子；有性生殖指的是真菌发育到一定时期（一般指后期）进行的繁殖，有性生殖是两个性细胞结合在一起之后，细胞核进行减数分裂产生孢子的繁殖。许多真菌的菌丝分化后会形成性器官，也就是配子囊，雌、雄配子囊结合在一起会形成有性孢子，整个过程是由三个阶段构成的：第一个阶段是质配，第二个阶段是核配，最后一个阶段是减数分裂。真菌通过有性生殖能够形成四种有性孢子：卵孢子、接合孢子、子囊孢子、担孢子。此外，有些低等真菌也会产生有性孢子，如根肿菌、壶菌等，这是游动配子结合在一起形成合子，然后合子慢慢发育成休眠孢子，这种孢子有着厚厚的细胞壁。

第五章　蕨类植物

蕨类植物指的是根、茎、叶等营养器官出现了分化，通过孢子来繁殖，植物体内有了微管组织的陆生植物。对于蕨类植物的生长来说，这些器官有着重要的意义，而且让蕨类植物可以更好地适应周围的环境。不过，蕨类植物不是完全的陆生植物。

第一节　蕨类植物的特征和结构

蕨类植物有了根、茎、叶的分化，这些器官在植物的进化史中有着重要作用。

与藻类植物相比，蕨类植物是更高级的植物，它拥有根、茎、叶等营养器官，通过孢子进行繁殖。最重要的是，蕨类植物的内部出现了微管组织，以前被人们叫作“羊齿植物”。

以前，人们将蕨类植物作为一个单独的门类，包含着五个纲，也就是松叶蕨纲、石松纲、水韭纲、木贼纲（也叫作楔叶纲）、真蕨纲。由于蕨类植物分化出了根、茎、叶等器官，所以在植物进化史上有着重要意义。根可以让植物体更加稳定，还能够吸收土壤深处的水分和矿物质；茎不仅可以让植物体直立起来，还在内部形成了维管结构，这是植物体比较完善的输导系统，可以将营养物质输送到植物体的各个部分，有利于植物的生长；叶子有利于光合作用的进行，因为与藻类植物的叶片相比，叶子表面积增大了许多，能够更好地吸收太阳光中的能量，更好地生长。不过，蕨类植物的受精作用依然要在水中进行，所以虽然蕨类植物分化出了许多器官，但它依然不是完全的陆生植物。此外，与苔藓植物相同，蕨类植物也存在世代交替现象。

蕨类植物主要有两种生殖方式：无性生殖和有性生殖，无性生殖指的是直接产生孢子的繁殖，而有性生殖指的是可以产生精子器和颈卵器的繁殖。不过，蕨类植物已经分化出了根、茎、叶等营养器官，而且内部还出现了微管组织，这要比配子体发达多了。这是蕨类植物与苔藓植物不同的地方。但是，虽然蕨类植物能够形成高等孢子，但无法形成种子，而蕨类植物的孢子体和配子体能够独立存在，这就是蕨类植物与种子植物的不同之处。

现在，地球上的蕨类植物大约是一万二千多种，大部分是草本植物。与许多植物相似，蕨类植物适合生长在潮湿、温暖的环境中，但大部分是土生、石生或者附生，小部分是水生或者亚水生。除了海洋和沙漠之外，蕨类植物的分布范围很广，如平原、森林、草地、岩缝、溪沟、沼泽、高山、水域等地方，但主要的分布地区是热带和亚热带。虽然蕨类植物的叶子非常复杂，但从类型上能够分为小型叶和大型叶两种。小型叶指的是单叶，叶片非常小，几乎看不见叶柄，叶片内没有叶隙，只有一枝叶脉，如石松纲类；大型叶指的是叶片比较大，叶片中含有叶柄，而且有叶隙，维管束大部分拥有分枝。除了石松和卷柏之外，大多数蕨类植物是大型叶。不过，在蕨类植物中有些特殊种类，一部分叶片能够生成隐孢子囊群，人们将它们叫作孢子叶或者可育叶；而另一部分叶片不能生成孢子囊群，人们将它们叫作营养叶或者不育叶。一般来说，蕨类植物的根是不定根，也就是须根状；大多数是根状茎，匍匐生长，一小部分成长为地上茎，逐渐成为乔木状，如桫椤。蕨类植物的茎上常常长着鳞片或者毛茸，鳞片是膜质状的，上面布满了粗细不同的筛孔；毛茸分为许多种类，如单细胞毛、腺毛、节状毛、星状毛等。

由于蕨类植物的叶子很漂亮，所以常常被当作观赏植物，如巢蕨、卷柏、桫椤、槲蕨等。此外，某些蕨类植物还可以用在医药上，如杉蔓石松能够舒筋活血，防止风湿；节节草能够治疗化脓性骨髓炎；乌蕨能够治疗菌痢、急性肠炎等。由于蕨类植物对生长环境非常敏感，所以不同的种类需要生活在不同的环境中，这可以作为地质学家寻找矿物的标志，如石蕨、肿足蕨、粉背蕨、石韦、瓦韦等植物生长在石灰岩或者含钙比较多的土壤中；鳞毛蕨、复叶耳蕨、线蕨等植物生长在酸性土壤中；有些种类适宜生长在中性土壤或者碱性土壤中。

第二节　桫椤和铁线蕨

在蕨类植物中，桫椤是最珍贵的种类，对于研究古植物学、植物系统学有着重要的作用，还被评为国家三级保护植物。

桫椤

对于蕨类植物来说，最常见的是草本植物，但也有一些长得像树一样的植物，这类植物叫作树蕨，桫椤就是一个例子。一般来说，桫椤生长在湿度大、温度高的树林中或者阴凉地上，主要是热带地区和亚热带地区。在1.8亿万年前的中生代，假如说恐龙是动物界的霸主，那树蕨就是植物界的霸主。在那个时期，它们的足迹遍布全球，各个地方都能看见它们的影子。

不过，种子植物出现之后，树蕨变得越来越衰落，现在仅仅剩下很少种类，而桫椤就是最珍贵的种类之一。桫椤的存在有着巨大意义，尤其是研究古植物学、植物系统学时更是如此，所以它被评为国家三级保护植物。桫椤属于树蕨植物，高度在1米到6米之间，胸径的长度大约是十几厘米，树干上残留的叶柄上面覆盖着暗褐色的鳞片和鳞毛。在现存的蕨类植物中，只有桫椤是草本植物。桫椤的茎非常直，而且没有分枝，茎的顶端生长着巨大的叶子，它们是三回羽状复叶，长度大约是两三米，所以从远处望去桫椤好像是一把巨大的绿伞。在中国，桫椤主要生长在福建、台湾、广东、广西、贵州、四川、云南、海南等地。

铁线蕨

铁钱蕨是多年生草本植物，高度在20厘米到45厘米之间，生长在温暖、湿润、半阴暗的环境中，主要分布在温带、亚热带、热带的某些地区。铁线蕨的根状茎是黄褐色的，沿着水平方向生长，覆盖着条形或者披针形的淡褐色的鳞片，上面生长着叶片，叶柄很细弱，呈现出紫黑色，而且有一定的光泽，看起来很像铁线，所以被命名为铁线蕨。铁线蕨的根茎中部下面是二回羽状复叶，羽片处于互生状，小羽片是斜扇形，基本呈现出阔楔形，边缘从浅裂一直到深裂。

铁线蕨还叫作铁丝草、铁线草、水猪毛土。由于铁线蕨的植物体很小，形态优美，容易培育，所以它是蕨类植物中最普遍的种类之一，许多公园和植物园中都有它的影子。

第三节　鳞木和鹿角蕨

鳞木是高大的木本植物，有着粗壮的主干和厚厚的树皮，这是形成煤炭资源的植物之一。鹿角蕨常常被培育成观赏植物，而且还有药用价值。

鳞木

在已经灭绝的鳞木目中，鳞木是最典型的植物，它是石炭纪时期的大型蕨类植物，但在二叠纪时期慢慢地消失了，灭绝之后被埋在深深的地下，经过数亿年的时间逐渐变成了煤炭。

现代人对鳞木的认识来源于对化石的分析。人们通过分析得知，鳞木是高大的木本植物，拥有粗粗的主干和厚厚的树皮，高度在30米到50米之间，直径大约是2米，树冠是二叉分枝状，叶子是针形的，呈螺旋状排列；老树叶落下之后，茎枝表面会留下叶基，叶基是菱形或者纺锤形，这也是鳞木这个名字的来源。鳞木的内部拥有维管层和木栓层，树干基部的器官与根相似，所以叫作根座，根座上面生长着许多细根，而且根座是二叉分枝。鳞木属的孢子叶聚集在一起形成了孢子叶球，位于小枝的顶端。每个孢子叶的上面都长着一个孢子囊，孢子囊有大小之分：小孢子囊中包含着许多小孢子，而大孢子囊中含有四个、八个或者十六个大孢子。

鹿角蕨

在全世界，鹿角蕨一共有15种，主要分布在热带雨林，属于附生性多年生蕨类草本植物，生长在阴湿的地方，抗阴性特别强，一般附生在高大树木的茎杆开裂的地方或者分枝处，还可以在泥炭土、腐叶土或者潮湿的岩石上生存。鹿角蕨的根状茎肉质，横向生长的叶片下垂，而且叶片主要有两种类型：一种是正常叶片，这种叶片能够进行光合作用制造植物生长所需要的养分，幼叶呈现出灰绿色，而成熟叶是深绿色的；另一种是腐殖叶，这种叶子不能进行光合作用，但能够帮助植物体吸收枯枝败叶、雨水、尘土等物质，借助于某些细菌和微生物将有机物分解成无机物，以便植物能够更好地吸收。由于鹿角蕨的植株奇特，姿态优美，可以悬挂在室内用于欣赏，所以常常培育成观赏植物，还可以将它贴在枯木或者树干上当作墙壁的装饰物。此外，鹿角蕨还可以用在医药上，有着一定的药用价值。人工种植鹿角蕨常常使用分株繁殖的方式。每年的二三月份或者六七月份是分株的最佳时间。首先，人们从鹿角蕨的母体上选择长势比较好的子株；然后，通过刀片顺着底部慢慢地切开；最后，移植到花盆中，用心培育。

第六章　裸子植物

简单来说，裸子植物指的是种子裸露在外面的植物，它们要比种子植物低一级，它们的种子是胚珠发育来的，胚珠没有外皮包裹着，裸露在外面，所以被命名为裸子植物。

第一节　裸子植物的形态

裸子植物是植物进化的又一个证明，它在现实生活中有着重要意义，而且拥有很高的经济价值。

裸子植物有着悠久的历史，往前可以追溯到古生代，在中生代和新生代时，它们的分布范围已经非常广泛了，全世界的各个角落都有它们的影子。不过，在地球环境大变迁时，许多裸子植物无法适应环境，先后灭绝了，现在仅仅有八百多种，而中国拥有三百多种，其中有一百四十多种是中国特有的植物。

裸子植物表明植物的进化又向前迈了一大步，它与蕨类植物的不同之处主要是以下几点：第一，裸子植物有了种子这个新的繁殖器官，种子是由胚、胚乳、种皮三个部分组成，胚是受精卵发育而成，即新的孢子体，胚乳由雌配子体发育而成，种皮由珠被发育而成，即老的孢子体，这是植物进化过程中的重要阶段；第二，花粉管是裸子植物新形成的结构，当花粉粒落在胚囊上，慢慢长成雄配子体时，便开始生成花粉管，它通过颈卵器进入到卵细胞中，然后让精子与卵结合在一起，这样就形成了受精卵。这样一来，植物的受精作用就可以脱离水了，而裸子植物也能更好地适应陆地环境；第三，裸子植物能够次生生长，所以许多裸子植物能够长成参天大树，而且次生结构的出现就是为了让植物更好地适应陆地环境，所以这种结构让裸子植物能够很好地生活在陆地环境中。

许多裸子植物都是重要的木材。北半球的温带和亚热带生长着许多裸子植物，因为这些地方的气候非常适宜裸子植物生存。

在现实生活中，裸子植物有着广泛的用途，而且拥有很高的经济价值，全世界大部分木材是裸子植物，它们还能产生纤维、树脂等原料。我们在下文会描述一下银杏、苏铁、巨杉、侧柏、红豆杉、油松等裸子植物的特征。

第二节　裸子植物的代表植物

我们常常见到的裸子植物是银杏、苏铁、巨杉、侧柏、红豆杉、油松等，它们不仅拥有研究价值，而且拥有巨大的经济价值。

银杏树还叫作白果树，而在古代时叫作鸭脚树或者公孙树，它和雪松、南洋杉、金钱松一起被称为世界四大园林树木。银杏树是最古老的裸子植物，它是第四纪冰川运动后遗留下来的植物，而且是唯一流传下来的古代银杏类植物，还是世界上非常珍贵的植物，所以植物学家将它称为植物界的“活化石”。

银杏是四大园林树木中最古老的树种，它不仅有着悠久的历史，而且种植范围比较广泛。中国的医药学家们常常将银杏、牡丹、兰花并称为“园林三宝”，而且还将银杏称为国树。银杏是落叶乔木，躯干挺拔，形态优美，抗病害能力强，而且寿命非常长，有些银杏的寿命是好几千年。银杏的树干挺拔，植株的形状优美，叶片小巧玲珑，不仅拥有很高的观赏价值，而且拥有巨大的经济价值，所以深受全世界人们的喜爱。此外，银杏的适应能力很强，当自然条件合适时能够很好地生长。而且，它在医药上也有重要作用，尤其是它的果实白果，味道甜美，加工之后可以制成多种口味的饮料，还可以制成保健食品，而且具有止咳润肺的功能。此外，银杏的根、茎、皮都有药用价值，而且有很高的临床应用价值，所以说银杏浑身上下都是宝贝。

在裸子植物中，苏铁是另一个代表植物，这是一种常绿乔木，主要分布在热带地区和亚热带地区，生长在阳光充足、气候温暖、通风性好的南部，一般是土壤肥沃、略带酸性的沙地中。不过，苏铁抵抗寒冷的能力比较差，所以生长速度很慢。苏铁的树干挺拔，呈现出圆柱形，整棵树是伞状的，叶子是大型羽状复叶，生长在躯干的顶端，由几十对或者几百对小叶子构成，小叶子是线性的，幼叶向内弯曲，成熟之后变得非常刚硬，整片叶子的长度大约是二三米，颜色是深绿色，而且有着一定的光泽。

苏铁是雌雄异株的植物，雄球花呈现黄色，外表是圆柱形；雌球花上面长满了褐色的绒毛，外表是扁球形。苏铁的种子呈现棕红色，外形是倒卵形，而且有一点扁。一般而言，苏铁在六七月份开花，在十月份种子成熟。苏铁的种类很多，目前已知的有三个科，一个属有二百四十多种；目前，中国发现了25种，其中的五六种是中国特有植物。苏铁有着很高的价值，植株形状典雅，主干粗壮，叶片坚硬，四季常青，而且有光泽，深受大家的喜爱，常常作为观赏植物种植。此外，苏铁的种子也有巨大的实用价值，里面含有大量的淀粉，即我们所熟悉的西米，味道鲜美。苏铁的许多部分能够制作成药品，用于治疗许多疾病。

巨杉指的是非常大的杉树。巨杉原产自美国加利福尼亚州，凭借巨大的身躯举世闻名。现在，巨杉已经被推广到世界各地，但美国加利福尼亚州的巨杉依然是全世界最大的植物。有些巨杉的高度能够达到100米，大约是30层楼高，胸径大于10米。巨杉生长在阳光充足、温度适宜的地方，在这种环境中，它的生长速度非常快，尤其是在前五百年。由于巨杉抗腐蚀、抗火能力强，所以常常用来做铁路上的枕木、电线杆等物品，拥有巨大的经济价值。

侧柏是常绿乔木，还叫作柏树、扁柏、香柏，树干上长着扁平的小枝，这就是侧柏名字的来源。侧柏的寿命很长，但生长速度比较慢，耐旱性和抗风性比较差，耐寒性强，生长在湿润的地方，不耐水淹，耐贫瘠，可以生长在从微酸性到微碱性的环境中。侧柏的高度在20米到30米之间，胸径大约是一米。侧柏的树皮是浅灰色的，而且比较薄，纵向的裂痕使其成为条片，木质软硬适中，纹理细腻，带有淡淡的香味，而且耐腐蚀的能力很强，这是用来制作家具的好材料，枝条稀稀疏疏，向上伸展，叶片是鳞状的，非常小，长度不会超过三毫米，交互生长。此外，侧柏的种子、根、叶子、树皮可以制作成药材，种子还能够榨油，用来制作肥皂、食用、药用。侧柏幼树的树冠尖尖的，看起来像是一座小塔，老树的树冠又宽又圆。侧柏是雌雄同株，球果是卵圆形的，长度大约是一二厘米，果肉在尚未成熟时是蓝绿色的，成熟之后会变成鲜红褐色。侧柏也有很高的经济价值。

红豆杉还叫作紫衫、赤柏松，人们常常将其叫作美丽的红豆杉，它属于常绿针叶，秋季时会长出独特的红豆果，像樱桃一样大小，这就是红豆杉名字的来源。在第四纪冰川运动之后，它被遗留下来，而且是濒临灭绝的珍稀植物，自然分布很狭小，在中国是一级保护植物。红豆杉的叶子四季常青，即使冬天也一样，所以它常常作为绿化植物用在中国北方的一些城市中。与其他裸子植物相比，红豆杉的生长速度比较慢，但它的木材非常坚硬，结构细致，坚韧耐用，纹理清晰，绝对是上等木材。此外，由于红豆杉含有抗癌的成分紫杉醇，所以显得非常珍贵，这种药物是目前世界上最好的抗癌药物。在中国，红豆杉的分布地区是甘肃、云南、四川、湖北、广西、江西、安徽、贵州、湖南等地。

油松是常绿乔木，而且是中国独有的裸子植物，高度大约是25米，胸径大约是1米。在壮年时期，油松的树冠是塔形或者卵形；在老年时期，它的树冠呈现出伞形。油松的树皮是灰棕色，呈现出鳞片状，上面布满了裂缝，裂缝是红褐色的，上枝粗壮，光滑无毛，大多数是褐黄色的。油松是雌雄同株植物，雄球花呈现橙黄色，雌球花呈现绿紫色。小球果的种鳞的顶端长着刺，球果呈现卵形，长度在四厘米到九厘米之间。无柄或者有着很短的柄，可以在枝上存留好几年，油松大约在四五月份开花，果子在第二年的十月份成熟。油松生长在阳光充足、气候干冷的地方，那里的土壤肥厚、排水性好、含钙量多，这是它生存的乐园。在中国，油松主要分布在东北、西北、华北、青海、四川北部，朝鲜等地也有油松的足迹。油松中心是淡红褐色的，边缘是淡白色的，拥有竖直的纹理，细密的结构，坚硬的材质，含有大量的树脂，抗腐蚀性和抗腐朽性比较强，绝对是上等木材。油松还可以采食松脂，在工业上有着重要用途；油松的树干挺拔，四季常青，而且能够抵抗风霜和严寒，所以在绿化方面有着巨大的价值。

第七章　被子植物

被子植物是植物进化过程中的最高级阶段，它们的器官和系统都是进化得最完美的，它们在地球上有着巨大的优势。目前，人们已经知道了一万多属被子植物，大约是二十多万种，在植物界中占了一半；其中，中国存在二千七百多属，大约是三万种。被子植物众多的种类和数量表明，它们在适应环境方面有着很强的能力，因为它们的内部结构是复杂的、完善的。

第一节　根

对于植物来说，根的重要作用主要体现在三个方面：第一，将植物体支撑起来，并固定在地面上；第二，从土壤中吸收植物生长所需要的水分和矿物质；第三，有效地改善土壤的结构，让植物能够更好地生长。

一般来说，植物的根部位于地下，默默地付出着，将植物固定在地面上，从土壤中吸收植物生长需要的水分和矿物质，让植物能够更好地长叶、开花、结果，而且还可以改良土壤的结构，让土壤变得更加适合植物的生长。

对于植物来说，根的作用主要体现在三个方面：一是固定、支撑的作用，这一点对于被子植物来说更加重要，因为大部分被子植物都有着高大的树干，这就需要无数发达、壮实的根紧紧地抓住土地。这样一来，植物才能安稳地站着，而且能够抵抗狂风暴雨的袭击；二是根可以从土壤中吸收植物生长所需的水分和矿物质。植物根尖的表面布满了细细的根毛，虽然这些根毛又细又小，但全靠它们吸收土壤中的水分和矿物质，它们像是一架架微型“抽水机”，将土壤中大部分的水分和矿物质抽取出来；三是根能够有效地改良土壤的结构，以便植物能够更好地生长。

不过，并不是植物界中的所有根都拥有上述三个作用，还有一些奇奇怪怪的根有着特殊作用。例如，有些根专门用来呼吸，这种根被称为呼吸根；有些根主要是支撑起植物体，这种根被称为支柱根；有些根用来储存营养物质，这种根往往有着肥厚的肉质，所以被称为储藏根；还有一些根专门吸收其他植物的营养，这种根被称为寄生根，等等。

一般来说，植物的根是圆锥形的，分为主根和侧根两部分，主根是植物根中最粗壮的，主根上长出来的细小一些的根是侧根。有些植物的主根和侧根很容易分清楚，如大豆、油菜等；而有些植物的主根和侧根很难分辨出来，如玉米、小麦等。植物的根的顶端叫作根尖，根尖由根冠、分生区、伸长区、根毛区四个部分组成，而根毛区的主要任务是吸收土壤中的水分和矿物质。

第二节 茎

对于植物来说，茎是植物的支柱，支撑着植物的躯干和繁茂的枝叶；此外，它还是植物运输水分和养料的系统，将根部从土壤中吸收的水分和无机盐输送到植物体的各个部分。

植物的茎是植物体最显著的部分，像人类的躯干一样，将植物的根、芽、叶、花连在一起，而且还可以输送根部吸收的水分和养料。

植物的茎是由芽、节、节间三个部分组成。茎的顶端是茎尖，茎尖不断分裂就形成了茎。此外，茎尖是由分生区、伸长区、成熟区三个部分构成。一般来说，茎有四种类型：直立茎，指的是直立向上生长的茎；缠绕茎，指的是缠绕着支撑物向上生长的茎，如牵牛花；匍匐茎，指的是在地面上生长的又长又柔软的茎，如地瓜、西瓜等；攀缘茎，指的是根据自身结构攀缘在支撑物上生长的茎。

不过，这四种茎并没有包含所有植物的茎，许多植物在逐渐适应环境的过程中，演化出了各种变态茎，这一点类似于根的演化。植物的变态茎有许多形式，但可以分为两类：一类是地面上的变态茎，如豌豆；另一类是地底下的变态茎，如马铃薯的块茎。此外，有些植物还演化形成了茎刺，这是某些植物为了避免动物伤害自己形成的变态，这类茎的主要作用是保护植物，如山楂、柑橘。皮刺是另一种变态茎，皮刺与乔木植物生长的变态刺有着很大区别，它们从茎的外部生长而来，主要作用是保护自身。不过，与茎刺相比，它的杀伤力小一些，而且脱落得也快。

根据植物的茎的形态，茎可以分为两类：草本类和木本类，前者的茎比较矮小，比较柔弱，含有较多的水分；后者的茎比较坚硬，而且分为灌木和乔木两种。灌木的躯干不是特别显著，植株比较矮小；乔木则不同，它的躯干显著，植株也很高大。

茎不仅是植物的支柱，支撑起植物的躯干和繁茂的枝叶，还是植物的运输系统，将植物的根从土壤中吸收的水分和无机盐运送到植物体的各个部分。此外，茎还可以输送叶子制造出来的有机物，为植物的生长创造良好的环境。一般来说，许多植物的茎会储存水分和养料，以便植物体能够更好地吸收。

既然茎能够传输水分和无机盐，那么，水分和无机盐是怎样沿着茎向上传导的呢？这是因为水分和无机盐都会受到根压和蒸腾作用。根压指的是根部产生的压力，这种压力可以将水分和无机盐形成的溶液压到茎中，并沿着茎上升。例如，假如将靠近基部的茎切断，便会有液体从断口处流出来，这就是根压形成的结果。此外，叶子的蒸腾作用能够产生向上的拉力，这股拉力也会促使水分沿着茎上升。

叶子制造出来的有机物是植物生长所需要的养分，这些有机物依靠茎韧皮部位的筛管传输到植物体的各个器官中。不过，筛管传输的有机物必须能够溶解在水中，而且是小分子物质。筛管无法输送淀粉、蛋白质、脂肪等大分子物质，它们只有分解成小分子的葡萄糖、氨基酸、甘油、脂肪酸等物质才能被筛管输送到各个器官。因此，假如大面积地破坏树皮，这个植物不久后就会死亡，因为有机养料无法顺利地输送到植物根部，根的死亡就表示植物的死亡。

第三节　叶

植物叶片上表皮和下表皮之间的部分是叶肉，这是绿色薄壁组织，它的细胞内包含着许多叶绿体，这是绿叶进行光合作用的场所。

在植物中，叶子是进行光合作用的场所，更是孕育植物生命的基本部位。虽然植物的叶子各种各样，但它们有着相同的结构，大部分由叶片、叶柄、托叶三个部分构成。不过，有些植物不含托叶，有些植物没有叶柄，还有一些植物没有叶片。

叶片的表皮是一层致密的、透明的细胞，这层细胞的细胞壁是由角质层或者蜡层构成的，保护着里面的物质。其实，叶片的上表皮和下表皮的中间部分是叶肉，这是绿色的薄壁组织，里面含有许多叶绿体，正是叶片进行光合作用的场所。叶片上表皮的颜色是深绿色，即接受光照的一面；下表皮的颜色是浅绿色，即背对阳光的一面。由于叶片两面承受的光照不同，所以内部的叶肉组织也有一定的区别，这种叶子叫作异面叶；但大部分单子叶植物和一些双子叶植物的叶子几乎是直立生长的，这样叶子两面的受光情况就相同了，叶肉组织不会出现显著的分化，这种叶子被称为等面叶，如玉米、小麦、胡杨等。异面叶向光一面的表皮叶肉细胞呈现长方形，紧密地排列着，上面的长轴往往垂直于叶表面，而且是栅栏状的，所以叫作栅栏组织，一般是由一到三层构成；而背光面的叶肉组织所含的叶绿体比较少，所以排列比较疏松，细胞之间的空隙比较大，呈现出海绵状，所以被称为海绵组织。

一般来说，叶柄常常在叶片基部，上端连接着叶片，下端连接着茎，将叶片和茎连接起来。不过，少数植物的叶柄在叶片中央或者偏下方的位置，这叫作盾状着生，如莲、千金藤。植物的叶柄常常呈现圆柱形或者扁平形。

托叶是细小绿色物质或者膜质片状物质，一般生长在叶柄基部、两侧或者腋部，而且要比叶片先长出来，早期可以保护嫩叶和幼芽。托叶一般比较细小，随着植物种类的不同，托叶的大小和形状也会有所不同。某些植物的托叶仅仅能够存在很短的时间，在叶片的生长过程中就会脱落，只是留下一个不会引起大家注意的痕迹，这就是早落的托叶，如石楠；还有一些植物的托叶能够存在很长一段时间，甚至是叶片的整个生长期，这就是宿存的托叶，如茜草、龙芽草。

第四节　花

在识别植物时，离瓣花和合瓣花有着重要的作用，因为对于被子植物来说，许多植物花冠的分离和结合往往是一致的。

在被子植物中，花是繁殖器官，无论花的大小和颜色有着怎样的差异，大多数的花都是由相同的部分构成的。一朵完全花包括花梗、花托、花萼、花冠、雄蕊、雌蕊等部分。

花梗是支撑着花朵的柄，所以还叫作花柄。随着植物大小的不同，花梗的长短也会有所不同，大部分花的花梗是不长的一截，但有些植物的花梗非常短，甚至有些植物没有花梗。

花托是花梗的顶部，这里生长着花萼、花冠、雄蕊、雌蕊，花托常常是膨胀的，形态多种多样。

花萼是花朵的最外层，一般是绿色的，保护着花蕾。若干个萼片组成了花萼，大部分植物的花萼会和花冠一起脱落，但有些花萼不会随着花冠脱落，而是和子房一起长大，如茄子、石榴。有些植物的花萼外面是一层萼片，这层萼片是绿色的，而且呈现出叶状，所以叫作副萼，如棉花、蛇莓。

花冠在花萼的内部，若干个花瓣排列成一圈或者多圈，一起构成了花冠。大多数植物的花冠有着漂亮的颜色，但有些植物的花冠是白色的。与花萼相似，花冠也分为两种情况：分离和结合。分离的花萼叫作离瓣花，如蚕豆、桃花；结合的花萼叫作合瓣花，如桂花。离瓣花和合瓣花在鉴别植物时有着重要用途，因为被子植物中的许多科、属的植物的花冠的分离和结合常常是一致的。花萼和花冠合在一起叫作花被，假如一朵花中存在花萼和花冠，而且两者有着显著的不同，这样的花叫作双被花，如油菜的花、番茄的花；假如缺少两者中的一个，这样的花叫作单被花，如榆树的花、桑树的花；假如两者都没有，这样的花叫作无被花，如垂柳的花。

雄蕊在花冠的内部，它可以生成花粉粒，由花丝和花药构成。花丝是细长的丝状物，但有些植物的花丝是带状的，而且是扁平的；也有一些呈现出花瓣状，如美人蕉；还有一些植物没有花丝，花冠上面就是花药，如栀子。花药包含着四个花粉囊，花粉囊在成熟之后就会破裂，花粉通过裂口向外散发。与花萼、花冠相同，雄蕊也有分离和结合两种：花丝结合在一起形成一束，而花药分开的叫作单体雄蕊，如木槿、棉花；花丝分为两部分的叫作两体雄蕊，如蚕豆；花丝结合成多束的叫作多体雄蕊，如金丝桃；花丝分离，花药结合在一起的叫作聚药雄蕊，如葫芦科植物。

雌蕊在花的中间部分，它能够生成卵细胞。一般来说，雌蕊的组成部分是子房、圆柱形的花柱、柱头。大家都知道，拥有生殖能力的变态叶慢慢演化成了雌蕊，这个变态叶叫作心皮，这是组成雌蕊的基本结构。有些植物的雌蕊是由一个心皮生长而成，如桃花；但大多数的雌蕊是由两个或者多个心皮生长而成，它们结合在一起形成了子房，但花柱或者柱头可以是结合状态，还可以是分离状态，我们将其叫作合生心皮雌蕊；还有一些植物的花拥有两个或者多个心皮，但心皮没有结合在一起，而是相互分离的，每个心皮都能生长成一个雌蕊，而且拥有子房、花柱、柱头，这就是离生心皮雌蕊。柱头是花粉粒降落的位置，所以常常是膨胀状或者扩展为其他形状，不存在不包含柱头的雌蕊；花柱将柱头和子房连接在一起，大部分花柱又细又长，但有些植物的花柱是非常短的，甚至有些植物没有显著的花柱，如虞美人；子房的中间部位是空荡荡的，这个部位叫作子房室，这里将来会生长成植物的胚珠。

第五节　果实

只有被子植物才拥有果实，这说明只要能够生长出果实的植物就是被子植物，当被子植物授粉之后，一般就会结出果实。

在植物界中，果实是被子植物的独有特征，这说明只要能够结出果实的植物就是被子植物，当被子植物授粉之后，便会慢慢发育成果实。

一般来说，果实是由果皮和种子构成，主要作用是繁殖后代。大部分被子植物的果实是子房发育而成，这种果实被称为真果，如桃子的果实、大豆的果实；但有些植物的果实是子房和花被或者花托一起发育而成，这种果实被称为假果，如苹果、梨。大多数植物仅仅拥有一个雌蕊，这样形成的果实是单果；但有些植物拥有很多离生雌蕊，它们一起聚集在花托上，每个雌蕊都能形成一个果实，这就是聚合果，如草莓；还有一些植物的果实是花序发育而成，这种果实叫作复果，如桑、凤梨、无花果。

我们说过，果实一般是由果皮和种子两部分构成，果皮分为三部分：外果皮、中果皮、内果皮。由于果实有许多种类，所以果皮也是一样，而且有着不同的结构。果实受精之后的体积要比受精前大两三百倍，果实成熟之后的大小和形状都是由遗传因素决定的。被子植物的果实有许多种，分类方法也有很多：根据果实的来源和发育情况分为真果、假果、聚合果、复果；根据果实成熟之后的果皮是否干燥分为干果和肉果；根据干果成熟后是否裂开分为裂果和闭果，等等。果实在生长过程中，不仅形状会发生变化，结构也会发生变化，而且还会出现一些生理变化。首先，果实的颜色会有一些变化，这是判断果实是否成熟的标志之一；其次，果实的质地，果实散发出来的香味，果实中含有的糖分等也会发生变化。

第六节　种子

在被子植物的成长过程中，大部分种子会形成胚乳，但某些植物没有胚乳或者只有很少的胚乳，因为这些植物的胚乳在发育过程中被胚吸收了，这是用来区分种子是否含有胚乳的标准。

植物的种子能够延续植物的生命，繁殖后代。而且，种子是裸子植物和被子植物共有的繁殖器官，自然界中只有二十多万种植物能够产生种子。

随着植物种类的不同，种子的大小、形状、颜色也会有所不同：椰树拥有很大的种子，芝麻的种子却很小，而烟草、马齿苋的种子更小；蚕豆的种子呈现出肾脏形，而豌豆的种子是圆球形；有些植物的种子光滑明亮，而有些植物的种子暗淡无光。在生物学上，种子的不同有着重要意义。例如，虽然椰树的种子非常大，但每棵椰树只能产生很少的种子。当种子比较大时，不仅容易发芽，而且含有丰富的胚乳，保证生长过程中拥有充足的营养；而当种子比较小时，数量就会比较多，虽然只有一部分种子能够发芽，但依然能够产生许多后代。大部分杂草植物都是通过这种方式繁殖后代的。

一般来说，植物的种子是由种皮、胚、胚乳三个部分构成的。种皮是珠被发育而成，保护着里面的胚和胚乳，裸子植物的种皮分为三层：外层、中层、内层，外层和内层是肉质层，而中层是石质层；而被子植物的种皮多种多样，有些像纸一样薄，而有些非常坚硬。胚是受精卵发育而成，正常的胚由胚芽、胚轴、子叶、胚根四部分构成，不同种子之间的区别是子叶的数目，子叶数目在1到18之间，但大部分子叶是两个，如苏铁、银杏等。被子植物的胚有着多种形状，如椭圆形、长柱形、弯曲形、马蹄形、螺旋形等，虽然胚的形状不同，但在种子中的位置是固定不变的，胚根一般会朝着珠孔。胚乳是单倍体的雌配子体，大部分都很发达，里面储存着淀粉或者脂肪，还有糊粉粒，通常是淡黄色的，少部分是白色，但银杏成熟后种子中的胚乳呈现出绿色。在被子植物的种子的发育过程中，大多数会形成胚乳，但某些种类的胚乳很少，而有些种类甚至没有胚乳，因为它们的胚乳在发育过程中被胚吸收了，这是判断种子是否含有胚乳的依据。当然，不同植物的种子含有的胚乳数量不同，而且储存的物质也不同，最常见的物质是淀粉、蛋白质、脂肪。此外，可能还会储存碳水化合物等物质。

当种子成熟地离开母体之后，依然是活的，但不同植物的种子有着不同的寿命，这是遗传因素决定的，还会受到环境的影响。有些种子的寿命非常短，如巴西橡胶的种子，仅仅能够存在一周的时间；而有些种子的寿命很长，如莲的种子，可以存活好几百年，甚至是上千年。

第八章　森林

在森林中，主要植物是乔木，还存在灌木和草本植物，而植物的分布状况是由当地的气候条件和自然环境决定的。在森林群落学、地植物学、植被学中，森林被叫作“植物群落”，生态学将其称为森林生态系统。对于林业建设来说，森林是一种可再生的自然资源，拥有经济效益、社会效益、生态效益三大效益。

历史上，陆地的三分之二是茂密的森林，但人类不断地破坏森林资源，现在全世界森林面积大约是四十亿公顷，森林覆盖率大约是22%。因此，我们一定要好好保护森林资源。

第一节　热带雨林

在森林中，热带雨林是一种茂盛的森林类型，主要分布在终年温暖、气候湿润的赤道地区，还会出现在热带山地上，被大家称为“山地雨林”，还有一些“热带季节雨林”。

热带雨林是茂密的森林类型，主要有分布在终年温暖、气候湿润的赤道雨林，还有分布在热带山地中的“山地雨林”，以及一些“热带季节雨林”。

世界上的大部分雨林都在北纬23.5°到南纬23.5°之间的地区，这些地区主要指中、南美洲的亚马孙河流域、非洲刚果盆地、南亚等。此外，中国的云南、台湾、海南和澳大利亚的局部地区也有热带雨林。热带雨林属于茂密的森林类型，林中满是苔藓，而且密不透风，所以非常潮湿、闷热。但是，这里是生物的天堂，所以生长着许多稀有植物和珍贵动物。

一般来说，热带雨林地区的年降水量会超过1800毫米，有些地区甚至高达3500毫米；这里没有显著的季节变化，温差也很小，白天大约是30℃，晚上大约是20℃。热带雨林的地势有着许多变化，有的是布满碎石的平原，有的是溪流纵横的峡谷，还有的是高低不平的土地，它们和森林中的小溪、瀑布一起形成了热带雨林的独特风景。虽然热带雨林中的植物多种多样，但大多数是双子叶植物，许多植物的根仅仅是几厘米，因为热带雨林的水土流失非常严重，所以没有肥沃的土壤；而且，有机物在高温高湿的条件下分解速度很快，树根和真菌可以快速将它们吸收，这也是热带雨林土壤无法肥沃的一个原因。

亚马孙平原的热带雨林是全世界最大的雨林，而且发育得很好，有着一定的典型性，这是由此处的地理位置和地形结构决定的。这里的植物多种多样，而且是混生的，很难见到纯林，乔木、灌木、草本、藤本、附生植物等一起构成了郁闭丛林，通常是四五层，而最多能够达到十一二层。有些植物的树干基部是生长板状根，从树干基部两三米的地方向外伸展，以放射状向着地下生长；有些植物生长出发达的气根，这些气根从树干上向下垂，然后扎到土壤中，但依然会继续生长，最后生成许多“树干”，看起来很壮观；还有一些植物为了得到充足的阳光，通常会形成高大的树干，甚至能够高达80米到100米。

对于整个自然界和人类来说，热带雨林有着重要作用，假如它消失了，地球上的气候环境会出现巨大变化，这对人类来说是无法形容的灾难。因此，全世界的人们都在努力保护热带雨林。

除了热带雨林之外，地球上还存在着亚热带雨林，它的分布范围在南纬10°到北纬10°之间，而且是在迎着风的海岸边。这里有着雨季和干季的变化，温度和日照也会有所变化。与热带雨林相比，亚热带雨林的植物种类比较少，树木密度也比较低。此外，还有季雨林、红树雨林、温带雨林等雨林类型。

第二节　药用植物

在我们医药史上，人参是珍贵的补药，不仅有着巨大的药用价值，而且有着很高的经济价值。人们一直将人参称为“神草”，它还有“中药之王”的美誉，拥有安神增智、调气养血、健脾益肺、滋补强身等功能。

药用植物指的是某些可以入药的植物，可以是植物的全部存在药用价值，还可以是植物的某一部分，甚至是植物的分泌物。药用植物始终是药材的原料，种类多种多样，而且一种药用植物的各个部分往往有着不同的功能。有些药用植物能够全部入药，有些药用植物部分能够入药，还有一些药用植物需要经过提炼才能入药。全部植物都能入药的代表是益母草、夏枯草等，部分植物能够入药的代表是人参、曼陀罗、射干、桔梗、满山红等，经过提炼之后才能入药的代表植物是金鸡纳霜等。

在药用植物中，人参是典型代表，常年服用可以强身健体，不仅拥有巨大的药用价值，还有很高的经济价值，人们将其叫作“神草”，还有“中药之王”的美誉，而且拥有多种神奇的功效，如安神增智、调气养血、健脾益肺、滋补强身等。现代科学证明，人参中含有十多种有益人体的成分，不仅可以减缓疲劳、兴奋神经，还可以兴奋垂体肾上腺系统、加快肌肉的生长发育、提高心脏的收缩力、改善血液循环、抑制脂肪类物质在血管壁上堆积，等等。

从植物学来说，人参属于五加科多年生草本植物，主根肉质肥厚，通常是圆柱形或者纺锤形，须根又细又长；根状茎（芦头）非常短，上面分布着茎痕（芦碗）和芽苞；茎是单生、直立状、圆柱形，而且很光滑，高度从40厘米到60厘米不等。人参叶子是掌状复叶，连着长长的柄，叶片的数量是由人参的年龄决定的，通常是二片到六片。叶片上的小叶一般在三片到五片之间，中间的一片比较大，通常是卵形或者椭圆形，长度在3厘米到12厘米之间，宽度在1厘米到4厘米之间，基部是楔形的，边缘布满了细小的锯齿。人参开出的花非常小，独生的伞形花序，小花在4朵到40朵之间，颜色是淡黄绿色，花丝很短，花药是球形的，一般有两个种子，呈现出扁圆形。一般来说，人参在成熟之后的第三年开花，第五六年间结果，开花的时间是六七月份，结果的时间是七八月份。人参生长在排水性好、土质疏松、土壤肥沃、腐殖质层深厚的棕色森林土或者山地灰化棕色森林土中，此外，最适宜人参生长的环境是冷凉、半阴半阳的地方。在中国，人参主要分布在吉林省的长白山地区、辽宁、黑龙江、河北、山西、湖北等地。

在古代，人参的数量比较多；在现代，由于人们过度挖掘，人参的天然分布区一直在减小，甚至有些品种已经灭绝。例如，“党参”的代表地区中原，也就是山西南部、河北南部、河南、山东西部，这些地区的党参早就没有了。目前，东北野生人参每年都在减少，所以必须采取措施保护人参资源。

罗汉果是另外一种具有代表性的药用植物，它是葫芦科多年生宿根草质藤本植物，拥有神奇的效果。罗汉果是雌雄异株植物，主要产地是中国的广西，拥有上百年的历史。罗汉果的果实类似于鸡卵，还叫作汉果、拉汉果、青皮果、罗晃子、假苦瓜等。新鲜的罗汉果的外皮是绿色的，果肉甜美可口；烘干之后果皮是褐红色的，有着一定的光泽，这就成了口味独特的干果。罗汉果富含维生素C（在100克的鲜果中，含有四五倍毫克的维生素C），还有果糖、葡萄糖、蛋白质、脂类等多种营养物质。关于罗汉果的药用价值，中医认为，罗汉果属于甘酸物质，性凉，具有清热凉血、生津止咳、滑肠排毒、嫩肤养颜、润肺化痰等作用，长期服用不仅可以驻颜悦色，还能够延年益寿。此外，罗汉果还能治疗痰热咳嗽、咽喉肿痛、大便秘结、消渴烦躁等病症。

第三节　油料作物

在人的生长发育过程中，油是不可或缺的物质。人类食用油主要分为两类：植物油和动物油。我们平时食用的油大部分是植物油。

植物油主要来源于一些含油量比较高的植物的种子、果仁、果皮、胚芽等物质。在植物中，含油量比较高的代表植物是花生、芝麻、油菜、向日葵等。

花生是双子叶植物，还叫作落花生，历史上的名称有长生果、地豆、落花参、落地松、番豆无花果、地果、唐人豆等。花生可以滋养补益、延年益寿，所以民间将它叫作“长生果”。与粮食作物相比，花生的营养价值更高，能够与鸡蛋、牛奶、肉类等一些动物性食物相提并论，含有大量的蛋白质和脂肪，而且含有许多不饱和脂肪酸，可以用来制作多种营养食品。

花生的果实属于荚果，由大、中、小三种组成，形状是蚕茧状、串珠状或者曲棍状。蚕茧状的荚果一般有两粒种子，串珠状和曲棍状的荚果通常有超过三粒的种子。果壳的颜色一般是黄白色，还有褐色或者黄色。花生的果仁被叫作花生米或者花生仁，由种皮、子叶、胚三部分构成，种皮是淡褐色或者浅红色的，里面是两片子叶，颜色是乳白色或者象牙色。

花生果富含脂肪和蛋白质，还有硫胺素、核黄素、尼克酸等多种维生素和丰富的矿物质，尤其是人体必需的氨基酸，不仅有利于脑细胞的发育，而且可以增强记忆，所以有着巨大的营养价值。花生的种子含有大量的油脂，从中提炼出来的油脂是透明、淡黄色的，而且散发着香气，这是上等的食用油。

在食用油料作物中，芝麻有着难以忽视的地位，拥有很高的应用价值。芝麻种子的含油量大约是61%，这是提炼油的最佳原料。在植物学中，芝麻属于脂麻科一年生草本植物，植株上面长满了茸毛，茎是直立的，高度大约是一米；顶端生长着花序，花是单生或者叶腋生长着两三朵簇；圆筒状，唇形，颜色有红色、紫色、白色等；种子是扁平的圆形，颜色是白色、黄色、棕红色、黑色，白色种子的含油量最高，黑色种子可以入药，具有补肝益肾、润燥通便的作用。芝麻油中含有许多脂肪酸，这是人体必需的营养物质，亚油酸的含量大约是43%，远远超过了油菜和花生油中的含量。芝麻的茎、叶、花可以用来提取芳香油，种子磨制的芝麻油香气浓厚，在全世界都很畅销。此外，芝麻的花中含有蜜腺，与油菜、荞麦一起称为中国的三大蜜源作物。

第四节　香料植物

香料植物富含天然色素，根、茎、叶、花或者果实中含有芬芳成分，经过加工能够制作出各种各样的调味品，如柠檬、薄荷、玫瑰等都是优良的香料植物。

香料植物指的是根、茎、叶、花或者果实中含有芬芳成分的植物，如柠檬、薄荷、玫瑰等。将此类植物中的芬芳加工之后，可以制作成各种各样的调味品。

柠檬属于芸香科常绿小乔木或者枝叶展开的灌木，原产地是马来西亚，后来扩散到东南亚、地中海沿岸等地。柠檬的幼叶呈现出红色，以后会慢慢变成绿色；花比较大，散发出阵阵芳香，单生或者成簇腋生；花蕾带有红色，花瓣上半部分是白色，下半部分是红紫色；果实是卵圆形，顶端是一个乳头状的突起。某些品种的柠檬有着比较厚的外果皮，中果皮是海绵状，呈现出白色，几乎无味，主要用来制作商业上的果胶。柠檬的果皮能够用来提炼香料，果肉非常酸，含有大量的维生素C，而且含有少量的维生素B。在全世界，美国和意大利是最著名的柠檬产地。

薄荷属于唇形科多年生草本植物，还叫作人丹草、蕃荷菜，主要分为亚洲种和欧洲种两种。一般来说，薄荷植物的高度在10厘米到80厘米之间，整个植株都散发着香气；茎是直立的，呈现出方形，还有许多分枝和倒生的柔毛；叶子对生，有些是披针形，有些是卵形，还有一些是长圆形，顶端比较尖，基本是楔形，边缘布满了细小的锯齿，两面都有短柔毛和腺鳞。薄荷叶子表面上分布着油腺，这是储存薄荷油的场所，从中提炼出来的薄荷油和薄荷脑可以用来制作牙膏、口香糖、清凉饮料等东西。此外，薄荷油还有巨大的药用价值，扩张皮肤毛细血管，加快汗腺分泌速度，促进散热；还能抑制胃肠平滑肌的收缩，抵抗乙酸胆碱形成的痉挛；薄荷油还能加快呼吸道腺体分泌速度，治疗呼吸道炎症；薄荷油还可以外用，刺激神经末梢的冷感器并使其产生冷感，还能改变深部组织血管，从而形成消炎、止痛、止痒的效果。

玫瑰属于蔷薇科，还叫作刺玫花、穿心玫瑰。蔷薇科属于灌木，喜爱阳光，能够抵抗旱涝和寒冷，常常生长在土壤肥沃的沙地上。玫瑰花中含有优良的挥发油，这是一种名贵的香料，主要成分是香叶醇、维生素、矿物质。玫瑰还是重要的香精原料，可以用来熏茶、制酒、制作多种甜味食品，拥有巨大的经济价值，甚至比黄金更珍贵；玫瑰可以入药，拥有行气、活血、收敛的功能；由于玫瑰中含有大量的维生素C，所以是提取天然维生素C的重要原料。玫瑰主要分布在中国的华北地区、西北地区、西南地区，以及日本、朝鲜、北非、墨西哥、印度等国家，尤其是保加利亚，这里是全球最大的玫瑰产地，被人们称为“玫瑰之邦”。

第五节　糖料植物

人体中的能量大部分是由糖提供的，而我们食用的糖是从糖科植物中提取出来的，甘蔗和甜菜是最常见的糖科植物，而且是重要的糖科植物。

甘蔗属于一年生禾本科草本植物，植株有高有低，低的是几十厘米，高的是好几米，甚至能够达到七米；茎粗壮多汁，表面覆盖着一层白色物质，叶片互生，边缘是锯齿状结构，花穗是复总状花序。甘蔗的分布范围从北纬33度到南纬30度，主要集中在南北纬25度的地方。

甘蔗是制作糖的主要原料，在全世界食糖总量中，蔗糖的比例大于65%。此外，在轻工、化工、能源等方面，甘蔗是重要原料，甘蔗的渣、废蜜、虑泥可以制作成纸张，蔗渣糠、废糖蜜可以制成反刍动物的饲料。在全世界，巴西是甘蔗种植面积最大的国家，第二位是印度，第三位是中国，其他甘蔗种植面积比较大的国家是古巴、泰国、墨西哥、澳大利亚、美国等。中国种植甘蔗的地区主要是广东、台湾、广西、福建、四川、云南、江西、贵州、湖南、浙江、湖北等，而广西和云南两省的产量最多，这两个省份的蔗糖产量在1999年占据全国总量的70.6%。

在糖料植物中，甜菜也是一种具有代表性的植物，而且是中国的重要糖料作物之一，它的原产地是地中海沿岸，大约在1500多年前传入中国。在中国，叶用甜菜的历史比较悠久，而糖用甜菜的历史比较短暂，它是在1906年引入中国的。甜菜属于两年生草本植物，第一年是生长营养的时期，肥大的根部会积累许多营养物质；第二年是生殖时期，经过异花授粉逐渐形成种子。现在，甜菜主要有四个变种：糖用甜菜、叶用甜菜、根用甜菜、饲用甜菜，其中的糖用甜菜是两年生植物。甜菜是制作糖的重要原料，还可以制作成饲料；甜菜不仅具有食用价值，还可以作为医药原料和工业原料；甜菜的茎叶、根尾、青头、母根等还可以当作酿造原料。

在其他国家，甜菜也有着广泛的种植范围。18世纪时，德国开始大量种植甜菜；美国人喜欢直接烹食甜菜或者将甜菜制作成腌制食品；俄罗斯人喜欢食用甜菜汤。此外，英国、法国、波兰、意大利等国家的人们也很喜欢甜菜。

第六节　粮食作物

在人类的生活中，粮食作物是食物的主要来源，所以有着巨大的经济价值。粮食作物主要指谷类作物、豆类作物、薯类作物等植物。

粮食作物还叫作禾谷类作物，主要分为三大类：第一类是谷类作物，如稻、水稻等；第二类是豆类作物，如大豆、蚕豆、豌豆等；第三类是薯类作物，如甘薯、马铃薯等。在人们的日常生活中，粮食作物是食物的主要来源，所以有着重要的经济价值。

在世界上，最主要的粮食作物是水稻，水稻属于禾本科，须根系，高度大约是1.2米，叶子又长又扁，许多小穗构成了花序，形状是圆锥形，成熟之后的子实就是稻谷。水稻主要生长在热带、半热带、温带等地区的沿海平原、潮汐三角洲、河流盆地中。稻谷外面覆盖着一层外壳，碾磨时会把外皮和米糠层都除掉，假如添加少量的葡萄糖和滑石粉，米粒就会拥有一定的光泽。碾磨时，仅仅去掉外壳的稻米叫作糙米，糙米含有大量的淀粉，还有8%左右的蛋白质，少量的脂肪、铁、钙等元素；将外壳和米糠一起去掉的大米叫作精米或者白米，但营养价值已经降低了很多。除了食用之外，水稻的副产品米糠及从米糠中提取出来的淀粉可以制作饲料；碎米可以酿酒、提炼酒精、制造淀粉或者米粉；稻壳可以当作燃料，还是制作化肥和糠醛的原料；稻草不仅可以当作饲料，而且可以作为屋顶材料和包装材料，还能用来制造席垫、服装、扫帚等。在全世界，水稻种植面积比较大的国家是中国、印度、日本、孟加拉国、印度尼西亚、泰国、缅甸等国家，越南、巴西、韩国、菲律宾、美国等国家也生产水稻。

除了水稻之外，另一个重要的粮食作物是小麦，小麦属于禾本科，一年或者越年生草本植物。小麦的茎是节状的，一般在四节到七节之间，叶片的形状是长线形；花序呈现穗状，而且是直立的，穗轴延续但不会折断；小穗单生，包含的花在三个到九个之间；颖果比较大，形状是长圆形，顶端有毛，腹面有一道纵向的深沟，没有与稃片黏在一起，所以很容易分开。

小麦含有大量的淀粉、蛋白质、脂肪，还有钙、铁、硫胺素、核黄素、烟酸、维生素A等物质。不过，随着品种和生长环境的不同，小麦含有的营养成分的含量也有很大的区别：对于蛋白质的含量来说，大陆性干旱气候中生长的小麦含有较多的蛋白质，一般在14%到20%之间，面的韧性比较强，而且很有弹性，适合烘烤面包；潮湿环境中生长的小麦含有较少的蛋白质，一般不高于10%，麦粒比较软，弹性比较差。小麦制成的面粉大部分是人类食物的原料，只有一小部分用来生产淀粉、酒精、面筋等东西，小麦加工产生的副产品——如麦糠——可以制成牲畜的饲料。小麦的种类多种多样，根据穗状花序的疏密情况、小穗的结构、颖片，还有谷粒的性状、颜色、毛绒等各个方面，可以将种子分为多个亚种、变种、变形品种。现在，人们种植的大多数是普通小麦，由山羊草属、冰草属、小麦属三个品种杂交而成，种植面积是总面积的90%以上。此外，根据温度的不同，小麦划分为两个类型：冬小麦和春小麦。在全世界，主要种植小麦的国家是美国、加拿大、阿根廷等。

第七节　纤维作物

纤维作物指的是用其纤维作为纺织原料的作物，如棉花、亚麻、大麻等，这是用来制作衣服的重要原料。

棉花属于锦葵科中的一年生草本植物或者多年生灌木，它是被子植物，原产地是亚热带。棉花是一种重要经济作物，因为它刚结出的果实看起来像一个桃子，所以被称为棉桃。热带地区生长的棉花高达六米，但最常见的棉花的高度大约是一两米，花朵呈现出乳白色，开花之后变成深红色，花凋谢后留下一个绿色的蒴果，这就是棉铃。棉铃里面是棉籽，棉籽外面包裹着茸毛，茸毛会慢慢生长，直到将整个棉铃填满，而棉铃成熟之后会裂开，里面的纤维便会露出来。纤维从白色到淡黄色，长度在2厘米到4厘米之间。根据纤维的外观和颜色，棉花可以分为三类：第一类棉花的纤维又细又长，长度在2.5厘米到6.5厘米之间，有着一定的光泽，如优质的海岛棉、埃及棉、匹马棉等，这类棉花的产量很低，但价格很高，主要用来制作高级布料、棉纱、针织品；第二类棉花的纤维长度属于中等，长度在1.3厘米到3.3厘米之间；第三类棉花的纤维又粗又短，一般在1厘米到2.5厘米之间，这类棉花可以用来制作地毯、棉毯、廉价的织物，或者与其他纤维制作混纺。

一般来说，棉铃裂开之后就要采集棉花，如果要用机器采摘的话，通常先使用某种化学方法将叶子去掉，同时促使棉铃裂开，然后用压棉机将棉子上的纤维剥下来。经过清棉和梳棉之后，将纤维弄成绳子状，逐渐地拉长、伸直，让直径变细。如果想要制作高品质细纱的纤维，还要经过精梳这道程序。棉花是一种重要的农作物，成本低，产量高，还能制成各种丝织物。在全世界，主要生产棉花的国家是中国、美国、印度等。

对于纤维作物来说，亚麻是另外一个重要的成员，亚麻属于亚麻科一年生草本植物，不仅可以用作纤维，还可以用作油料，所以人们往往根据亚麻的用途决定它的种植方式，密植能够抑制分枝的生长，提高纤维质量，疏松的种植能够让分枝长得茂盛，提高种子的产量。亚麻来自于近东、地中海沿岸，新石器时代的瑞士湖居民和古埃及人已经开始种植亚麻，而且将其纤维作为纺织衣料，埃及的“木乃伊”的外面就是包裹着亚麻。

油用型还被称为胡麻，主要用来制作油漆、油墨等物品。在中国，胡麻有一千多年的历史，而纤维麻是20世纪初期从日本引入中国的，不久就在中国普及开了。亚麻纤维的特点是：拉力强、柔软、细度好、导电性差、吸水和散水快、膨胀率大，不仅可以纺高支纱，还可以制成高级衣料。在中国，亚麻主要分布在黑龙江和吉林两省。

第三编

矿物

矿物指的是游离的元素或者化合物，这是构成地壳中岩石的最小单位。矿物是天然生成的，存在有序的原子排列方式和固定的化学成分，一般是通过无机作用构成的均匀固体。一般来说，矿物的晶体结构和化学组成都是相对稳定的，可以在特定的物理环境中稳定存在。这个说法让我们明白：首先，矿物是在地质作用下形成的，也就是天然生成物，所以某些人工合成物不是矿物；其次，矿物是结晶态的物质，即矿物内部的原子或者离子的排列顺序有着一定的周期性，但玻璃结构没有周期性，所以玻璃不是矿物；最后，矿物能够以化合物的形式出现，如石盐，还能够以单质形式存在，如金刚石。

第一章　自然元素矿物

自然元素矿物指的是没有跟其他元素结合在一起的单质矿物，主要分为两大类：第一类是金属元素，如金、银、铜等；第二类是非金属元素，如碳、硫等。金属元素的特点是：密度大、柔软、具有延展性、不透明，常常以不规则的树枝状和纤维状产出；非金属元素的特点是：导电性差、透明或者半透明状，常常以块状产出，而且是绝缘体，最常见的结构是晶体。

第一节　金、银、铜、铂

在地质演变过程中，逐渐形成了金、银、铜、铂等物质。它们的化学性质和稀有性决定了它们拥有巨大的经济价值，所以人们一直在寻找它们。

自然金主要包含在高温或者中温溶液形成的石英脉中，或者与火山热液作用相关的中温、低温热液形成的矿床中，往往与石英、硫化物结合在一起。此外，尚未凝固的砂积矿床和砂岩中也含有自然金，甚至在河床中也能发现颗粒状或者块状的砂金。

金的晶体状态主要是八面体，其次是十二面体，偶尔会出现立方体，通常以树枝状、粒状、鳞片状产出，有时也会出现不规则的大块体。金的颜色是金黄色，有着一定的光泽，随着含银量的上升，金黄色会慢慢变成淡黄色。

在全世界，金的主要产地是南非的维特瓦特斯兰、美国的加利福尼亚和阿拉斯加、澳大利亚的新南威尔士、加拿大的安大略、俄罗斯的乌拉尔和西伯利亚等地。

自然银主要包含在热液矿脉中，而且与含银矿物、金、金属硫化物共同存在于矿床的氧化带中。银的完整单晶体很难见到，主要是平行带状，最常见的是不规则的纤维状、树枝状、块状聚集在一起的结合体；银的断口是银白色的，但表面常常是灰黑的锖色，而且伴随着条状的银白色，银的延展性、导电性、导热性都非常好。

银的熔点比较低，在硫化氢蒸气中会慢慢失去光泽。著名的银的产地是墨西哥和挪威。

自然铜中通常含有微量的铁、银、金等元素，它的晶体主要是等轴晶系，但完整的晶体很难见到，最常见的是片状、块状、板状、树枝状聚集在一起的结合体。在鉴定铜的质量时，颜色是重要标准，新鲜切面的颜色是铜红色或者浅玫瑰色，氧化之后的颜色是褐黑色或者绿色。

铜的导电性、导热性、延展性都非常好，主要包含在金属矿脉中，沉积岩和火成岩的交接处，还有变质岩中。在全世界，铜的主要产地是美国的苏必利尔湖南岸、俄罗斯的图林斯克、意大利的蒙特卡蒂尼等地区。此外，中国的湖北、云南、甘肃、长江中下游等地含有铜矿床氧化带。

自然铂主要包含在与基性、超基性岩相关的岩浆矿床中，如铜镍硫化物的矿床，还会出现在砂矿中。铂的颜色是银灰色或者白色，条痕呈现出钢灰色，具有一定的金属光泽，还有延展性和比较弱的磁性。铂晶体的形状是立方体，但很难见到这种晶体，最常见的是不规则的小颗粒状、粉状、葡萄状聚集在一起的结合体。

铂有很好的稳定性，而且难以熔化，所以常常制成高级化学器皿，或者与镍等物质制成合金。在全世界，主要生产镍的国家是加拿大、美国、俄罗斯的乌拉尔等地。

第二节　砷和锑

自然砷和自然锑是两种不同的矿物，它们的价值和用途都不同，而且在人们的生产和生活中有着重要作用。

自然砷常常与银、钴、镍等物质共存在炙热的矿脉中。偶尔会出现棱面体晶体，但最常见的是粒状、葡萄状、钟乳状聚集在一起的结合体，氧化之后是深灰色或者黑色。砷的物理性质是：颜色是灰色或者白色，不透明，比较脆，具有金属光泽，有毒，受热或者敲打会散发出像大蒜一样的味道。

我们知道，铁杂质会让玻璃呈现绿色，但砷可以消除这种绿色，所以常常用在玻璃制造中；在古代，砷还用来制作毒药和杀虫剂；在电子行业中，砷可以制成计算机芯片，性能要比芯片更好。在全世界，主要生产砷的地区是欧洲、美国、日本、哥伦比亚不列颠省的奥德尔等地。

自然锑常常与砷、银、方铁矿、黄铁矿等物质共存于炙热的矿脉中。锑的晶体是假立方体，但很难见到，最常见的是钟乳状、块状、放射状聚集在一起的结合体；颜色是铅灰色，带有一点蓝色；条痕呈现出黑色，不透明，具有金属光泽。自然锑常常与其他金属混合在一起，保证金属在温度发生变化时体积不会变化；锑还可以制作烟花爆竹、火柴头、点火工具等东西；还能用于医药方面或者制作有色玻璃的原料。在全世界，主要生产锑的国家是法国、芬兰、澳大利亚、南非、德国的黑森林等地。

第三节　硫、金刚石、石墨

金刚石和石墨都是由碳元素构成的，它们的化学成分相同，所以被称为“同素异形体”，但它们之间有着巨大的差别，金刚石是已知的最坚硬的物质，而石墨是一种非常柔软的物质。

一般来说，自然硫的晶体常常是菱方双锥形，或者是厚板状、块状、粒状、条带状、球状、钟乳状聚集在一起的结合体。硫的颜色是柠檬黄，还有一些是蜜黄色或者黄棕色；断口处的油脂有着一定的光泽；性脆，透明状或者半透明状。

自然硫存在于火山岩、沉积岩、硫化矿床风化带、温泉周围，常常与方解石、白云石、石英等矿物在一起。自然硫往往是不纯净的，里面夹杂着黏土、有机质、沥青等物质，不能导电，但摩擦之后可以带负电。自然硫的主要作用是制作硫酸，还可以用在造纸、纺织、制造化肥等方面。

金刚石常常存在于超基性岩的角砾云母橄榄岩中，晶体的形状一般是立方体、四面体、八面体、十二面体，而且晶面是弯曲的，晶体结构的模型是：每个碳原子周围都是四个相邻的碳原子，而且处于四个碳原子的中心位置，通过共价键和四个碳原子结合在一起，构成了彼此相连的立体网状晶体。金刚石以具有放射结构的圆形块体和微晶块体产出，颜色多种多样，如白色、灰色、黄色、红色、蓝色等。由于金刚石有着绚烂的色彩，所以成为价值昂贵的宝石。

在用途上，因为金刚石非常坚硬，所以可以用于工业切割，大家都知道的玻璃刀就是用金刚石制成的。

金刚石和石墨的化学成分相同，它们都是由碳元素构成的，所以被称为“同素异形体”，但它们两者是截然不同的，金刚石是已知的最坚硬的物质，而石墨是一种非常柔软的物质。石墨是碳质元素结晶矿物，晶体是六边形的层状结构，常常以块状、叶片状、粒状的结合体产出。

石墨非常软，颜色是黑灰色，在没有氧气时的熔点超过了3000℃，所以它是一种能够抵抗高温的物质。此外，石墨的导电性和导热性都非常好。在自然界中，根本不存在纯净的石墨，石墨中往往夹杂着水、沥青等物质。石墨的结晶形态决定了它的工艺特征，根据结晶形态天然石墨被分为三类：第一类是致密结晶状石墨，第二类是鳞片石墨，第三类是隐晶质石墨。石墨有着广泛的工业用途，可以用来制作冶炼用的高温坩埚、机械工业中的润滑剂等，还可以制成冶金工业中的耐火材料和涂料、军事工业中的火工材料安定剂、轻工业中的铅笔芯、电气工业中的碳刷、电池工业中的电极、化肥工业中的催化剂，等等。

第二章　硫化物和硫酸矿物

硫化物指的是金属元素或者半金属元素与硫元素化合生成的天然化合物，假如将硫替换为硒、碲、锑、铋，那么，便会生成硒化物、碲化物、锑化物、铋化物。硫化物是很重要的铅、锌、铁、铜等矿石，但因为很容易氧化成硫酸盐，所以一般存在于水位比较低的炙热矿脉中。硫酸矿物指的是硫与金属元素或者非金属元素结合在一起形成的天然化合物，它们的性质与硫化物的性质很相似。

第一节　方铅矿和辰砂

古罗马帝国灭亡的原因不是女祸，而是铅中毒，他们在生活中使用的器皿大部分是铅制品。辰砂是炼汞时的重要原料，还叫作丹砂。

方铅矿主要生成于中温热液矿床中，常常与闪锌矿结合在一起构成铅锌硫化物矿床。此外，方铅矿还可以与萤石、石英、方解石、黄铁矿一起共生。方铅矿的晶体是立方体，有时还会出现八面体与立方体的聚形；方铅矿的聚合体常常是粒状和致密块状，不透明，颜色是铅灰色，条痕呈现出黑色，有着一定的金属光泽。

其实，方铅矿就是硫化铅，硫和铅的比例是1：1，这是一种很容易见到的矿物。方铅矿是提取铅的重要原料，古代航海家常常使用提炼出来的铅清理船底附着的藤壶等物质；铅还可以用来制造兵器，而且是制作屏蔽放射性核辐射的原料。不过，铅也存在对人类有害的一面，根据研究得知，古罗马的灭亡不是由于女色，而是由于铅中毒，因为他们在生活中常常使用铅制品。目前，微量元素分析数据显示，过量的铅和铅化物的废尘会严重威胁人体的健康。

在全世界，方铅矿的主要产地是美国的新密苏里、澳大利亚的布罗肯希尔等地。

辰砂是汞的硫化物，这是提炼汞的重要原料，还叫作丹砂、朱砂，颜色是棕红色或者猩红色，晶体表面具有光泽，条痕呈现出红色，半透明，晶体是板状或者柱状，常常见到的是双晶。辰砂晶体是激光技术中的重要原料，而且还有药用价值，具有镇静、安神、杀菌等作用。此外，因为辰砂晶体有着独特的造型，而且绚烂多彩、含蓄质朴，所以是天然的观赏石，这是大自然赐予人们的精美礼物。

辰砂的主要成分是硫化汞，其中汞的含量高达85.4%。不过，辰砂往往不是纯净的，常常夹杂着沥青、雄黄、磷灰石等物质。辰砂常常与雄黄、黄铁矿一起存在于火山道或者温泉周围，还会出现在火山周围的矿脉和沉积岩中，与白铁矿、蛋白石、石英、方解石等结合在一起。在中国，辰砂主要分布在湖南新晃、贵州铜仁等地；在世界上，著名的辰砂产地是西班牙的阿尔马登、意大利的尤得里奥、美国的加利福尼亚沿岸山脉等地。

第二节　闪锌矿、硫镉矿、辉锑矿

闪锌矿是提炼锌的重要原料，硫镉矿是冶炼铅和锌形成的副产物，辉锑矿是提炼锑的重要原料。

闪锌矿的主要成分是锌、铁、硫，而且常常混有各种类质同象物质，主要存在于矽卡岩型矿床中或者中、低温热液成因矿床中，这里面蕴含着丰富的锌矿物，常常与白云石、石英、黄铁矿、方铅岩、重晶石、方解石结合在一起。闪锌矿晶体常常是四面体或者菱形十二面体，而且晶面有着一定的弯曲度。随着含铁量的不同，闪锌矿会呈现出不同的颜色，当铁的含量增加时，颜色会由浅变深，从淡黄色一直到黑色，从透明到半透明。

闪锌矿的鉴定方法是：与稀盐酸反应会生成硫化氢，而且散发出类似于臭鸡蛋的气味。纯净的闪锌矿不容易熔化。闪锌矿是重要的锌矿石，常常和方铅矿共生，而且是提炼锌的重要原料，里面含有的镉、铟、镓等稀有元素有着巨大价值。在全世界，闪锌矿的主要产地是澳大利亚的布罗肯希尔、美国的密西西比河谷等地；在中国，闪锌矿的主要产地是云南的兰屏金顶和会泽、广东的凡口、甘肃的厂坝、青海的锡铁山、湖南的水口山等地。

硫镉矿属于表生矿物，常常与镉闪锌矿或者纤锌矿一起存在于硫化物矿床的氧化带中。硫镉矿的晶体呈现出柱状或者锥状，但最常见的是土状，将其他矿物覆盖起来；硫镉矿的颜色是黄橙色、暗橙色或者红色；条痕的颜色从橘黄色一直到砖红色；从半透明一直到透明，有着一定的光泽；纹理清晰，断口处常常呈现出贝壳状。硫镉矿主要用来提炼镉或者制造镉黄等化合物，这是冶炼铅和锌生成的副产物。在全世界，硫镉矿的主要产地是美国、英国、捷克、斯洛伐克、中国的辽宁等地。

辉锑矿主要存在于中、低温的热液矿床中，包含于辉锑矿构成的石英脉或者碳酸盐矿物中。辉锑矿的颜色是铅灰色，条纹痕迹的颜色也是铅灰色，晶体呈现出柱状，柱面上分布着纵向条纹，而且大部分晶体是弯曲状，甚至有一些是卷曲、反射状的结合体，还有一些是针状、纤维状、粒状、致密状的结合体。辉锑矿的晶体结合体多种多样，不仅拥有巨大的观赏价值，而且拥有极高的收藏价值。辉锑矿是提炼锑的重要原料，天然辉锑矿可以制成安全火柴和胶皮。中国有着丰富的锑资源，锑的储量在全世界排名第一，尤其是湖南新化锡矿山有着大量的优质锑矿。

第三节　斑铜矿、黄铜矿、辉铜矿

铜是一种自然矿物，有着多种价值。不仅可以用在工业生产中，还可以用作装饰品。斑铜矿、黄铜矿、辉铜矿是提炼铜的重要矿物。

斑铜矿是铜和铁的硫化物，铜的含量大约是63.3%，这是提炼铜的重要原料，存在于斑岩铜矿中，常常与黄铜矿、石英、方铅矿等矿物一起存在；还会出现在矽卡岩矿床中和铜矿床的次生富集带中，但非常不稳定，常常和辉铜矿或者铜蓝发生作用。斑铜矿晶体是立方体、八面体、棱形十二面体，晶面通常是弯曲的、不平坦的，一般呈现出密块状或者不规则的粒状；颜色是暗铜红色，表面风化之后覆盖着一层蓝紫斑状锖色，呈现出蓝色或者紫色，所以常常被称为“孔雀石”；条痕是灰黑色的，不透明，具有金属光泽。在全世界，斑铜矿的主要产地是美国蒙大拿州的比尤特、墨西哥的卡纳内阿、智利的丘基卡马塔等地。

黄铜矿的主要成分是$CuFeS_2$，存在于硫化物矿床中。晶体是假四方体，一般是双晶，晶体表面有许多条纹。结合体通常是不规则的粒状或者致密的块状。颜色是黄铜色，表面布满了斑驳的蓝紫色晕彩，条痕是绿黑色，具有金属光泽，而且不透明。黄铜矿和黄铁矿看起来有点像自然金，但黄铜矿的硬度比较低，而黄铁矿的硬度比较高；黄铜矿中的绿黑色条痕能够溶解在硝酸中，而自然金无法溶于硝酸。黄铜矿是一种重要的铜矿石，也是一种常见的硫化物。在全世界，黄铜矿的主要产地是西班牙的里奥廷托、德国的曼斯菲尔德、瑞典的法赫伦、美国的亚利桑那州和田纳西州、智利的丘基卡马塔等地；在中国，黄铜矿主要分布在甘肃的白银厂、山西的中条山、长江中下游地区、湖北、安徽、西藏高原等地。

辉铜矿的主要成分是Cu_2S，常常与石英、方解石等矿物一起存在于炙热的矿脉中，最常见的晶体是块状的集合体。黄铜矿的颜色是暗深灰色，不透明，具有金属光泽；可以溶解在硝酸中，燃烧时会出现绿色的火焰，同时释放出二氧化硫气体。在铜的硫化物中，辉铜矿中铜的含量最高，大约是79.86%，这是提炼铜的重要原料。在中国云南等地的铜矿中，含有大量的辉铜矿；在全世界，辉铜矿主要分布在美国阿拉斯加州的肯纳科特、内华达州的伊利、亚利桑那州的莫伦西、纳米比亚的楚梅布等地。

第四节　黄铁矿、磁黄铁矿、白铁矿

黄铁矿是分布范围最广的硫化物，而且是提炼硫的重要原料，还可以制造硫酸。磁黄铁矿是制造硫酸的主要原料。

在岩浆岩、沉积岩、变质岩的副矿物中，常常会发现黄铁矿，里面还有钴、镍、锌等物质。黄铁矿的晶体是立方体、八面体、五角十二面体，晶体表面布满了条纹；致密的块状、粒状、结核状聚集在一起形成结合体；颜色是淡黄色，条痕的颜色是绿黑色，具有强金属光泽，而且不透明；由于它的颜色是浅黄铜色，而且有着强金属光泽，所以常常被误认为是黄金，所以有“愚人金”之称。黄铁矿是分布范围最广分的硫化物，这是提取硫的重要原料，而且还可以制造硫酸。在全世界，黄铁矿的主要产地是西班牙、捷克、斯洛伐克、美国等地；在中国，黄铁矿的储量在全球居前几位，著名的产地是广东的英德和云浮、安徽的马鞍山、甘肃的白银厂等地。

磁黄铁矿存在于各种磁性岩浆矿床中，常常与黄铜矿、黄铁矿、磁铁矿、毒砂等物质一起共生。磁黄铁矿的晶体是板状或者片状；颜色从黄色到红色，氧化之后呈现出棕色，条痕从灰色到黑色；具有金属光泽，而且不透明。磁黄铁矿是制造硫酸的主要原料，虽然经济价值要比黄铁矿低一些，但含镍较多的磁黄铁矿作为镍矿石使用，有着多种用途。

白铁矿主要存在于页岩、黏土岩、石灰岩中，分布范围要比黄铁矿少一些，而且不会大量聚集，当温度超过350℃时，便会转化成黄铁矿。白铁矿的晶体多种多样，但最常见的是板状和椎体状；由于是双晶，所以晶体表面有着一定的弯曲度，看起来很像鸡冠状；颜色是淡白色，风化之后会变成黑色，条痕呈现出黑绿色；具有金属光泽，而且不透明。在全世界，白铁矿有着广泛的分布范围，主要产地是美国、英国、德国等国家。

第五节　脆银矿、深红银矿、车轮矿

在自然界中，银矿是非常珍贵的资源，它给人们的生产和生活带来了很多好处，有着巨大的经济价值。

脆银矿主要存在于银脉状的矿床中，常常与自然银、硫化物、盐酸类等物质共生。脆银矿的晶体是柱状或者板状，板状晶面上分布着斜线条纹；不仅可以是双晶，还可以是块状的集合体；颜色是铁黑色，条痕的颜色是黑色；具有金属光泽，而且不透明。脆银矿很容易熔化，而且可以溶解在硝酸中。在全世界，脆银矿的主要产地是挪威的康格斯伯格、智利的占那尔西洛等地。

深红银矿还叫作浓红银矿、硫锑银矿，常常与银、硫盐类物质、其他矿物（如黄铁矿、方铅矿、石英、白云石等）一起存在于炙热的矿脉中。深红银矿的晶体是柱状或者三角面体，有时会出现双晶，晶体两端不对称，所以也会出现块状、致密状的集合体；深红银矿的颜色是暗樱红色，条痕是绛红色，具有金属光泽。在中国，铅锌银矿床中常常能够见到深红银矿；在全世界，深红银矿主要产自墨西哥、玻利维亚、德国、美国等地的一些银矿床中。

车轮矿主要存在于中、低温的热液矿床中，但数量比较少，而且常常出现在铅锌和多金属矿床中，与晚期硅化阶段有着紧密的联系，与方铅矿、银、黄铜矿、石英等物质共生。车轮矿的晶体是短柱状或者板状，而且是双晶，晶体表面有着条纹，还会出现块状、粒状、致密状的集合体；车轮矿的颜色从灰色到黑色，条痕的颜色是灰色，具有金属光泽，而且不透明。在全世界，车轮矿的主要产地是乌拉尔、捷克斯洛伐克的普尔西布蓝、智利的华斯科爱尔多、英国康威尔的惠尔博爱斯等地。

第六节　黝铜矿和砷黝铜矿

砷黝铜矿可以用来提炼铜和砷，所以有着巨大的经济价值，但数量有限，只在美国和俄罗斯等地发现了这种矿物。

黝铜矿是铜和锑的硫化物，常常存在于矿脉中，与铜、银、重晶石、石英等物质共生。黝铜矿的晶体是四面体，而且是双晶，晶面是三角形，还会出现块状、粒状、致密状的集合体；黝铜矿的颜色从灰色一直到黑色，条痕的颜色从棕色到红色，具有金属光泽，而且不透明。某些黝铜矿的变种中含有银，而且银的含量可以达到18%，这是提炼银的重要原料，所以成为价值很高的银矿物。在全世界，大多数多金属矿床中都含有或多或少的黝铜矿。

砷黝铜矿主要存在于铜、铅、锌、银等硫化物的矿床中，而且与其他含铜矿物共生，虽然分布范围很广泛，但很少会出现富集的情况；常常出现在炙热矿床和多种硫化物的组合中，主要存在于中温热液矿床中，常常与黄锡矿、黄铜矿、闪锌矿、方铅矿等物质共生。砷黝铜矿的晶体是四面体，而且是双晶，晶体表面是三角形，还会出现块状、粒状、致密状的集合体；颜色是深钢灰色，条痕的颜色从棕色一直到红色，具有金属光泽，有些会异常明亮，而且不透明。砷黝铜矿可以用来提炼铜和砷，所以有着很高的经济价值，但数量非常少，仅仅存在于美国、俄罗斯等地。

第三章　卤化物

卤化物是金属元素和卤元素结合在一起形成的化合物，常常出现在多种地质环境中，某些卤化物位于蒸发岩地层，如石盐；而其他卤化物主要存在于炙热的矿脉中，如萤石。大多数卤化物是立方对称晶体，而且比重很小。

第一节　石盐、钾石盐、氯银矿

大部分钾石盐是制造钾肥的原料，剩余部分用来提取钾和制造钾的化合物，这是提取钾的主要物质。

石盐是氯化钠的矿物，还被称为盐、岩盐，主要存在于盐湖中，常常与石膏、白云石等物质共生。石盐晶体是立方体，晶体表面存在一些凹陷，还会出现块状、粒状、致密状的集合体；石盐的颜色多种多样，如白色、无色、黄色、蓝色、紫色、黑色等，但条痕都是白色的；从透明到半透明，具有玻璃光泽。岩盐是重要化工原料，提取出来的钠和氯可以制成民用和工业上使用的许多产品；此外，在食品加工业中，岩盐也有着重要作用。因此，在全世界，有七十多个国家在大量开采岩盐。假如岩盐在比较浅的地下，便会挖竖井到达岩盐层，通过地下开矿方式进行开采。不过，还有一种非常简单的萃取法，通过水泵把水打到含盐的地层中，然后将卤水抽到地面上，水分蒸发之后剩下的就是岩盐。

钾石盐还叫作钾盐，这是一种蒸发岩矿物，由含盐溶液沉积形成，常常与石膏、石盐等物质一起存在。钾石盐的晶体是六面体，主要是粒状、块状的集合体；纯净钾石盐是无色透明或者呈现出白色，含有杂质的往往是红色、黄色、蓝色等颜色；条痕是白色的，具有玻璃光泽，而且不透明。大部分钾石盐用来制造钾肥，小部分钾石盐用来提取钾和制造钾的化合物，这是提取钾的主要物质。无色透明的大晶体可以用来制造光学材料。在全世界，钾石盐的主要产地是俄罗斯的乌拉尔、白俄罗斯、加拿大的萨斯喀彻温省、德国的马格德堡和汉诺威、美国新墨西哥州的特拉华盆地等地。此外，中国的云南也存在钾石盐。

氯银矿是银矿床氧化带形成的次生物质。氯银矿的晶体十分罕见，一般是块状或者薄片状，主要是皮壳、蜡状的集合体；新鲜切面是无色的，风化之后会变成绿色、黄色或者紫色；具有金刚光泽，从透明一直到半透明。氯银矿可以熔化在蜡烛的火焰中，而且还能溶解在氨水中，但不能溶于硝酸。

第二节　光卤石、冰晶石、萤石

在空气中，光卤石很容易潮解，而且具有油脂光泽。冰晶石主要存在于岩浆岩中，尤其是伟晶岩。在冶金工业中，萤石可以作为助熔剂，还可以用来制造氢氟酸。

光卤石是钾和镁的卤化物，是含有镁和钾的盐湖蒸发之后形成的矿物，常常与石盐、钾石盐等物质一起存在。光卤石的晶体是六面锥体，但非常罕见，通常是块状、粒状的集合体；纯净光卤石从无色一直到白色，含有少量氧化铁的光卤石的颜色是红色；从透明一直到不透明，新鲜面具有玻璃光泽，在空气中很容易潮解，而且呈现出油脂光泽。光卤石可以用来制造钾肥，还可以提取镁，所以拥有巨大的经济价值。在全世界，光卤石矿床的分布地点是德国的施塔斯福特和苏联的索利卡姆斯克；此外，中国的柴达木盆地岩层和云南钾石盐矿床中，也存在着大量的光卤石。

冰晶石主要存在于岩浆岩中，尤其是伟晶岩。冰晶石的晶体是立方体或者短柱形，而且是双晶，还会出现块状、粒状的集合体；颜色多种多样，从无色、白色一直到棕色、红色，条痕呈现出白色；从透明一直到半透明，具有玻璃光泽或者油脂光泽。冰晶石可以作为炼铝的助熔剂，还可以制作农药、制造乳白色的玻璃，所以有着很高的经济价值。

萤石还叫作氟石，主要存在于炙热的矿脉中和温泉周围，无数透明的萤石晶体来自于华港伟晶岩或者萤石脉的晶洞中，常常与石英、方解石、黄铁矿、重晶石等物质共生。萤石晶体属于等轴晶系，通常是立方体、八面体、立方体的穿插双晶，还会出现粒状、块状的集合体；在紫外线照射下或者对它进行加热时，它会出现紫蓝色的荧光，所以才会被命名为萤石。萤石的颜色多种多样，从浅绿、浅紫一直到无色，偶尔还会呈现出玫瑰红色，条痕是白色的；具有玻璃光泽，从透明一直到不透明。在冶金工业上，萤石可以当作助熔剂，还可以用来制造氢氟酸。在全世界，萤石的主要产地是南非、墨西哥、蒙古、俄罗斯、美国、泰国、西班牙等地；中国也拥有大量的萤石矿产，浙江、湖南、福建等地都有萤石资源。

第四章　氧化物和氢氧化物

氧与其他元素结合在一起就形成了氧化物，氧化物构成了许多矿物，存在于多种地质环境中，氧化物矿石非常坚硬，比重也比较大；氧化物和水反应之后便生成了氢氧化物，所以氢氧化物的硬度小一些。

第一节　尖晶石、红锌矿、赤铜矿

自古以来，尖晶石始终有着“最美丽的宝石”的美誉，而红锌矿是一种稀少的矿石，而且有着重要作用。赤铜矿中铜的含量高达88.82%，但分布范围比较小，所以是不太重要的铜矿石。

尖晶石是熔化的岩浆进入到含有杂质的灰岩或者白云岩中，然后经过变质作用逐渐生成。尖晶石的晶体是八面体，有时也会出现立方体、菱形十二面体的聚集体，或者粒状、块状、致密状的集合体；颜色多种多样，如无色、粉红色、红色、紫红色、浅紫色、蓝紫色、蓝色、黄色、褐色等，条痕呈现出白色；具有玻璃光泽，从透明一直到不透明。由于尖晶石有着绚丽的色彩，所以始终被评定为最美丽的宝石。目前，全球最富有传奇色彩的“铁木尔红宝石”和大英帝国国王王冠上于1660年镶嵌的“黑色王子红宝石”都是尖晶石。

红锌矿是重要的锌矿石，常常与方解石、硅锌矿等物质一起存在于变质岩中。红锌矿的晶体是六方锥体，但非常罕见，主要是粒状、块状、致密状的集合体；颜色是暗红色或者橘黄色；从透明一直到半透明，具有半金属光泽。红锌矿是一种稀有矿石，只存在于德国的隆克林、美国的新泽西州等地，所以始终受到收藏家和矿物学家的关注。

赤铜矿常常与自然铜、孔雀石、蓝铜矿等物质一起存在于铜矿床的氧化带中。赤铜矿的晶体是立方体、八面体、菱形十二面体，但双晶现象很罕见，主要是致密块状、粒状、土状的集合体；新鲜表面是洋红色的，氧化之后的颜色是暗红色，条痕呈现出棕红色；具有金刚光泽或者半金属光泽。赤铜矿中铜的含量高达88.82%，但由于分布范围比较小，所以是次要的铜矿石。在全世界，赤铜矿的主要产地是法国、智利、玻利维亚、南澳大利亚、美国等地；在中国，云南东川、江西、甘肃等地的铜矿区中也有赤铜矿。

第二节　磁铁矿、钛铁矿、赤铁矿

磁铁矿是炼铁的主要矿物，更是传统的中药材。钛铁矿是提炼钛和二氧化钛的主要矿物。赤铁矿是铁矿石，不仅有着很大的使用价值，还有很高的经济价值。

磁铁矿是常见的氧化物，主要存在于岩浆岩、矿脉、矿床中。磁铁矿的单晶体是八面体、菱形十二面体，还会出现致密状、块状、粒状的集合体；颜色是铁黑色，条痕是黑色的；具有半金属光泽或者暗淡光泽，而且不透明。由于磁铁矿具有磁性，而且是磁性最强的矿物，所以可以被永久磁铁所吸引，从而被称为磁石、玄石，古代的“司南”就是利用这个特征制作而成。磁铁矿是炼铁的重要矿物，还是传统的中药材，在全世界有着广泛的分布范围，瑞典的基鲁纳和智利的拉克铁矿是著名的磁铁矿产地，而俄罗斯、美国、巴西、澳大利亚、中国等国家都拥有丰富的磁铁矿。

钛铁矿是许多岩浆中的副产物，如火成岩、变质岩，还会出现在黑砂矿中。钛铁矿的晶体属于三方晶系，一般是板状的，有时也会出现菱面体，或者是块状、片状、粒状的集合体；颜色是钢灰色或者铁黑色，而且不透明。钛铁矿是提取钛和二氧化钛的重要矿物。在全世界，钛铁矿的主要产地是加拿大魁北克的埃拉德湖、挪威的克拉格罗、印度的特兰万科尔、美国的佛罗里达、澳大利亚的东海岸等；在中国，四川的攀枝花铁矿中也含有大量的钛铁矿。

赤铁矿是铁的氧化物，是各种岩石形成的副矿物，常常以分散的粒状存在于火成岩中。赤铁矿的晶体一般是菱面体或者板状，还会出现片状、鳞片状、粒状、肾状、土状、致密块状的集合体；颜色多种多样，从铁黑色、钢灰色一直到暗红色，条痕是樱红色的；从金属光泽到半金属光泽，而且不透明。赤铁矿有着比较高的经济价值，但只有极少数的赤铁矿拥有完美的金属闪光菱面体，晶体一般都是扁平的，也有一些板状成簇地组合成玫瑰花的形状，所以被称为铁玫瑰，还有一些鳞片状的集合体叫作镜铁矿。赤铁矿是主要的铁矿石，不仅有着很高的使用价值，还有巨大的经济价值。在全世界，赤铁矿的主要产地是美国的苏必利尔湖和克林顿、俄国的克里沃伊洛格、巴西的迈那斯格瑞斯等地；在中国，辽宁的鞍山、甘肃的镜铁山、湖北的大冶、湖南的宁乡、河北的宣化等地也存在着赤铁矿。

第三节　红宝石和蓝宝石

对于人类来说，宝石是大自然赐予的珍贵宝藏。其中，人们最喜欢的是红宝石和蓝宝石。红宝石被称为“爱情之石”，象征着美好的爱情，矢志不渝的真心；蓝宝石被称为“灵魂宝石”，象征着德高望重的威望和永恒不变的忠诚。

红宝石主要存在于岩浆岩和变质岩中，还会出现在河床的沙砾层中。红宝石的晶体是双锥形、板状、菱面状，还存在着块状和粒状；颜色是红色，条痕呈现出白色；从玻璃光泽一直到金属光泽，而且半透明。红宝石是非常珍贵的资源，《圣经》中说它是所有宝石中的佼佼者，它那炙热的红色让人们联想到热情和爱情，所以被称为“爱情之石”，象征着永恒的爱情，矢志不渝的真心；有些民族认为它是不死鸟的化身，所以引发了许多美好的幻想，据说，左手戴着一枚红宝石戒指或者左胸戴着一枚红宝石胸针，便拥有化敌为友的力量。

蓝宝石也是存在于岩浆岩和变质岩中，还会出现在冲积矿床中。刚玉是蓝宝石的一个变种，晶体是双锥状、板状，颜色是菱白色；具有玻璃光泽或者金属光泽，呈现半透明状。古代的波斯人认为，蓝宝石反射的光彩使天空呈现出蔚蓝色，所以认为它象征着德高望重的威望。蓝宝石是九月诞生的宝石，人们认为它蕴涵的沉静和高雅的色调代表着慈祥、诚实、高尚。由于蓝宝石晶体晶莹剔透，所以被赋予了神秘的超自然色彩。西方人将蓝宝石称为“灵魂宝石”，蓝宝石的许多特征使它成为人们喜爱的珍宝。

第四节　水镁石、褐铁矿、水锰矿

水镁石是提取镁的主要矿石。褐铁矿是氧化之后形成的次生物质，还是重要的铁矿石。水锰矿是提取锰的重要原料。

水镁石存在于变质石灰岩、蛇纹岩、片麻岩中，它属于低温热液蚀变矿物。水镁石的晶体是板状，主要是叶片状、纤维状、粒状的集合体；水镁石的颜色是白色、灰色或者浅蓝色，但掺杂了铁和锰之后，便会呈现出黄色或者褐红色，条痕是白色；具有珍珠光泽，而且是透明的。水镁石是提取镁的重要矿物，美国、法国、英国等地都有着丰富的水镁石资源。

褐铁矿指的不是一种矿物，而是针铁矿、水针铁矿等矿物的统称。因为这些矿物的颗粒非常细小，难以辨认，便统称为“褐铁矿”。褐铁矿不会形成晶体，主要是块状、结合状、钟乳状的集合体，有时候看起来像是黄铁矿晶体；颜色一般是黄褐色和浅黑色，条痕是黄棕色；具有半金属光泽或者玻璃光泽，而且是半透明或者不透明的。褐铁矿是氧化之后形成的次生物质，在硫化矿床中的氧化带中会形成红色物质，根据这个特征可以寻找到矿物。与磁铁矿、赤铁矿相比，褐铁矿中铁的含量要低一些，但它冶炼时比较容易，所以是不可或缺的铁矿石资源。在全世界，褐铁矿的主要产地是法国的洛林、德国的巴伐利亚、瑞典等地。

当氧化条件不是太充分时，便会形成水锰矿，它在低温热液矿脉中的状态是晶簇或者重晶石，常常与方解石一起存在，还可能出现在湖泊、沼泽等地。水锰矿的晶体是柱形，一般是双晶，还会出现块状、纤维状、粒状、结核状的集合体；颜色是深灰色或者黑色，条痕的颜色是红棕色或者黑色；具有半金属光泽，而且不透明。在全世界，水锰矿的主要产地是英国的考恩沃、美国的克劳里德、德国的哈斯山脉、加拿大等地。

第五章　碳酸盐、硝酸盐、硼酸盐

碳酸盐是金属元素或者非金属元素与碳酸根结合在一起形成的化合物，如方解石；硝酸盐是金属元素与硝酸根结合在一起形成的化合物，如钠硝石；硼酸盐是金属元素与硼酸根结合在一起形成的化合物，如钠钙解石。

第一节　文石、方解石、白云石

文石中含有锰和铁，它与方解石的不同之处在于，它属于斜方晶系，而方解石属于三方晶系。此外，白云石的晶体结构类似于方解石。

文石还叫作霰石，它的储量要比方解石少一些，主要存在于变质岩和沉积岩中，还会出现在动物的贝壳或者骨骸中，甚至是海水和温泉周围的沉积物中。文石的晶体是柱形，一般是双晶，当双晶是交错的六方体时，主要是柱状、钟乳状、纤维状的集合体；颜色多种多样，如白色、无色、灰色、绿色、蓝色等，条痕颜色是白色；从透明到半透明，具有玻璃光泽或者油脂光泽。在全世界，文石的主要产地是美国的加利福尼亚州、中国的浙江和河北等地。

方解石是一种分布范围非常广泛的矿物，而且是石灰岩和大理石的重要成分，主要存在于石灰岩中，重碳酸钙溶解之后，在合适的条件下也能形成方解石沉淀。方解石的晶体一般是菱面体或者三角面体，而且是双晶，主要是粒状、块状、钟乳状、纤维状的集合体或者晶簇；颜色多种多样，如无色、乳白色、红色、绿色、黑色等，而无色透明的晶体叫作冰洲石；从透明一直到半透明，具有玻璃光泽或者珍珠光泽。在冶金工业上，方解石可以制作成熔剂；在建筑工业上，方解石可以用来生成水泥、石灰；此外，无色的冰洲石还可以用来制作偏光棱镜，所以方解石有着重要的用途。

白云石是白云岩和白云质灰岩的重要成分，主要存在于炙热的矿脉或者含有镁的石灰岩中。白云石的晶体结构类似于方解石的晶体结构，通常是菱面体，晶面是弯曲的马鞍状，主要是块状、粒状的集合体；纯净的白云石的颜色是白色的，如果含有其他杂质便会是灰色、粉红色或者棕色，条痕的颜色是白色；从透明一直到半透明，具有玻璃光泽或者珍珠光泽。白云石有着广泛的用途，可以用于建筑、化工、农业、环保、节能等各个领域，还可以用来制造陶瓷、玻璃、耐火器具等物品。白云石主要用来制作高炉炼铁的火熔剂和耐火材料。此外，白云石还可以制成钙镁磷肥，以及制造硫酸镁。

第二节　孔雀石、蓝铜矿、钠硝石

孔雀石是独一无二的矿物，所以几乎不会出现仿冒品；蓝铜矿常常与孔雀石共生，可以制作保健品；钠硝石主要存在于炙热、干燥的沙漠中。

孔雀石是一种磷酸盐矿物，含有铜元素，主要存在于铜矿床的氧化带中，常常与蓝铜矿等物质共生。孔雀石属于单斜晶系，晶体是柱状或者针状，通常是双晶，主要是隐晶钟乳状、块状、皮壳状、结合状、纤维状的集合体；颜色是绿色、孔雀绿或者暗绿色，条痕的颜色是淡绿色；具有丝绢光泽或者玻璃光泽，从半透明一直到不透明。孔雀石是不透明的深绿色，并且带有条状花纹，这是它独一无二的性质，也是其他宝石所不具备的特性，所以几乎不会出现仿冒品；此外，孔雀石还可以当作寻找黄铜矿的标志，只要发现了孔雀石，地质员便能寻找到黄铜矿。在全世界，孔雀石的主要产地是俄罗斯、罗马尼亚、巴西、中国的湖北等地。

蓝铜矿还叫作石青，主要存在于铜矿床的氧化带、铁冒、围岩缝隙中，常常与孔雀石等物质共生。蓝铜矿的晶体是板状或者短柱状，不仅可以结为双晶，还会出现块状、钟乳状、结核状的集合体；颜色是深蓝色，贝壳状断口，条痕颜色是浅蓝色；从透明一直到不透明，具有玻璃光泽或者暗淡光泽。蓝铜矿可以制成保健品，能够增强身体的敏感度，让人的意识变得明朗，还能够减轻喉痛、沙哑、喉炎等病症，消除精神障碍，中国的云南等地含有蓝铜矿。

硝化细菌将腐败的有机物分解之后就会形成硝酸根，而硝酸根与土壤中的钠质化合就形成了钠硝石，钠硝石常常与石膏、芒硝、石盐等物质共生，但很容易溶解在水中流失掉，所以钠硝石通常集中在干燥的沙漠中，智利北方沙漠中有720多公里的钠硝石矿床。钠硝石的晶体是菱面体，但非常罕见，主要是块状、粒状的集合体；纯净的钠硝石的颜色是无色或者白色，但掺有杂质之后就会变成黄色、灰色或者棕色，条痕颜色是白色；具有玻璃光泽，而且透明。钠硝石的主要作用是制造氮肥、硝酸、炸药等物质，还可以作为冶炼镍的氧化剂或者作为人造珍珠的黏合剂等，有着巨大的应用价值。

第三节　硬硼酸钙石、钠硼解石、四水硼砂

硬硼酸钙石可以溶解在硝酸中，燃烧时会发出绿色火焰。钠硼解石是重要的工业原料，更是提炼硼的主要矿物。四水硼砂主要用来生产硼酸钠和硼酸。

硬硼酸钙石主要存在于蒸发岩矿床中。它的晶体是短柱状，主要是块状、球状、粒状的集合体；颜色是白色、黄色或者灰色，条痕的颜色是白色；从透明一直到半透明，具有玻璃光泽。硬硼酸钙石可以溶解在硝酸中，而且很容易折断，燃烧时会产生绿色火焰。

钠硼解石是干旱地区内陆湖的沉积物，常常与石盐、芒硝、石膏、天然碱、钠硝石、硼砂、硼镁石、水方硼石、库水硼镁石等物质一起存在于蒸发岩盆地中。钠硼解石的晶体是针状，主要是针状、纤维状、白色绢丝状、团块状、放射状的集合体；颜色是白色或者无色，条痕颜色是白色；从透明一直到半透明，具有玻璃光泽。在工业上，钠硼解石有着重要用途，而且是提炼硼的主要矿物。

四水硼砂是一种硼酸钠矿物，而且含有一定的水分，与硼砂的成分很相似，但水的含量少一些，主要存在于蒸发岩矿床和矿脉中。四水硼砂的晶体是短柱形，但很难见到，常常是块状的集合体；颜色是无色或者白色，条痕的颜色是白色；从透明一直到不透明，具有玻璃光泽或者暗淡光泽。1926年，人们才在加利福尼亚波隆镇附近的沙漠中勘探到四水硼砂。

第六章　硫酸盐、铬酸盐、钼酸盐、钨酸盐

硫酸盐是金属元素与硫酸根结合在一起形成的化合物，如石膏；铬酸盐是金属元素与铬酸根结合在一起形成的化合物，如铬铅矿；钼酸盐是金属元素与钼酸根结合在一起形成的化合物，如钼酸矿；钨酸盐是金属元素与钨酸根结合在一起形成的化合物，如白钨矿。

第一节　石膏、天青石、硬石膏

在工业和医学上，石膏有着广泛的用途；天青石是提取锶的重要矿物，由于它的储量非常稀少，所以显得十分珍贵；硬石膏是天然硫酸盐矿物，但由于它的水化硬化活性比较低，所以有着一定的应用范围。

石膏主要是化学沉积作用形成的物质，通常是巨大的矿层或者透镜体，常常与硬石膏、石盐等物质一起存在于石灰岩、页岩、砂岩、泥灰岩、黏土岩中。石膏的晶体是板状、金刚石状，一般是双晶，最常见的是粒状块体或者纤维状；颜色多种多样，从无色、白色一直到灰色、浅黄色、浅红色，条痕的颜色是白色；从透明一直到不透明，具有玻璃光泽或者暗淡光泽。石膏有着广泛的用途，在工业上，不仅可以制造水泥，而且是重要的化工原料；在医学上，可以用来解肌清热、除烦止渴等，还可以治疗汤火造成的烫伤。

天青石常常与方解石、石英等物质一起存在于炙热的矿脉中，还会出现在沉积岩中，或者是蒸发岩和基性岩的矿床中。天青石的晶体是板状或者柱状，大部分是块状、纤维状的集合体；颜色多种多样，从无色、白色一直到浅红色、棕色，条痕的颜色是白色；从透明一直到半透明，具有玻璃光泽。在世界上，天青石是稀有矿物，储量仅仅是两亿吨，由于它是提取锶的主要矿物，所以显得更加珍贵。而且，具有开发价值的天青石矿床非常少，中国在全球的开采量最高，每年大约会开采五十多万吨，占据世界总量的60%；西班牙是第二位，墨西哥

是第三位，接着是土耳其、伊朗、英国、秘鲁、阿尔及利亚等国家。

硬石膏是天然硫酸盐矿物，主要存在于蒸发作用形成的盐湖沉积物中，与白云石、石膏、石盐等蒸发岩矿物共生，还会出现在炙热的矿脉中。硬石膏的晶体是板状、柱状，但主要是粒状、纤维状的集合体；纯净的硬石膏的颜色是无色或者白色，掺加了其他杂质的硬石膏是灰色、浅红色、浅棕色，条痕颜色是白色；从透明一直到不透明，具有玻璃光泽或者珍珠光泽。中国有着丰富的硬石膏资源，主要存在于长江流域、四川、江苏等地。

第二节　重晶石、胆矾、明矾石

重晶石是重要的非金属矿物，在工业上有着广泛的用途。胆矾在医药方面有着重要作用，可以制作成催吐剂和解毒药等物品。明矾石是提取明矾和硫酸铝的重要矿物。

重晶石是一种非金属矿物，它的主要成分是硫酸钡，常常与石英、方解石、萤石、黄铁矿、白云石、黄铜矿等物质一起存在于炙热的矿脉中，还会出现在沉积岩层或者温泉周围。重晶石的晶体是板状、柱状，常常会结合在一起形成比较大的晶体，还可以形成一些细小的玫瑰状结核，主要是粒状、片状、纤维状、柱状的集合体；纯净的重晶石的颜色是白色，有着一定的光泽，但掺入杂质之后的颜色是灰色、浅红色、浅黄色，条痕的颜色是白色；从透明一直到半透明，具有玻璃光泽或者珍珠光泽。重晶石是一种在工业上有着广泛用途的非金属矿物：不仅可以作为造纸工业、橡胶工业、塑料工业的填合剂，还可以作为钻井泥浆的加重剂和制作锌钡白颜料；在生活方面，重晶石可以用来铺设道路，橡胶和重晶石的含量是10%的柏油混合物，这是一种优良的铺路材料，它的耐磨性非常好；此外，还可以将重晶石填充在重型道路建设设备的轮胎中，能够让地面变得更加夯实。

胆矾属于硫酸盐类矿物的晶体，或者是人工制造成的含水硫酸铜，主要存在于硫化铜矿的氧化带中。胆矾的晶体是板状、柱状，主要是粒状、片状、纤维状、皮壳状的集合体；颜色多种多样，从天蓝色一直到深蓝色或者浅绿色，条痕是无色的；从透明一直到半透明，具有玻璃光泽或者松脂光泽。胆矾在药理上有着重要作用，它和蛋白质结合在一起会形成不溶性的蛋白化合物，溶液具有收敛制泌的功能，内服之后会引发呕吐现象，医生就是利用这个特征帮助病人催吐或者解毒。

明矾石是一种硫酸盐矿物，有着广泛的分布范围，主要存在于流纹岩、粗面岩、安山岩等火山岩中。明矾石的晶体是菱面体，主要是块状、纤维状、致密状的集合体；颜色从白色一直到浅红色、浅黄色或者棕色，条痕是白色的；从透明一直到几乎不透明，具有玻璃光泽或者珍珠光泽。明矾石可以用来提取明矾和硫酸铝，还可以用来炼铝、制造钾肥和硫酸，中国的浙江、安徽、福建等地存在着大量的明矾石。

第三节　杂卤石、青铅矿、绒铜矿

杂卤石是制造化肥的矿石。青铅矿是次生矿物，常常与硫酸铅矿、水胆矾、胆矾等物质共生，主要产地是阿根廷、澳大利亚等地。

杂卤石通常与石盐、石膏、钾盐、光卤石等矿物一起存在于蒸发岩沉积中，但几乎不会出现在火山周围。杂卤石的晶体是细小的长板状，但很难形成晶体，主要是纤维状、叶块状的集合体；纯净的杂卤石是无色、白色或者灰色的，当掺入氧化铁之后，便会转变成粉红色。条痕的颜色是白色；从透明一直到半透明，具有松脂光泽或者玻璃光泽。杂卤石可以用来制造化肥。

青铅矿主要存在于流动液体周围的铅、铜矿脉中，它是次生矿物，常常与硫酸铅矿、水胆矾、胆矾等物质共生。青铅矿的晶体是柱状、板状，主要是双晶，偶尔会出现晶簇；颜色是青蓝色，贝壳状断口，条痕颜色是浅蓝色；从半透明一直到透明，具有玻璃光泽或者半金刚光泽。在全世界，青铅矿的主要产地是阿根廷、澳大利亚、加拿大、纳米比亚、俄罗斯、西班牙、意大利、美国等地。

绒铜矿主要存在于矿石脉中，尤其是铜矿的氧化带中有着大量的绒铜矿。绒铜矿的晶体是细小的针状，主要是簇状的集合体，还会出现皮壳状、纤维状细脉；颜色从浅蓝色一直到深蓝色，断口参差不齐，条痕颜色是浅蓝色；具有丝绢光泽，而且是半透明的。

第四节　铬铅矿和钼铅矿

强酸可以将矿物中的铬铅矿提取出来。由于钼铅矿有着鲜艳的色彩和光泽，所以引起了全球收藏家的关注。

铬铅矿存在于含有铬和铅的矿脉中或者矿床的腐蚀带、氧化带中，常常与钼铅矿、白铅矿、磷氯铅矿等矿物共生。铬铅矿的晶体是又细又长的柱状，主要是块状的集合体；纯净的铬铅矿的颜色是橘红色，如果掺入杂质之后就会呈现出橘黄色、红色或者黄色，亚贝克状断口，条痕颜色是黄色；具有金刚光泽或者玻璃光泽，而且是半透明的。铬铅矿能够熔化在火焰中，也可以溶解在强酸中，所以利用强酸可以将矿物中的铬铅矿提取出来。

钼铅矿是一种钼酸盐，它属于四方晶系，主要成分是钨、钒、钙、稀土元素等物质，还叫作彩钼铅矿，主要存在于矿床流动循环作用的氧化带中，常常与白铅矿、褐铁矿、方铅矿、孔雀石等物质共生。钼铅矿的晶体是正方晶系，呈现出板状、柱状，偶尔也会出现双锥状，主要是块状、粒状的集合体；纯净的钼铅矿的颜色从稻草黄色到蜡黄色，当含有钨时就会是橘红色或者褐色，亚贝壳状断口，条痕的颜色从白色到浅黄色；具有松脂光泽或者金刚光泽，从透明一直到半透明。钼铅矿不是含有钼矿的主要矿物，但由于它有着鲜艳的色彩和光泽，所以受到全世界收藏家的喜爱。在全世界，钼铅矿的主要产地是捷克的什瓦政巴、摩洛哥、阿尔及利亚、澳大利亚、墨西哥的本内特、美国的亚利桑那州等地。

第五节　黑钨矿和白钨矿

黑钨矿和白钨矿都是提炼钨的重要矿物，它们常常存在于接触变质岩和伟晶岩中，还会出现在砂积矿床中。在工业上，钨有着极高的应用价值。

在钨锰矿系列中，黑钨矿属于过渡矿物，常常与锡石、毒砂等物质一起出现在花岗伟晶岩的石英矿脉中。黑钨矿的晶体是柱状、板状，一般是双晶，主要是块状的集合体；随着铁和锰含量的不同，颜色也会发生一定的变化，含铁量越多，颜色越深，从褐红色一直到黑色，条痕颜色从黄褐色一直到黑褐色；具有金属光泽或者半金属光泽，从半透明一直到不透明。黑钨矿的熔化速度非常慢，这是提炼钨的重要矿物。在全世界，黑钨矿的主要产地是俄罗斯、西伯利亚、缅甸、泰国、澳大利亚、玻利维亚等地；在中国，赣南、湘东等地也有大量的黑钨矿。

白钨矿是一种钨酸盐矿物，它属于四方晶系，外表是粒状石块，经过紫外线的照射或者加热之后会呈现紫色，这是提炼钨的重要矿物。白钨矿常常与黑钨矿一起存在于接触变质岩和伟晶岩中，还会出现在砂积矿床中。白钨矿的晶体是假八面体或者四方双锥，主要是粒状、致密块状、块状的集合体；颜色是无色或者白色，偶尔还会伴随着灰白、浅黄、褐色、绿色等颜色，条痕颜色是白色；具有玻璃光泽或者金刚光泽。在短波紫外线的照射下，白钨矿会呈现出蓝白荧光，还可以溶解在酸溶液中，这是鉴定白钨矿的主要依据。在全世界，白钨矿的主要产地是朝鲜南部的山塘、德国的萨克森、英国的康沃尔、澳大利亚的新南威尔士、玻利维亚北部、美国的内华达州、中国的湖南瑶岗仙等地。

第七章　磷酸盐、砷酸盐、钒酸盐

磷酸盐是金属元素与磷酸根结合在一起形成的化合物，砷酸盐是金属元素与砷酸根结合在一起形成的化合物，钒酸盐是金属元素与钒酸根结合在一起形成的化合物。这类矿物主要是由原生硫化物氧化而成，性质和颜色都是多种多样，但质地比较软，而且很容易破碎。

第一节　天蓝石、蓝铁矿、独居石

天蓝石被称为“假青金石”，它是一种高档宝石，可以与青金石相提并论。蓝铁矿的硬度比较小，而且很清脆，所以只有收藏价值。独居石主要存在于伟晶岩和变质岩的矿脉中，而且是商业钚的主要原料。

天蓝石是一种含有羟基的磷酸铝镁矿物，而且存在于多种地质环境中，如石英矿脉、花岗伟晶岩、变质岩等，常常与红柱石、金红石等矿物共生，还有许多变质伴生物，如石英、石榴子石、蓝晶石、白云母、叶腊石、刚玉等。天蓝石的晶体是双锥状，还会出现板状，晶体很大，一般是双晶，主要是块状、粒状、致密状的集合体；颜色是蓝色、浅蓝色、蓝绿色，参差状断口，条痕颜色是白色；具有玻璃光泽或者暗淡光泽，从半透明一直到不透明。天蓝石是一种高档宝石，可以与青金石相媲美，所以被称为“假青金石”。在全世界，天蓝石的主要产地是印度的巴汉达拉、美国的新罕布什尔州和加州、巴西的米纳斯热赖斯、安哥拉、瑞典、马达加斯加、奥地利等地。

蓝铁矿是一种含水磷酸盐，主要存在于铁矿床和锰矿床的氧化带中；蓝铁矿的晶体是长柱状、板状，主要是块状、片状、纤维状的集合体；纯净的蓝铁矿是无色的，风化之后颜色会变深，参差状断口，条痕的颜色从无色一直到蓝白色；具有玻璃光泽或者珍珠光泽，从透明一直到半透明。蓝铁矿很容易溶解在盐酸中。由于蓝铁矿的硬度比较小，而且非常清脆，所以仅仅具有收藏价值。此外，它还可以作为齿绿松石和蓝铁方柱石玉的染色剂。在全世界，蓝铁矿的主要产地是玻利维亚的拉拉哥和波波、喀麦隆的恩科恩地雷、美国的爱达荷州列姆希科、加拿大、澳大利亚、日本、俄罗斯等地。

独居石是一个矿物系列，其中包括独居石铈、独居石镏、独居石钕等矿物，主要存在于伟晶岩和变质岩的矿脉中，地质学家曾在伟晶岩中找到了独居石晶体，独居石还会出现在砂积矿床中，如河流或者滩地的砂层。独居石的晶体很小，通常是板状、柱状，而且是双晶，晶体表面非常粗糙，还有许多条纹，主要是粒状的集合体；颜色多种多样，如棕色、红棕色、黄棕色、粉红色、黄色、浅绿色、白色等，贝壳状断口或者参差状断口，条痕颜色是白色；具有松脂光泽、蜡质光泽或者玻璃光泽，从透明一直到半透明。独居石是商业钚的主要原料。在全世界，独居石的主要产地是巴西、印度、锡兰、澳大利亚、南非、中国等地。

第二节　绿松石、银星石、磷灰石

绿松石是优良的玉材，具有很高的收藏价值。银星石是一种次生矿物，在医疗方面有着重要作用。磷灰石是提取磷和磷的化合物的主要矿物，还可以用来制造磷肥。

绿松石还叫作土耳其玉，是含有大量的铝的岩浆岩或者沉积岩经过风化形成的。绿松石几乎不会形成晶体，但偶尔会出现短小的柱状晶体，主要是块状、粒状、钟乳状、结核状、皮壳状、细脉状的集合体；绿松石的颜色是蓝色、绿色、灰色，贝壳状断口，条痕的颜色是白色、浅绿色；具有蜡质光泽或者暗淡光泽，从透明一直到不透明。绿松石是优质的玉石，国际珠宝界将它分为四个品级：一级品是波斯级，二级品是美洲级，三级品是埃及级，四级品是阿富汗级。其中，一级品是最优质的绿松石，目前全世界最大的一块绿松石产于中国的湖北郧县，长度大约是82厘米，宽度和高度都是29厘米，重量大约是66公斤，结构完整，质地细腻，非常不错。

银星石是一种次生矿物，主要存在于岩石的缝隙中。银星石很难形成晶体，只会形成细小的柱状晶体，主要是放射状、针状、皮壳状、球状的集合体；颜色是白色、黄色、黄棕色，亚贝壳状断口或者参差状断口，条痕的颜色是白色；具有玻璃光泽、松脂光泽或者珍珠光泽，从透明一直到半透明。银星石具有医药作用，可以用来治疗吐血、咯血等症状。在全世界，银星石的主要产地是英国和美国。

磷灰石主要存在于岩浆岩或者变质石灰岩中。磷灰石的晶体是柱状、板状，主要是块状、致密状、粒状的集合体；颜色一般是绿色，偶尔会出现无色、白色、黄色、浅红色、棕色、灰色、紫色等颜色，贝壳状断口或者参差状断口，条痕的颜色是白色；具有玻璃光泽或者松脂光泽，从透明一直到半透明。磷灰石是提取磷和磷的化合物的主要原料，还可以用来制造磷肥，而且透明的磷灰石晶体具有收藏价值，俄罗斯是著名的磷灰石产地。

第三节　水砷锌矿、光线矿、钴华

钴华的主要作用是提炼钴，还可以为玻璃或者陶瓷染色，而且钴华是寻找自然银矿的标志。

水砷锌矿常常与方解石、褐铁矿、孔雀石、蓝铜矿等矿物一起存在于矿脉的氧化带中。水砷锌矿的晶体是长板状、等径状，而且是双晶，主要是球状的块体；水砷锌矿的颜色是黄绿色，亚贝壳状断口或者参差状断口，条痕的颜色是白色；具有玻璃光泽，从透明一直到半透明。

光线矿属于次生矿物，主要存在于硫化铜矿床的氧化带中，常常与橄榄铜矿等矿物伴生。光线矿的晶体是扁长的板状、菱面体状，还会出现蔷薇花状的集合体，而内部是放射状的；颜色从蓝绿色到黑绿色，参差状断口，条痕的颜色是蓝绿色；具有玻璃光泽或者珍珠光泽，从透明一直到半透明。

钴华也属于次生矿物，它是一种含水砷酸钴，主要存在于钴矿脉的氧化带中；钴华的晶体是柱状、针状，晶体表面布满了条纹，常常是土状块体、叶片状的集合体；颜色从深紫色一直到粉红色，参差状断口，条痕的颜色是淡红色；具有金刚光泽、玻璃光泽或者珍珠光泽，从透明一直到半透明。钴华的主要作用是提炼钴，还可以为玻璃和陶瓷染色，而且能够作为寻找自然银矿的标志。因为地表的钴华能够帮助地质学家寻找到其他矿物或者伴生银。

第四节　砷铅矿、橄榄铜矿、臭葱石

砷铅矿是提炼铅的重要原料。橄榄铜矿可以溶解在酸溶液中。臭葱石是一种很难见到的砷酸盐矿物。橄榄铜矿和臭葱石加热之后都会散发出类似于大蒜的气味。

砷铅矿常常与磷氯铅矿、钒铅矿、方铅矿、硫酸铅矿、异极矿、毒砂等物质一起存在于铅矿床的氧化带中。砷铅矿的晶体是针状、圆桶状、细长的柱状，还会出现葡萄状、颗粒状的集合体；颜色多种多样，如黄色、橙色、棕色、白色、无色、浅绿色等，亚贝壳状断口或者参差状断口，条痕的颜色是白色；具有玻璃光泽或者松脂光泽，从透明一直到半透明。砷铅矿可以溶解在盐酸中，还可以熔化在火焰中，同时散发出类似于大蒜的味道。砷铅矿是冶炼铅的重要矿物，中国的广东是砷铅矿的著名产地。

橄榄铜矿常常与孔雀石、蓝铜矿、方解石、透视石、臭葱石等矿物一起存在于硫化铜矿床的氧化带中。橄榄铜矿的晶体是柱状、针状、板状，还会出现球状、肾状的块体；颜色是橄榄绿、棕色、浅黄色、灰色或者白色，贝壳状断口或者参差状断口，条痕的颜色是白色；具有玻璃光泽或者丝绢光泽，从半透明一直到不透明。橄榄铜矿可以溶解在酸溶液中，加热之后会散发出类似于大蒜的味道。

臭葱石是一种砷酸盐矿物，主要存在于含有砷矿的外层氧化带中，还会在温泉附近形成层状沉淀。臭葱石的晶体是双锥状、柱状、板状，主要是块状、土状的集合体；颜色多种多样，如绿色、蓝色、棕色、无色、紫罗兰色等，亚贝壳状断口，条痕的颜色是白色；具有玻璃光泽、松脂光泽或者暗淡光泽，从透明一直到半透明。臭葱石可以溶解在盐酸和硝酸中，加热之后会散发出类似于大蒜的味道，在密闭空间内加热会生成水。在全世界，臭葱石的主要产地是墨西哥、希腊、巴西、英国、美国的加州、安大略湖等地。

第五节　钒钾铀矿、钒铜矿、钒铅矿

钒钾铀矿、钒铜矿、钒铅矿三种矿物都可以溶解在酸溶液中，而且是提取钒的重要矿物。此外，它们还可以提炼出铀、铜、铅等物质，所以它们有着很高的经济价值。

钒钾铀矿还叫作“钒酸钾铀矿”，它属于次生矿物，主要分布在有机质沉积岩的风化带或者沉积铀矿床的氧化带中。钒钾铀矿的晶体微小、扁平，主要是粉状、微晶块状、皮壳状的集合体；颜色是鲜黄色、绿黄色，参差状断口，条痕的颜色是黄色；晶体具有珍珠光泽，块状具有暗淡光泽，而且是半透明的。钒钾铀矿有着很强的放射性，还可以溶解在酸溶液中。纯净的钒钾铀矿中含有的铀大约是53%，含有的钒大约是12%。钒钾铀矿是提取铀、钒、镭等物质的重要矿物，中国的华东、西南等地区有着大量的钒钾铀矿。

钒铜矿是其他铜矿发生变化形成的产物，晶体是皮壳鳞片状，一般具有三角形或者六边形的轮廓，而且是双晶，通常是片状，还会出现玫瑰状、蜂窝状的集合体；颜色是绿色、黄色、棕色，参差状断口，条痕的颜色是黄绿色；具有玻璃光泽或者珍珠光泽，而且是半透明的。钒铜矿可以溶解在酸溶液中。

钒铅矿是磷灰石族矿物，它的晶体结构类似于磷灰石的晶体结构，主要存在于铅矿床的氧化带中。钒铅矿有时可以形成空心的柱状晶体；颜色是鲜红色、红色、棕红色、黄色，贝壳状断口或者参差状断口，条痕的颜色是白色或者浅黄色；具有松脂光泽或者半金刚光泽，从透明一直到半透明。钒铅矿可以熔化在火焰中，还可以溶解在酸溶液中，蒸发之后会留下红色的沉淀，而其他钒酸类矿物则是形成白色沉淀。钒铅矿是提炼钒的主要原料，还可以提炼铅的次要矿物。此外，由于钒铅矿有着绚丽的色彩和光泽，所以引起了许多收藏家的关注。在全世界，钒铅矿的主要产地是美国的新墨西哥州、加州和亚利桑那州，还有阿根廷、南非、奥地利、英国、摩洛哥等地；在中国，河北承德、四川攀枝花等地也存在大量的钒铅矿。

第八章　硅酸盐

硅酸盐是金属元素与硅氧体结合在一起形成的化合物，它是最丰富的一类矿物，而且是构成岩浆岩和变质岩的主要成分。

第一节　橄榄石、硅镁石类、黄玉

橄榄石是一种珍贵的宝石，埃及人将它叫作“太阳的宝石”，相信它拥有太阳的力量，在夜晚佩戴能够消除人们心中对黑暗的恐惧。

橄榄是八月份诞生的石头，被称为黄昏祖母绿，象征着“夫妻幸福”，由镁橄榄石和铁橄榄石构成，镁橄榄石中含有大量的镁元素，主要存在于基性、超基性、大理岩中；铁橄榄石含有大量的铁元素，常常出现在快速冷却的酸性岩石中。橄榄石的晶体是厚板状，晶体末端是楔形，常常是块状、致密状、粒状的集合体；颜色多种多样，从绿色、黄棕色一直到棕色、白色，贝壳状断口，条痕是无色的；具有玻璃光泽，从透明一直到半透明。橄榄石可以溶解在酸溶液中，并形成凝胶。橄榄石是一种著名的宝石，埃及人将其称为“太阳的宝石”，相信它拥有太阳的光明和力量，佩戴它可以消除人们对夜间的恐惧；在美国的夏威夷，人们将橄榄石称为“火神的眼泪”。在全世界，橄榄石的主要产地是缅甸、美国等地，中国的河北、黑龙江等地也有大量的橄榄石。

硅镁石类是一种硅酸盐矿物，它的晶体属于正交晶系，包括硅镁石、斜硅镁石、块硅镁石、粒硅镁石等矿物，主要存在于接触变质石灰岩中或者某些矿脉中，常常与方解石、石墨、尖晶石、石榴子石等矿物伴生。硅镁石的晶体非常小，而且又短又粗，主要是多种形状的集合体；颜色多种多样，从白色、黄色一直到橙色、棕色，参差状断口，条痕的颜色是棕色；具有玻璃光泽，从透明一直到半透明。在全世界，硅镁石的主要产地是意大利的蒙特索马、芬兰的巴拉古斯、瑞典的卡维尔托普等地。

黄玉是一种含水硅酸盐矿物，主要存在于伟晶岩、花岗岩、矿脉的缝隙中，常常与石英等矿物共生。黄玉的晶体是完美的柱状，有些能够达到100千克，还会出现块状、粒状、柱状的集合体；颜色多种多样，如白色、无色、灰色、黄色、绿色、紫色、粉红色等，亚贝壳状断口，条痕是无色的；具有玻璃光泽，从透明一直到半透明。黄玉不能溶解在酸溶液中，而且不会熔化在火中，这是鉴定黄玉的主要依据。全世界出产了大量的黄玉，最著名的产地是巴西的米纳斯吉拉斯州，这里的黄玉有着多种颜色，如黄色、深雪梨黄色、粉红色、蓝色、无色等。此外，斯里兰卡也是黄玉的重要产地，还有美国的加利福尼亚州和中国的广东、新疆、云南等地。

第二节　十字石、硬绿泥石、红柱石

透明的十字石可以当作宝石，硬绿泥石可以用来制作砚石，红柱石是一种优良的耐火材料。

十字石是一种硅酸盐矿物，主要存在于富含铁和铝的泥质岩石的变质岩中，如云母片岩、千枚岩、片麻岩等，常常与蓝晶石、白云母、石榴子石等矿物共生。十字石的晶体是短柱状，横断面呈现出菱形，通常是双晶；颜色是棕色、黄色、黑色，贝壳状断口或者参差状断口，条痕的颜色从无色一直到深灰色；具有玻璃光泽或者松脂光泽，从半透明一直到不透明。透明的十字石可以被看作宝石，所以在矿物学和岩石学上有着重要意义。

硬绿泥石常常存在于铁和铝含量比较高的变质泥岩中，它是这种岩石中的常见矿物，常常与白云母、绿泥石、石榴子石、蓝晶石等矿物共生。硬绿泥石的晶体是板状，但非常罕见，一般是双晶，主要是片状、块状、鳞片、玫瑰花状的集合体；颜色从深灰色一直到黑绿色，参差状断口，条痕的颜色从无色到淡绿色；具有珍珠光泽，而且是半透明的。由于硬绿泥石的硬度比较高，所以可以制作成砚石，瑞典是其著名的产地。

红柱石主要存在于花岗岩、伟晶岩等变质岩中，常常与蓝晶石、刚玉等矿物共生。红柱石的晶体是柱状，还会出现块状、纤维状的集合体；颜色是粉红色、浅红色、浅白色、浅绿色，亚贝壳状断口或者参差断口，条痕是无色的；具有玻璃光泽，从透明一直到不透明。红柱石是已知的最优质的耐火材料，可以作为冶金工业和陶瓷工业中的耐火材料，而且还可以冶炼高强度轻质硅铝合金。在全世界，红柱石的主要产地是西班牙的安达卢西亚、奥地利的蒂罗尔州、巴西的米纳斯吉拉斯等地。此外，中国的北京西山也有大量的红柱石。

第三节　蓝晶石、蓝线石、蓝柱石

蓝晶石可以用来提取铝，还是一种高级耐火材料。在工业上，蓝线石可以用来制作熔炉的内层。除了制作宝石之外，还可以从蓝柱石中提取铍。

蓝晶石是一种岛状结构硅酸盐矿物，与红柱石、矽线石是同质多象变体形，通常存在于变质岩中，如片岩、片麻岩等。蓝晶石的晶体是柱状、片状，而且常常是弯曲的晶体，还会出现块状、前卫状的集合体；颜色多种多样，如蓝色、白色、灰色、绿色、黄色、黑色等，参差状断口，条痕是无色的；具有玻璃光泽或者珍珠光泽，从透明一直到半透明。蓝晶石可以用来提取铝，还是一种优质的耐火材料。在全世界，蓝晶石的主要产地是美国的加利福尼亚、艾奥瓦州、佐治亚州、加拿大、爱尔兰、法国、意大利、瑞士、印度、巴西、朝鲜、澳大利亚等地。

蓝线石也是一种岛状硅酸盐，主要存在于含有大量的铝的变质岩或者伟晶岩中。蓝线石的晶体是柱状，但非常罕见，最常见的是喀状、纤维状、放射状的集合体；颜色是蓝色、紫罗兰色、粉红色、棕色，参差状断口，条痕的颜色是白色；具有玻璃光泽或者暗淡光泽，从透明一直到半透明。在工业上，蓝线石可以制作熔炉的内层。在全世界，蓝线石的主要产地是加拿大、法国、意大利、马达加斯加、纳米比亚、挪威、波兰、斯里兰卡、美国的亚利桑那州、加州、科罗拉多州等地。

蓝柱石是一种硅酸盐矿物，主要存在于伟晶岩、冲击砂矿床中。蓝柱石的晶体是柱状；颜色是无色、蓝色、白色，贝壳状断口，条痕颜色是白色；具有玻璃光泽，从透明一直到半透明。除了制作宝石之外，蓝柱石还可以用来提取铍。在全世界，蓝柱石最重要的产地是巴西的米纳斯热赖斯；此外，加拿大的卡尔加里狄沃、俄罗斯的乌拉尔萨冈耶卡河、坦桑尼亚的莫罗哥罗、德国的巴伐利亚、匈牙利、克什米尔等地也是蓝柱石的重要产地。

第四节　异极矿、符山石、绿柱石

异极矿蕴含着巨大的能量，但能够以稳定、平和的方式输送出去，所以常常用在医疗保健方面。当绿柱石中含有铬时，便会是鲜艳的翠绿色，被称为祖母绿，有着非常高的收藏价值。

异极矿通常是闪锌矿氧化之后的产物，主要存在于铅锌硫化物矿床的氧化带中，常常与菱锌矿、白铅矿、褐铁矿、方解石、硫酸铅等矿物共生。异极矿的晶体是薄板状，晶体表面有着纵向条纹，还会出现块状、致密状、葡萄状、粒状、纤维状、皮壳状的集合体；颜色多种多样，如白色、无色、蓝色、灰色、棕色，贝壳状断口或者参差状断口，条痕是无色的；具有玻璃光泽或者丝绢光泽，从透明一直到半透明。由于异极矿有着巨大的能量，而且能够以稳定、平和的方式释放出来，所以常常用于医疗保健方面，佩戴之后可以让人的心情变得平静。全世界最著名的产地是英国，中国的云南等地也有大量的异极矿。

符山石是一种岛状结构的硅酸盐矿物，主要存在于接触蚀变的石灰岩和某些岩浆岩中，常常与绿帘石、石榴子石、方解石等矿物共生。符山石的晶体属于四方晶系，一般是四方体、四方锥形，晶体表面有纵纹，还会出现柱状、放射状、致密块状的集合体；颜色是黄色、灰色、绿色、褐色，贝壳状断口或者参差状断口；具有玻璃光泽，从透明一直到半透明。晶莹剔透的符山石是一种优质的宝石，巴基斯坦、挪威、美国等地都有这种矿物。其中，美国的加利福尼亚出产的绿色、绿黄色的符山石质地细腻，有着“加州玉”的美称，而中国的河北邯郸存在着巨大的符山石晶体。

绿柱石是一种环状结构硅酸盐，它属于六方晶系，主要存在于伟晶岩或者花岗岩中，还会出现在某些变质岩中。绿柱石的晶体是六方体，晶体表面有着纵纹，还有晶簇、针状的集合体，甚至会形成伟晶，长度可以达到5米，重量大约是18吨，颜色通常是浅绿色，当含有铯时，便会呈现出粉红色，这就是玫瑰绿柱石；当含有铬时，便会呈现出翠绿色，这就是祖母绿；当含有二价铁时，便会呈现出淡蓝色，这就是海蓝宝石；当含有三价铁时，便会呈现出黄色，这就是黄绿宝石。贝壳状断口或者参差状断口，条痕的颜色是白色的，具有玻璃光泽，从透明一直到半透明。绿柱石是冶炼铍的重要原料，色泽美丽可以作为珍贵的宝石，所以有着很高的收藏价值。

第五节　电气石、黑柱石、斧石

电气石中含有多种天然矿物质，由于它本身带有比较弱的电流，所以人体很容易吸收它所含有的矿物质，可以很好地为人体补充矿物质。

电气石还叫作“碧玺”，这是一种含硼的环状结构硅酸盐矿物，通常存在于花岗岩、伟晶岩、某些变质岩中，常常与绿柱石、石英等矿物共生。电气石的晶体是柱状，晶体表面有纵纹，横断面是球面三角形，主要是棒状、放射状、束针状的集合体，还会出现致密的块状物。电气石由七个品种构成：锂电气石、好日电气石、钠铁电气石、镁电气石、红电气石、铬镁电气石、钙镁电气石；贝壳状断口或者参差状断口，条痕是无色的；具有玻璃光泽，从透明一直到不透明。电气石中含有多种天然矿物质，而且是人体必需的矿物质，由于本身拥有微弱的电流，所以人体很容易吸收它所含有的矿物质，这是人体补充矿物质的重要来源。

黑柱石主要存在于岩浆或者熔岩的接触变质带中，还会出现在正长岩中。黑柱石的晶体是柱状，晶体表面有金刚石的横截面和条纹，还会出现块状、致密状的集合体；颜色是黑色或者灰色，参差状断口，条痕的颜色是黑色、绿色、棕色；具有半金属光泽，而且是不透明的。黑柱石可以溶解在盐酸中，还会形成凝胶现象，而且可以熔化在火焰中。

斧石主要存在于接触变质蚀变的钙质岩石中，晶体是板状、楔形，主要是块状、片状的集合体；颜色多种多样，如红棕色、黄色、无色、紫罗兰色、灰色等，贝壳状断口或者参差状断口，条痕是无色的；具有玻璃光泽，从透明一直到半透明。在全世界，最著名的斧石产地是法国。

第六节 锂辉石、硬玉、阳起石

锂辉石中含有锂，燃烧的时候会发出红色的火焰。在中国，硬玉被称为翡翠，这是一种有着很高的经济价值的宝石。阳起石具有医药作用，能够治疗阳痿或者妇女子宫久冷，还有腰膝酸软等症状。

锂辉石主要存在于花岗伟晶岩中，常常与长石、白云石、黑云母、石英、绿柱石、电气石、黄玉等矿物共生。锂辉石的晶体是扁平的柱状，而且是双晶，晶体表面有纵纹，还有三角形痕迹，偶尔会出现巨大的晶体，还会出现劈裂的块状体；颜色多种多样，如无色、白色、灰色、浅绿色、浅黄色、淡紫色等，参差状断口，条痕的颜色是白色；具有玻璃光泽，从透明一直到半透明。锂辉石不能溶解，但可以熔化，由于含有锂元素，所以燃烧时会出现红色火焰。锂辉石由紫锂辉石和脆铬锂辉石两个品种构成，后者是绿色的，晶体非常小，仅仅存在于美国的北卡罗来纳州。

硬玉是一种含有钢和铝的硅酸盐矿物，含有多种氧化物，如二氧化硅的比例是58.28%，氧化钠的比例是13.94%，氧化钙的比例是1.62%，氧化镁的比例是0.91%，三氧化二铁的比例是0.64%等，还含有少量的铬、镍等元素，主要存在于超基性岩和某些片岩中，还会出现在小矿脉、燧石、杂砂岩透镜体中。硬玉的晶体是细小的柱状，晶体表面有一些条纹，但很难形成晶体，如果形成晶体通常是双晶，主要是块状、粒状的集合体；颜色一般是绿色，有时会出现白色、灰色、紫红色，当含有氧化铁杂质时，便会呈现出黄色或者棕色，多片状断口，条痕是无色的；具有玻璃光泽或者油脂光泽，而且是半透明的。在中国，硬玉被称为翡翠，这是一种很珍贵的宝石，根据颜色和质地可以划分为二十多个品种，如宝石绿、艳绿、黄阳绿、阳俏绿、鹦哥绿、菠菜绿、浅水绿、浅阳绿、蛙绿、瓜皮绿、梅花绿、蓝绿、灰绿、油绿、紫罗兰、藕粉色等。

阳起石是硅酸盐类矿物中的角闪石族透闪石，主要存在于片岩、角闪岩中。阳起石的晶体是长叶片状，一般是双晶，还会出现片状、柱状、纤维状、粒状的集合体；颜色从淡绿色到墨绿色，贝壳状断口或者参差状断口，条痕的颜色是白色；具有玻璃光泽，从透明一直到不透明。阳起石具有医药作用，能够治疗阳痿或者妇女子宫久冷，还可以缓解腰膝酸软等症状。阳起石晶体的颜色是白色、浅灰白色或者淡绿白色，而且有着一定的光泽。阳起石是透闪石中超过2%的镁离子被二价铁离子置换形成的物质。如果阳起石中铁的含量比较高，便会呈现出深绿色或者黑色，而且被称为铁阳起石；如果阳起石是石棉状，它的颜色就是白色或者灰色。由于阳起石又硬又脆，所以折断后的断面不是平整的。

第七节　针钠钙石、硅灰石、柱星叶石

针钠钙石的集合体是针榨，还会出现块状体或者板状晶体。硅灰石是一种新的工业原料，在陶瓷工业上有着重要应用，还可以制作成冶金保护液和涂料。

针钠钙石主要存在于玄武岩空洞（空洞指的是熔岩气孔）中，常常与沸石类矿物共生，如片沸石、钙十字沸石、方沸石等，还会出现在钙质变质岩、碱性侵入岩、云母橄榄岩中。针钠钙石的集合体是针榨，常常出现块状体、板状晶体；颜色是白色、无色、浅灰色，参差状断口，条痕的颜色是白色；具有玻璃光泽或者丝绢光泽，透明或者半透明。针钠钙石在盐酸中会产生凝胶现象，在密闭空间内加热会生成少量水，这些特征可以作为鉴定针钠钙石的依据。

硅灰石矿石分为两种自然类型：夕卡岩型矿石和硅灰石型（如石英、方解石）矿石，夕卡岩型矿石主要存在于夕卡岩型矿床中，矿物成分非常复杂，常常与石英、方解石、透辉石、石榴子石等矿物伴生；硅灰石型矿石主要存在于接触变质岩、区域变质型矿床中。硅灰石也有两种晶体：致密块状矿石和粗晶硅灰石矿石，前者主要是粒状、柱状、纤维状的集合体，偶尔会出现极其致密的玉状；后者主要是板柱状、束状、放射状。硅灰石是一种新的工业原料，主要应用于陶瓷工业上，其次用来制作冶金保护渣和涂料，还可以制成电焊条药皮、石棉代用品、磨料黏结剂、玻璃配料、橡胶、塑料、绝缘材料、纸张等物品。在全世界，硅灰石的主要产地是美国、俄罗斯等地。

柱星叶石是一种副矿物，主要存在于中性深成岩中，常常伴生着蓝锥矿、钠沸石等矿物。柱星叶石的晶体是柱状，晶面是正方形；颜色是黑色、深棕色，贝壳状断口，条痕的颜色是红棕色；具有玻璃光泽，而且不透明。最初，

柱星叶石是在丹麦格陵兰岛发现的，全世界著名的产地是美国加州的达拉斯宝石矿、加拿大魁北克省的圣海拉尔山、澳大利亚、俄罗斯、丹麦等地。

第八节　白云母、锂云母、黑云母

白云母、锂云母、黑云母是云母的三个品种。白云母在工业上有着重要作用，锂云母是提取锂的重要原料，黑云母可以用来制作建筑材料填充物。

白云母的分布范围非常广泛，主要存在于岩浆岩中，尤其是花岗岩等酸性岩石，还会出现在变质岩中，如片岩、片麻岩等。花岗岩中的白云母晶体在工业上有着巨大价值；伟晶岩中的白云母是经过多个阶段形成的；变质岩中的白云母分布范围很广泛，它是在高温和钾的双重作用下形成的。白云母的晶体是板状，晶体表面是六边形，一般是双晶，还会出现鳞片状、致密状的集合体；颜色多种多样，如白色、灰色、绿色、红色、棕色等，参差状断口，条痕是无色的；具有玻璃光泽或者珍珠光泽，从透明一直到半透明。白云母不仅能溶解在酸中，还有很强的隔热能力。

锂云母还叫作鳞云母，常常与电气石等矿物一起存在于酸性岩石中，如花岗岩、伟晶岩等，还会出现在含有大量锡的矿脉中。锂云母的晶体是板形，晶体的形状是假六面形，还会出现鳞片、块状的集合体；颜色是粉红色、紫色、浅灰色、白色等，参差状断口，条痕是无色的；具有珍珠光泽，从透明一直到半透明。锂云母的颜色从粉红一直到紫色，熔化时能够产生气泡，同时发出深红色的火焰，不能溶解在酸溶液中，但熔化之后能够与酸进行反应。锂云母是提取稀有金属锂的重要矿物，由于它常常含有铯和铷，所以成为提取这些稀有金属的主要原料。

黑云母主要存在于岩浆岩、变质岩中。黑云母的晶体是板状、柱状、锥状，最常见的是假六方板体；颜色是黑色、深棕色、黑棕色、绿色等，偶尔会出现白色的黑云母，但非常罕见，参差状断口，条痕是无色的；具有玻璃光泽，从透明一直到半透明。黑云母的主要作用是制作建筑材料的填充物，所以有着很高的实用价值。

第九节　中长石、奥长石、培斜长石

奥长石是玻璃工业和陶瓷工业中的制作原料；培斜长石是玻璃工业和陶瓷工业中的制造原料，而色泽美丽的培斜长石可以制作成宝玉石。

中长石和奥长石都是中性斜长石，它们是钙长石和钠长石的过渡类型，主要存在于中性岩、变质岩中，如安山岩、角闪岩等。中长石的晶体是板状，一般是双晶，主要是致密状、块状、粒状的集合体；颜色是灰色、无色、白色，贝壳状断口或者参差状断口，条痕的颜色是白色；具有玻璃光泽，从透明一直到半透明。

奥长石是一种斜长石，还叫作更长石，主要存在于喷发岩、变质岩、深成岩中，如花岗岩、伟晶岩、中性正长岩、安山岩、玄武岩等。奥长石的晶体是板状，一般是双晶，主要是块状、粒状、致密状的集合体；颜色多种多样，如灰色、白色、浅黄色、棕色、浅红色、无色等，贝壳状断口或者参差状断口，条痕的颜色是白色；具有玻璃光泽，从透明一直到半透明。奥长石的包裹体会出现反射光，这是鉴定它的主要依据。奥长石是玻璃工业和陶瓷工业的制作原料，有着广泛的分布范围。

培斜长石也是一种斜长石，它是多种岩浆岩的重要成分，如粗玄岩、玄武岩、苏长岩等，主要存在于变质岩中，如片麻岩、片岩等。培斜长石的晶体是板状，一般是双晶，主要是块状、致密状、粒状的集合体；颜色是白色、无色、灰色、浅棕色，条痕的颜色是白色；具有玻璃光泽，从透明一直到不透明。培斜长石是陶瓷工业和玻璃工业的制造原料，其中色泽美丽的培斜长石还可以用来制作宝玉石，如日光石。培斜长石有着广泛的分布范围，在全球都有产出。

第十节　青金石、白榴石、方柱石

青金石是一种岩石，而不是一种矿物，这是它与其他宝石的不同之处。白榴石是提取钾和铝的重要矿物，还可以提取工业上的明矾。

青金石的工艺名是“青金”，它的波斯语和阿拉伯语分别是“拉术哇尔”和“拉术尔”，在印度语中是“雷及哇尔”，这是一种透明或者不透明的宝石，颜色是蓝色、蓝紫色、蓝绿色，主要由天蓝石和方解石两种矿物构成，一般存在于高温变质石灰岩中。青金石的晶体是菱形十二面体、八面体、立方体，但非常罕见，主要是致密块状、粒状的集合体；颜色多种多样，如深蓝色、紫蓝色、天蓝色、绿蓝色等，参差状断口，条痕的颜色是蓝色；具有暗淡光泽，而且是半透明的。青金石不是一种矿物，而是一种岩石，这是它与其他宝石的不同之处。青金石常常用来制成念珠、钟壳、表盘、烟盒等装饰物，还可以制成男用珠宝饰物。在全世界，最著名的青金石产地是阿富汗。

除了阿富汗之外，盛产青金石的其他国家是美国、缅甸、加拿大、蒙古、智利、安哥拉、巴基斯坦、印度等。青金石制作成的小饰品很受欢迎，因为青金石充分体现了人们温文尔雅的高贵气质。青金石还有利于睡眠，可以让冥想者迅速进入冥想状态。如果人们在开车时佩戴青金石，能够保持心情平静，消除由于交通不畅引起的坏情绪。此外，小朋友佩戴青金石有利于身体发育。

白榴石是长石类，主要存在于基性岩中，尤其是含有大量钾的基性岩。白榴石晶体属于四方晶系，一般是四角体或者八面体，还会出现立方体和十二面体，晶体表面布满了双晶条纹，主要是双晶；颜色是白色、无色、灰色、黄白色，贝壳状断口，条痕是无色的；具有玻璃光泽，从透明一直到不透明。白榴石是提取钾和铝的重要矿物，而且含有白榴石的土壤风化之后会非常肥沃，所以白榴石有着重要的作用。在全世界，白榴石的主要产地是意大利的维苏威火山、美国、中国的江苏铜井娘娘山等地。

白榴石是一种硅氧不饱和高温矿物，主要存在于第三纪之后的火山熔岩中，而且不会与石英共生。在后期作用的影响下，白榴石常常会变成正长石和绢云母，但依然保持着原来的外形，所以叫作“假白榴石”或者“变白榴石”。在受到含钠溶液的作用后，白榴石就会变成方沸石，在转变的过程中，白榴石中的钾元素会溶解到土壤中，所以含有白榴石的土壤比较肥沃。

方柱石是方长石矿物，这是完全类质同象系列的一族架状结构硅酸盐矿物的总称，主要存在于远基性成分出现变化的岩浆岩中，还可能出现在深层变质岩中。方柱石还叫作“文列石”，这是用德国探险家和矿物学家哥特别·文列的名字命名的，用于纪念这位伟大的人物。方柱石对长波和短波紫外线都很敏感，还会出现强磷光现象。方柱石的晶体是柱状，还有块状、粒状的集合体；颜色多种多样，如无色、白色、灰色、浅黄色、粉红色等，贝壳状断口或者参差状断口，条痕是无色的；具有玻璃光泽或者珍珠光泽，从透明一直到半透明。方柱石的分布范围非常广泛，但能够用作宝石的方柱石晶体很罕见。在全世界，方柱石的主要产地是缅甸的莫谷、巴西、马达加斯加、莫桑比克、坦桑尼亚、斯里兰卡、加拿大的安大略和魁北克、中国的新疆等地。

第四编

人类

布封的《人类史》是为了探究人们的演变原因，本书主要讲述了以下几个问题：人类是什么时候出现在自然界中的？人类最初的生活状态是怎样的？人类有着什么样的本性？主要是哪些物质构成了人类？

布封认为，自然斗争导致了人类的诞生，所以他在《人类史》一书中说，人类不仅可以改造自然，而且本身也在被生命的内部活力改变着。此外，布封在《人类史》中还提出了“灵魂”这个重要的概念，他用这个词语解释物质的本性。布封说，生命是一种东西，它存在于物质中，而且只能存在于物质之中。同时，他还将人类与其他动物相比，从而得出了人类要比其他动物高级的理念。布封的言论都是在歌颂人类，体现了深受启蒙思想运动影响的资产阶级的积极思想。

第一章 人的一生

随着时间的推移，所有的事物都处于演化过程中，如宇宙、地球、动物、植物等。同样，人类也有自己的演化过程。因此，只有我们经历了漫长的演化之后，才能逐渐认识到生命的全过程：开始是新生的婴儿，接着是童年、成年、老年，最后是死亡。所以我们对自己的认识建立在一生的发展变化上，否则我们无法认识到人类的本质。

第一节 童年

> 目前，我们还无法确定对儿童进行启蒙教育是否有好处，但我们总结出来的最好的教育方法就是顺应自然天性的教育法，这也是最相称的教育方法。当然，这种相称指的是儿童本身的弱点，而不是他们的优点。

根据研究得知，人类刚出生的时候是一生中最脆弱的时期，因为他们无法运用自己的感官，只能依靠别人的细心照顾。这样说来，这个时期人类的生活场景确实非常可怜——新生儿在刚刚来到这个世界时，要比其他动物更脆弱，娇弱的生命好像随时都会结束；他无法动弹，更不能站立起来，他拥有的仅仅是存在感。此外，他只能通过呻吟来表达自己的痛苦。

这似乎在告诉他，出生的意义就是承受痛苦，来到人间的目的就是为了面对成人无法想象的虚弱。我们不能忽视这些事情，因为我们每个人都曾有过这个阶段，所以让我们跟随作者的描述，再次感受一下身处摇篮的情形吧！

当新生儿从一个环境来到另一个环境时，即从母体的羊水中进入流动的空气中。这时候，虽然新生儿缺乏成年人所拥有的各种能力，但他依然能够感觉到空气在流动，相反，流动的空气也会刺激着他的嗅觉神经和呼吸系统。空气流动时，便会促使新生儿的胸部扩张，然后空气会进入他的肺部。此时，新生儿的肺泡会膨胀，从而让肺部空气的温度上升，然后再下降到某个程度，接着膨胀的肺纤维弹力作用在气流上，将空气排出肺部，这就是呼吸过程。

在这里，我只是描述呼吸现象，并不打算解释呼吸运动持续不断的原因。我们无法否认，呼吸作用对于人类和一些动物来说是非常重要的，而且是不可缺少的。因为呼吸作用维持着生命，当呼吸停止之后，人类和动物也就面临着生命的终结。因此，当胎儿学会呼吸之后，他就会持续不断地进行呼吸。

不过，大量的研究数据告诉我们，在婴儿刚刚出生时，他的蝶骨卵圆孔并不会立刻关闭，所以一部分血液依然是在这里流出，而不是所有血液都会进入肺部。因此，即使一段时间婴儿不能呼吸，他也不会死亡。

关于上述这个结论，我在十年前曾经用小狗做过实验，这些实验充分证明了上述结论的正确性。实验过程如下：首先，我们将一只马上就要生产的母狗放在装满水的木桶中，然后用绳子将母狗捆好，并把它的后半部分身体浸泡在水中。不久之后，这只母狗生下了三只小狗，当小狗离开母体之后，马上将它们放在与母狗腹部温度相同的液体中，让小狗无法呼吸。然后，将小狗放在盛满牛奶的木桶中，这样做的目的是让它们有充足的食物。让小狗在牛奶中浸泡半个小时，然后把它们一一拎出来，我发现三只小狗都没有死，它们开始呼吸，脸上出现了表情。当它们呼吸半个小时之后，再次将它们浸泡在热牛奶中，半个小时后将它们重新拎出来，其中两只小狗依然精力充沛，但第三只小狗显得比较疲惫，我觉得它无法承受再次的浸泡了，所以将它放到母狗身边。

这只母狗先在水中产下了三只小狗，离开水之后又产下了六只小狗。在水中出生的三只小狗，尚未呼吸就在牛奶中待了半个小时，然后呼吸了半个小时，接着又在牛奶中待了半个小时，但它们没有表现出不健康症状。我没有继续这个实验，但已经表明：对于新生命来说，呼吸不是必不可少的，只要能够保证新生儿的蝶骨卵圆孔不会闭合，新生儿就能在没有空气的环境中存活。我们也许可以借助这种方法培育出色的潜水员，或者培育能够在陆地和水中生存的两栖动物。

上述内容讲述了新生儿的呼吸状况，接下来讨论一下新生儿的感官系统。感官是新生儿需要学习才会使用的器官，最重要的是视觉器官，但也是最容易引起错觉的器官。如果眼睛的判断没有得到触觉的验证，那么，这就是错误的判断。相反，触觉是最可靠的器官，它可以对其他器官进行验证，是一块很好的试金石。此外，触觉是动物唯一的基本感官，但新生儿没有完全掌握这种感官。新生儿可以用哭泣或者呻吟表达痛苦，但他无法用表情表达快乐，当他出生四十多天后，才学会了微笑和流泪，因为在此之前的哭泣没有眼泪。因此，最初，新生儿的脸上毫无表情，根本无法表达情感，而且身体的各个部位都很虚弱，他只是会一些毫无规律的动作。当然，这个时候他无法站立起来，屁股依然像在母体子宫内那样蜷缩着。他不会伸直手臂，更不会用手拿东西，只能面朝上躺着，根本不会翻身。

上述想象让我们明白，新生儿最初通过哭泣或者呻吟表达痛苦。不过，这只是他的躯体的一种感觉，就像动物用呻吟表达痛苦一样。当新生儿出生四十多天之后，他在精神上的感觉才能表现出来，因为哭和笑都是内心情感的表现，由精神行为所决定。笑是通过视觉对看见的东西表现出来的愉悦，而泪水是人在痛苦时的情感表现，还可能夹杂着怜悯或者对自身的反省。这两种情感的前提条件是知识、比较、思考。总之，泪水和笑容是人类特有的情感，它们是痛苦和快乐的体现，但叫喊及其他身体姿势是人类和动物共有的。

当新生儿刚出生时，人们并不会马上喂他吃奶，而是让他先把胃里的黏液、流质，还有肠道中的胎粪吐出来，因为这些东西会让奶变酸，并对新生儿的身体造成不良影响。因此，新生儿出生之后，人们会先喂他一点甜酒，让他的胃变得强壮，以便能够很好地接受食物，并促进消化和排泄。等到新生儿出生10个小时或者12个小时之后，才会第一次给他喂奶。

胎儿离开母体之后，他的四肢刚刚感受到自由，人们马上给了他束缚——当他躺着时，便被裹得严严实实的，脑袋被固定好，两腿被拉直，两条胳膊被放在身体两侧。他的周围都是衣服和绷带，这让他无法改变姿势，一点自由也没有。不过，假如人们没有将他捆起来，或者让他侧卧着，他的口水就会流出来，而被包裹着的婴儿只能嘴巴朝上，所以口水不会流出来。那些习惯给孩子穿上衣服或者盖起来的民族，而不是将小孩裹在襁褓中，难道他们的做法要比我们的差吗？俄罗斯人、日本人、印度人、黑人、加拿大人、弗吉尼亚和巴西的土著人、南美洲的许多民族会把孩子赤裸裸地放在吊床上，或者放在摇篮中，然后用毛皮盖住。我认为，这种方法要比我们的方法好得多。孩子被包裹起来之后，他们肯定会觉得不舒服，甚至感觉到痛苦。而且，他们为了摆脱束缚会使劲挣扎，但这仅仅是将捆绑他们的衣物弄乱，而不能改变受到束缚的这种情况。这种具有束缚性的绷带类似于女孩子在青春期所戴的胸罩，目的是支撑身体、防止变形，但结果适得其反，只是带来了更多的不便和畸形。

虽然婴儿乱动可能会不利于他们的身体，但将他们束缚着不能动弹也是有害的，因为婴儿缺少锻炼会阻碍四肢的发育，降低身体的力量。因此，与包裹在襁褓中的婴儿相比，四肢可以自由活动的婴儿长得更强壮。正是因为如此，古代的秘鲁人才会将婴儿放在宽松的襁褓中，让他们的四肢能够自由活动，等到婴儿长大一些之后，便会将他们放在土炕上。这个土炕的高度很低，仅仅到婴儿的腰部位置，这样婴儿的四肢是自由的，还可以转动脑袋，弯曲身体，而且不会让自己受伤。当婴儿开始活动时，母亲会让乳房与他们有一定的距离，以此诱惑他们自己行动。有时候，小孩吃奶的姿势很累人，他们用腿紧紧地夹住母亲的胯部，从而支撑住他们的身体，但他们不需要母亲手臂的帮助，因为他们会用手抓住母亲的乳房，便于自己吃奶。在婴儿两个月时，他们开始用膝盖和手爬行，经过一段时间的练习，他们能够爬得很快，就像用脚走路一样。

当然，只有母亲才能细心地照料婴儿，给予他们无微不至的关怀，这是受到雇用的奶妈远远无法做到的。有些奶妈会把孩子放在一边，好几个小时不闻不问，甚至毫不理会孩子的哭泣。于是，这些孩子常常会大声哭泣，最后即使不会生病，也会变得非常虚弱，不仅影响正常生长，还会对他们的性格带来危害。还有一些很失职的懒散奶妈，她们常常做的事情是，随随便便地摇晃摇篮，而不是想办法减轻孩子的痛苦。虽然摇晃摇篮可以让孩子分心，甚至是不再哭闹，但时间长了就会让孩子头晕，从而昏睡过去。而且，长时间的摇晃可能会让孩子呕吐，甚至会因为脑袋振荡引起腹泻。

在抚慰孩子时，如果确定他们不缺什么，那就不要不停地摇晃他们，以免将孩子摇得头昏脑涨。如果发现孩子睡眠不足，需要用平稳的动作让他们入睡，尽量不要摇晃他们。为了孩子的身体健康，父母要让孩子自然入睡，但睡眠时间不能太长，否则孩子的体质可能会变差。如果孩子比较嗜睡的话，那就将他们抱出摇篮，轻轻地弄醒他们，然后让他们听温和的声音，让他们看可以发光的物品。

孩子的眼睛总是看向亮的地方，如果只有一只眼睛可以看见亮光，那么，另一只眼睛的视力发展就会比较差，而且容易受到不利影响。为了避免出现这种情况，摇篮的放置方位很重要，最好是光线从脚照过来，或者放在窗户旁边。这样，孩子的两只眼睛能够同时接收到光线，假如两只眼睛接收的光线不同，可能会让孩子变成斜视，科学已经证明斜视的主要原因是眼睛的不均衡使用。

新生儿出生后的两个月，最好用母乳喂养孩子，尤其是体质比较弱或者消化不良的婴儿更需要喂养母乳，最好在接下来的两个月也仅仅让孩子吃母乳。如果在第一个月就让孩子吃其他食物，那么，无论这个婴儿看起来多么强壮，他的身体都会存在问题。在荷兰、意大利、土耳其、地中海东岸等地区，婴儿在一岁之前，全部吃人奶，而且不吃其他任何食物。加拿大的某些土著民族，让孩子吃奶到四五岁，甚至是六七岁。不过，在这些国家中，由于某些哺乳者的奶水不足，所以一直会给孩子喂一种面粉和奶的混合物。虽然这种食物能够减轻孩子的饥饿感，但由于婴儿的肠胃非常脆弱，难以消化粗糙的东西，所以他们常常感到不舒服，而且很容易生病，甚至是夭折。

不过，有时候可以用动物的奶替代母奶，例如母亲缺乏奶水或者害怕自身的疾病会传染给婴儿，但又希望婴儿可以得到营养充足的奶水，此时就会让婴儿吃动物的奶。曾经，我认识几个没有奶水的奶妈，她们用羊奶喂养婴儿，而且婴儿的身体跟其他孩子一样强壮。

但是，如果母亲亲自喂养孩子，婴儿的身体会更加强壮、更加有力，因为母亲的奶最适合孩子。当婴儿还在母亲的子宫时，吸收的奶状液体与母亲乳房中的奶非常相似，所以婴儿非常习惯母亲的奶，而奶妈的奶则不同，这是需要适应的新食物，甚至有些奶与母体的奶完全不同，所以婴儿难以适应。当婴儿不能适应奶妈的奶时，他的身体很快就会变瘦，而且没有精神，甚至会生病。如果出现了这种情况，父母一定要为孩子更换奶妈，因为孩子随时都会有生命危险。

我发现，人们在喂养孩子时常常这样做，将许多孩子集中起来，如大城市的医院。这种做法完全违背了我提倡的分别喂养方法，而这些孩子很容易患上坏血症或者其他相同的病。如果将他们分开喂养，或者是分散到城市的不同地点，最好是农村，那么，他们同时患病的概率就会降低很多。而且，当一个婴儿生病时，治疗费用已经足够抚养其他孩子，所以分开抚养能够保存人员。大家都知道，对于一个国家来说，人才是最难得的财富。

有些孩子两岁时就能清晰地说话，甚至能够重复大人教他的内容，但大部分孩子是两岁半之后开始说话，甚至有些孩子还要晚一些。我发现，说话早的孩子要比说话晚的孩子说话更加流利，而且说话早的孩子在三岁之前就可以学习认字了。在我认识的孩子中，有几个孩子从两岁就开始学习认字，四岁的时候就可以独自阅读。不过，我无法确定对儿童的早期启蒙教育是否有好处，但我们有很多早期启蒙教育失败的案例，许多神童在二三十岁的时候变成了平常人，甚至是傻瓜。因此，我认为最好的教育方法就是顺应自然天性的教育方法，这是最相称的教育方法。在这里，相称指的是儿童本身的弱点，而不是他们的优点。

第二节 成年

当人的灵魂激荡时，他的脸上就会出现生动的表情，肌肉的变化能够将各种情感和思维活动表现出来，而肢体语言能够表现出他的性格。这时候，他的感受会比意愿更早出现，并且用丰富的面部表情体现出他的内心世界。

所有的情况都说明，人要优于其他动物，无论是外表，还是身材都是如此。人的身材高大挺拔，而且具有高贵的姿态。当人仰望天空时，脸上是庄严的表情，而且人可以用具体的表情表现出抽象的灵魂，卓越的天性能够让人的面部表情更加生动；人挺拔的身姿和优雅的举止都体现了他的高贵；人的脚踩在地面上，从高处俯视大地，好像自己高高在上一样；人的双臂不是为了支撑身体，双手生来就有着最高级的用途，与其他感官相互配合，一起完成思维下达的命令，抓握东西或者拥抱别人等。

当人的心情平静时，面部肌肉就是静止状态。这些肌肉相互配合，一起表现思维活动和内心世界。不过，当人的灵魂激荡时，他的脸上就会出现生动的表情，通过肌肉的细微变化表现出人的思维活动和各种情感，肢体语言能够表现出他的性格特征，此时他的感受会先于意愿表现出来，并且以生动的面部表情呈现出神秘的内心世界。

通过眼睛能够表现出人的内心变化，所以与其他器官相比，眼睛与心灵的关系更紧密，它好像参与了一切心灵活动。眼睛可以呈现出心灵的变化情况和各种感觉，还可以表现出最细腻的心灵情感。同时，眼睛能够吸收和反射思想和情感的光芒，还能反应智慧的语言。

曾经，我们严格遵守从外部看事物的原则，但从来不去思考这些外部事物在我们的判断中有着什么作用，虽然根据外部特征做出的判断经过了深思熟虑。这就导致我们在观察一个人的时候，总是根据他的表情猜测他的想法，但往往忽略了他的衣着打扮。其实，一个敏感的观察者会把服饰作为观察的一部分，因为服饰就是穿戴者的一部分，它们带给我们对于穿戴者的初步印象。

第三节　老年和死亡

> 如果人们的一生都很幸福，而且不会害怕身后之事，那么，死亡又有什么好怕的呢？既然人们已经在其他阶段为年老做了充足的准备，既然死亡也是生命中的一个阶段，两者都会降临在我们的身上，都是难以预测、无法避免的事情，人类为什么要感到恐惧呢？

在自然界中，所有的事情都会发生变化，都会慢慢地变质，最后走向消亡，人类也是一样。当人的身体到达完美程度后，便会逐渐衰退，最初是难以察觉的，等到几年之后才会出现比较大的变化。不过，与仅仅懂得计算年龄的人相比，我们更明白年龄的价值，既然别人可以根据我们的外表变化判断我们的年龄，那么，如果我们能够更好地观察自己，对自己进行正确的评价，真正地了解产生外部变化的原因，我们就能更清楚自己的实际年龄。因此，与别人对我们的年龄判断相比，我们自己的判断更加准确。

当人体的各个方面发育完成之后，皮下脂肪的厚度会慢慢增加。脂肪厚度的增加标志着人的身体开始进入衰退时期，因为这种增加表示过剩物质的积累，而不是身体各个部分的继续发育。当人处于30岁到40岁之间时，皮下脂肪的厚度会增加，从而导致人的身体活动变得缓慢，不再灵活自如、轻盈如燕，接着生殖能力会下降，四肢变得笨拙，力量和敏捷度都会逐渐降低。

此外，当人的身高和体重发育完全之后，骨骼和身体的其他部分会变得更加结实。以前，身体内部用来供给器官生长的物质，现在的唯一作用就是增加脂肪的厚度，并逐渐在器官内部沉积。于是，薄膜转变成软骨，软骨转变成骨质，骨质变得更加坚硬。人体的纤维也会变得坚硬，皮肤变得粗糙，脸上出现皱纹，头发逐渐变白，牙齿开始松动，身体变得弯曲。在40岁之前，这些变化就会出现；在60岁到70岁之间，这些变化会变得非常明显；等到70岁之后，人体各个器官的功能迅速衰竭；在90岁或者100岁之前，大部分人都会死亡。

但是，如果人的一生过得非常幸福，丝毫不畏惧身后之事，那么，死亡又有什么可怕的呢？既然人们已经在其他阶段为年老阶段做了充足的准备，既然死亡也是人生中的一个阶段，两者都会发生在我们身上，都是难以预料、无法避免的，那么，人类为什么要对死亡感到恐惧呢？那些常常与濒临死亡的人打交道的神父和医生都说：除了少部分因为急症造成痉挛而死亡的人之外，大部分人都会安静、平和地死去。因此，我们推测，与折磨人的病痛相比，人们对死亡的恐怖更加令人惧怕。许多人在目睹了病人垂危之后，几乎不会忘记当时的情景，尤其是死者的家属。

在将要死亡时，大部分人是失去知觉，只有极少数人会保留知觉到最后一刻。如果一个人不知道自己得了不治之症，根据家人和朋友的不安、伤心，还有医生的神情等情况，他就可以推测出自己的病症。虽然他能够察觉到这些细节，但他从来没有想到自己已经走到了生命的尽头。病人仅仅关心自己，绝不轻易相信别人的判断，他觉得不必惊慌。只要还有知觉和思维，病人就会从自己的角度思考事情。虽然一切都会消失，但希望始终存在。

虽然一个病人会不断地说自己感觉到死亡已经临近了，自己已经无法生存下去，不久之后就要离开人世了。不过，当有人告诉他，他马上就要死亡时，他的反应会非常激烈，好像这是一个难以预料的消息一样，他不相信人家说出来的话，因为他从来没有真正想过自己会死亡。他仅仅是怀疑自己的病情，而且觉得非常不安，但没有想过事情会那么糟糕。

死亡并没有人们想象的那么可怕，只是人们把它想象得太糟糕了，所以死亡像是一种难以摆脱的恐惧，离得越远就越让人害怕；当走进之后，恐惧就会消失不见了。因此，人们对死亡的认识仅仅是一种错误的概念——不仅将死亡看作最大的不幸，还认为死亡是伴随着痛苦和煎熬的一种恐惧。有时候，人们会通过想象无限地放大恐怖，在思考痛苦时掺加了恐惧成分。有人说，当灵魂离开肉体时，便是生命结束的时刻。思维的延续是另一种衡量时间的方法。当这些念头随着痛苦在脑海中闪过时，痛苦是一瞬间；如果这些念头出现在我们心平气和时，便会持续很长时间，甚至会超过一个世纪。在哲学中，这样的哲理很常见。如果这种推理没有重要的意义，便不会被记录下来。在人类对死亡的看法上，它产生了重要的影响，导致想象中的死亡要比实际中的死亡可怕得多，只有极少数人不会受到这种观点的影响，所以我们必须弄清楚这些虚假观点的真面目。

我讨论这个题目的原因是，驳斥一种与幸福感截然不同的偏见，因为我遇见过受到这种偏见迫害的人。这种偏见好像只会影响受过高等教育，而且变得非常敏感的人，从来不会影响纯朴的乡下人，因为他们能够勇敢地面对死亡。

真正的哲学是正确地看待所有的事物。这种哲学始终与人类的内心情感联系在一起，但人类的想象力会侵蚀它。生命的彼岸没有可怕的事物，也没有可爱的事情，我们要理智地看待它。

第二章　恶劣的习俗迫使人类的本性丧失

布封是18世纪法国著名的启蒙思想家，他反对封建特权制度和天主教会，还有在此影响下形成的各种陋习，他向往的是和平、公正的社会。布封觉得，人的本性是善良的，世界也可以是让人满意的和平之地，但不良的教育、有害的制度、不合理的习俗给世界带来了罪恶；迷信和愚昧是人类的天敌。布封将习俗对男性和女性造成的伤害直接描述出来，将迫害人性的陋习形象地呈现在人们面前。

第一节　对男性的迫害——割礼

在人类历史上，与青春期相伴的是割礼、阉割、童贞、阳痿等词语，这是我们需要面对的事实。如果我们想要客观地描述这种情况，就应该描述的如同亲眼所见一样，需要的是冷静的哲学态度。

少年期之后就是青春期，大自然不仅认真塑造这个时期的人的外形，而且还赋予了人类生长发育需要的东西。青春期的孩子过着一种特殊的生活——他们封闭自我，不与外界交流。不过，不久之后生活就会变得丰富多彩，他们不仅拥有自我生存的东西，还会给予别人生存所需要的东西。人们在青春期拥有的生命力和活力不仅存在于体内，还会通过各种信号传递到外面。

因此，我们可以将青春期比喻成春天，这是人生中最快乐的时候。不过，这个时期的有些东西是不能忽视的，如伴随而来的割礼、阉割、童贞、阳痿等。由于它们与人类历史紧密相连，所以我们不能回避这些事实，如果我们想要恰当地描述这些情况，我们的描述就应该像亲眼所见一样，需要用冷静的哲学态度对待。

割礼属于古老的风俗，现在亚洲的许多地区依然存在着这种陋习。不同国家举行割礼的时间是不同的。在婴儿出生之后的第八天，希伯来人会为他们举行割礼；在孩子七八岁或者十一二岁时，土耳其人会为他们举行割礼；在孩子五六岁时，古波斯人会为他们举行割礼。举行割礼之后，人们常常把碱粉或者收敛药粉撒在伤口上，以便让伤口快速愈合，而夏尔丹人认为燃烧之后的纸灰是让伤口愈合的良药。在马尔代夫群岛，孩子在七岁时举行割礼，但在进行仪式之前，先将孩子浸泡在海水中六七个小时，让他们的皮肤变得很柔软。关于割礼时使用的刀具，古代以色列人用的是石刀，现在犹太教会依然保留了这个习俗。

割礼不是宗教仪式。在某些地区，医生会对某些患者进行割礼，如土耳其及其他民族，他们使用割礼有着相同的原因，因为如果不将包皮割断，包皮就会长得太长。拉布莱说，在美索不达米亚、阿拉伯沙漠、底格里斯河、幼发拉底河等地，他发现许多阿拉伯男孩的包皮长得过长，所以需要实施割礼。他认为，假如一些民族男子的包皮太长，甚至会影响他们繁殖后代的能力。

除了男子之外，某些地区的女孩也要实施割礼。在阿拉伯和古代波斯的一些地方，如古波斯湾、红海沿岸等地，女孩子也要经过类似的手术。不过，等到女孩子青春期之后，这些民族才会对她们实施割礼，因为在此之前没有必要。在其他地方，如贝宁河两岸的一些国家，由于小阴唇长得比较快，在婴儿出生8天到15天之内，她们便会被实施割礼，而对男婴的割礼也是在相同的时间内进行的。而且，在非洲对女孩子进行割礼的习俗有着久远的历史。曾经，希罗多德对它进行过描述，并将它称为埃塞俄比亚人的一种习俗。

在生理需要的条件下，割礼有着一定的道理，起码可以清洁身体。不过，锁阳和阉割则是嫉妒造成的，这些野蛮的手术来源于邪恶和迷信。有些人甚至为这种陋习制定法律，让人们觉得这种剥夺是值得称赞的，这种对身体的残害是一种美德。

锁阳手术指的是把男孩子的包皮前拉，然后将一根绳子从中间穿过去，等到形成伤疤之后，便用一个巨大的环来代替绳子，直到实施这个手术的人满意了才会把环取下来，有些人甚至终生都戴着。东方的某些僧人为了表示贞洁不违反戒律，常常戴上一个很大的环。稍后，我们会论述关于女孩子的锁阴，我们不清楚这些男子是为了感情，还是出于迷信，这个问题难以解释清楚，而且很荒谬。

对于童年时期的男孩来说，有些人的阴囊中有时有一个睾丸，有时一个也没有。不过，我们不能因为这样就断定，他们的生理不正常。因为睾丸常常会隐藏在腹部肌肉中，随着年龄的增长，它会慢慢地移动到正确的位置，医学上把这种情况叫作“隐睾”。在8岁到10岁的男孩身上，甚至是青春期的男孩身上，这种情况是很正常的，所以没有必要焦虑、担忧。不过，成年人一般不会出现隐睾现象，可能是绝对多数的隐睾会在青春期长出来，甚至有些人的隐睾会在剧烈的运动中跳出或者脱出。但是，有些人的睾丸会一直不出来，这可能是遗传因素造成的，但不会对身体产生坏的影响，甚至会比其他人更加健壮。有些男人仅仅有一个睾丸，但这种情况对生殖没有影响，而且单个睾丸要比正常睾丸大很多。有些男人有三个睾丸，人们认为，这样的人更健康、更有力量。我们观察一下动物就会明白，这个部位是力量和勇气的象征。

与割礼相同，阉割也是一种古老的习俗，曾经是古埃及人惩罚成年犯人的一种方法。在古罗马、亚洲、非洲的某些地区，统治者常常用宦官来看管自己的女人，所以这些地方曾经有许多宦官。在意大利，这种残忍的手术用来表示一种虚幻的才能。在非洲西南部的某些民族中，他们会砍掉一个睾丸，认为这样跑步时更加轻盈；在其他国家中，某些穷人会把自己的孩子阉割，让他们失去生育能力，目的是不想他们有一天也像自己的父母一样无力抚养自己的孩子。

阉割方式并不是一种，而是好几种，希望拥有完美嗓音的人会割掉两个睾丸，而那些疑心很重的统治者会把宦官的整个外生殖器全部割掉，这样在看管自己的女人时才会放心。不过，切除手术不是唯一的方法，以前为了抑制睾丸的生长速度，在没有任何伤口的情况下，人们也能摧毁它。此外，还有一种方法，将孩子放在加入药草的热水中，然后长时间地挤压、冷却睾丸，这样睾丸的功能也会丧失。还有其他方法，如通过机器挤压睾丸等。

从科学角度来说，切除睾丸对生命不会产生太大的危害，而且可以在各个年龄段进行，但童年时期是最佳时间。不过，将外生殖器完全切除是一件非常危险的事情，尤其是15岁之后，尽管7岁到10岁是进行这种手术的最佳时期，但依然有着很高的风险。曾经，一位历史学家说，土耳其和古波斯进行切除睾丸的人要比其他地方多五六倍。夏尔丹发现，生殖器完全切除手术存在着巨大的痛苦，虽然童年时期进行这种手术比较安全，如果在15岁之后进行这种手术会非常危险，只有四分之一的人可以活下去，而且需要休养大约一个半月的时间。不过，皮埃托·德拉·瓦勒的说法截然不同，古波斯犯了强奸罪或者其他重罪的人，无论年龄多大都得接受阉割的惩罚，手术完成之后会在伤口上撒上烟灰，但愈合效果很好。我们不知道，古埃及有着同样经历的人，是否能够幸免于难。泰弗诺说，土耳其的一些黑人被阉割之后，常常会大批死亡，尤其是8岁到10岁之间的儿童。

除了黑人宦官之外，在君士坦丁堡、土耳其、古波斯等地，还存在其他人种的宦官。他们主要来自于东印度戈尔孔达邦、恒河半岛、阿萨姆邦、东缅甸王国、孟加拉湾等地，还有一些来自于格鲁吉亚和北高加索的白人。塔韦尼埃说，戈尔孔达邦在1657年曾出现了两万两千多名宦官。黑人宦官主要来自于埃塞俄比亚，因为他们看起来最丑陋，所以最受欢迎，价格最高。

对于仅仅割除睾丸的人来说，虽然剩余部分没有受到什么损害，但此后几乎会处于手术前的状态，仅仅会增长一点点而已。如果一个人在7岁时被切除了睾丸，等他到了20岁，生殖器依然是7岁时的样子；如果一个人在青春期或者更晚时期进行手术，他的生殖器类似于正常男子的生殖器。

生殖器部分与喉咙部分有着奇妙的联系，如宦官没有胡须，他们的嗓音洪亮、尖锐，但不低沉。虽然人体的某些部分相距很远，但它们之间有着紧密关系，上述例子已经证明了这一点，而且引起了人们的注意。不过，如果我们不怀疑其中的因果关系，便不会发现各种现象。正是由于这个原因，我们从来没有认真检查过人体各个部位的感觉，而这些感觉大部分也会存在于动物身上。

第二节　女性的枷锁——贞操

贞操本来是表现心灵纯洁的一种道德体现，后来逐渐演化成男子对生理对象的要求。为此，他们建立了许多规则，如舆论、习俗、礼仪、迷信等，甚至通过审判和惩罚体现贞操的重要性。

人的身体在青春期会快速发育，小孩子一下子就长高好几寸，但这并不表示身体的各个部分都是这样，一般来说，生殖器官长得最快，而且最敏感。不过，这种变化在男子身上的表现是身高的增加和力量的增大，而在女子身上的表现包括关于贞操的处女膜。

许多男人害怕自己失去初夜权，总是很重视处女膜，他们认为自己应该是这名女子的第一个占有者。男人的这种心理决定了女子贞操的重要性。贞操原本是心灵纯洁的一种道德体现，后来逐渐演化成男子对生理对象的要求。为此，他们制定了一系列规则，如舆论、习俗、礼仪、迷信等，甚至用审判和惩罚表示贞操的重要性。由于那些滥用权力的行为和无耻的习俗都被人们接受了，所以女子不得不让稳婆检查自己的身子，将身体最隐秘的部位暴露在医生面前，她们从来没想过这不是对贞操的认同，而是对贞操的强奸和奸淫。我认为，让一个女孩子被迫接受让人感到羞耻的场面，这才是对贞操的破坏。

我不奢望能够改正人们对这个问题的偏见，因为人们相信了很久的事情是很难被打破的，无论这件事情多么荒诞、多么不合理。因此，我在《人类史》中不免谈到贞操是否真的存在，或者仅仅是虚构出来的对象。

法洛普等解剖学家认为，处女膜是真实存在的东西，但它仅仅是女性生殖器官的组成部分而已；他们还认为，这是一层肉质薄膜，幼女身上的很薄，而成年女子身上的要厚一些。处女膜位于身体尿道口下部，将部分阴道封闭起来，但中间是一个圆形的口，而有些人的口是长形，童年时期口的大小如同豌豆，青春期变得像蚕豆一样大。温斯洛夫先生认为，处女膜是环绕状的薄膜皱襞，宽窄不同，薄厚也不同，有时是半月形的，有些女子体内的口很小，而有些女子体内的口很大。昂布鲁瓦兹·帕雷及其他几位著名的解剖学家的观点截然不同，他们认为处女膜根本不存在，更不是女人身体的组成部分。他们用许多例子证明处女膜是不存在的，他们对各个年龄段的女子进行观察和解剖，从来没有找到处女膜，他们仅仅发现过连接着香桃木叶状的肉阜薄膜，但他们强调，这种薄膜的存在不是正常现象。在肉阜的质量和数量上，解剖学家有着不同的看法，这是不是阴道的粗糙部分呢？它与阴道有着什么不同呢？或者是处女膜的剩余部分？数量是多少呢？处女膜是一层还是若干层呢？这些问题很早就被提出来了，但不同的人有着不同的答案。

这种通过简单观察得出的相互矛盾的观点说明，许多人希望在女子体内找到处女膜，但这仅仅是他们幻想出来的东西。几位解剖学家已经证明，在他们解剖过的女子身上从来没有发现处女膜或者肉阜，其中还包括青春期前的女孩子。即使那些认为处女膜和肉阜存在的人也说，处女膜和肉阜并不总是相同的。他们认为，不同的人身上的处女膜有着不同的形状，宽度和硬度也有所不同。一般来说，处女膜并不存在，但存在由一个肉阜或者两三个肉阜构成的薄膜，而薄膜缺口的形状各异。我们通过这些观察可以得出什么结论呢？只能得出某种原因决定了阴道有着狭窄的入口，但不清楚到底是什么原因。除此之外，我们没有得到其他结论。

阴道的狭窄入口会因为人的不同而有所不同，而各部分厚度的不同会形成不同的形状。如同解剖学家所说，有时是两个突起的肉阜，有时是三四个突起的肉阜，而且常常出现环绕状或者半月状，甚至是连在一起的小褶皱。不过，许多解剖学家没说，某些狭窄入口的形状仅仅是出现在青春期。我曾经仔细研究一些被解剖的女子尸体，她们身上没有出现这种情况，我还知道她们在青春期之前就发生了性行为。如果发生性行为的双方年龄相似，或者动作很温柔，便不会流血。相反，当女孩子处于青春期或者生殖器官发育时，轻轻一碰就会出血，尤其是身姿丰满、月经正常的女孩子；而那些身体纤瘦或者有白带的女孩子不会这样。这些情况都说明，出血仅仅是迷惑人的现象而已，甚至在很长一段时间内会反复出血。某些女孩子的性生活中断一段时间之后，处女膜会再次长出来；女孩子在第一次性生活时会流许多血，中断一段时间后再次进行性生活依然会流血。即使初期的性生活持续了一段时间，而且很频繁，但停止一段相当长的时间之后，处女膜依然会恢复到最初的样子，而身体流血的情况会再次出现。因此，有些女人不断使用中断性关系的方法迷惑自己的丈夫。在这个问题上，不止一个女人承认我的说法是正确的。在两三年的时间内，处女膜能够恢复四五次。不过，这种修复只会出现在一定的时期内，一般是14岁到17岁，少数人是15岁到18岁。当身体发育完全之后，所有器官也都发育完全了，此时想要恢复处女膜只有采取补救措施，或者使用我将要论述的方法。

女孩子的处女膜能够恢复的概率不大，因为只要身体出现不适，如经痛、阴道潮湿或者白带过多，便不能形成狭窄入口或者褶皱。即使阴道处于发育时期，但因为常常很潮湿，所以不是特别坚硬，无法愈合从而形成肉阜、肉环或者褶皱，所以这类人在最初被进入时会感觉到不舒服，但是不会流血。

在这个问题上，男子有着很深的偏见，但这是非常荒谬的。如果一个女孩子在青春期之前发生了性关系，一般不会影响到她的贞操，当她性生活中断一段时间之后，而且保养得很好，便不会丧失处女的特征，她再次发生性关系时依然会流血。她在失去了童贞之后，依然可以是贞女，甚至可以连续几次成为贞女。在这种情况下，一个真正的处女可能不会成为贞女，至少在表面上是这样。因此，男人们应该从这个问题中走出来，不要在沉溺于自己所想象出来的不公平的怀疑中或者错误的喜悦中。

如果想要得到确定女子贞操的可靠方法，我们需要观察一下尚未开化的民族。在这些民族中，人们无法通过良好的教育让孩子得知贞操的概念，便用野蛮方式保证女子的贞洁。在非洲的一些民族、埃塞俄比亚、南缅甸、阿拉伯半岛中部、亚洲某些民族等地，女婴刚刚出生时，便将女婴身上的生殖器官封闭起来，仅仅留下一个用于排泄的小口，随着孩子的长大，肌肉被禁锢得越来越紧，等到结婚时再将它切开；有些民族会用石棉绳对女子进行锁阴手术，这种绳子的材质保证了她们无法作弊；而有些民族会为女子戴上一个环。为了证明自己的贞洁，女子和女孩子都得受到这个陋习的约束，她们都要戴上一个环，但女孩子的环无法打开，而女子的环上安装着一把锁，锁的钥匙在丈夫手中。除了这些野蛮民族的习俗，我们身边也有类似的事情啊！在我们这些文明人眼中，对女子的贞操也很敏感，这与野蛮民族的环锁不是一样的吗？

不过，不同的民族有着不同的习俗，审美观也有所不同，人类的思维方式有着很大的区别。一方面，男人创造了女子的贞操，并小心翼翼维护着，采取各种方法保证女子的贞洁；另一方面，有些民族并不重视这种贞洁，认为女子被剥夺贞洁所承受的痛苦是一件微不足道的事情。

有些民族非常迷信，他们会将处女献给祭司，甚至把她们当作值得崇拜的祭品。在印度西部的某些部落中，祭司拥有这种权利；在果阿加那利群岛，处女自愿或者被亲人强迫将贞操出卖给身强体壮的人。不过，从宗教的角度来说，这些民族的盲目迷信会造成荒淫无度的情况；而宗教中的纯人性观点，鼓励教徒把女儿献给长官、主人、国王。在加那利群岛和刚果，人们通过这种方式出卖女儿的贞操，但这种卖淫行为不会损害他们的名誉。在土耳其、古波斯、亚洲和非洲的某些地区，有着同样的风俗，国王会把失宠的女人送给大臣们，大臣们会觉得万分荣幸。在阿拉干邦和菲律宾群岛，如果一个男人娶到一个没有失去童贞的女子，他会觉得自己的名誉受到了损害，所以他会花钱雇人充当临时丈夫。同时，在某些地方，母亲总是用钱雇佣外乡人，请求他们与自己的女儿发生性关系。拉普人也会希望自己家乡的女孩子与外乡人发生性关系，他们认为这样能够证明女孩子的魅力，因为她们能够得到更有鉴赏力的外乡人的赏识。在马达加斯加及其他国家中，最放荡、最抢手的女人往往是最早结婚的女人，这是一个野蛮的奇特嗜好，但有很多例子能够证明这种现象。

青春期之后，男子自然就要结婚，一般来说，一个男人只能拥有一个女人，如同一个女人只能拥有一个男人一样，这是自然法则。因为男性数量几乎等于女性数量，理性、人道主义、司法等都对一夫多妻制度提出了抗议。如果为了满意一个男人的欲望，必须牺牲几个女人的自由和感情，这是不公平的，甚至是丑恶的。对于有着大量女人的暴君来说，他们被宦官和女人包围着，这已经是一种惩罚，而这种不幸是他们自己造成的。

如果与信仰宗教的女子结婚，对男人来说更好，因为他可以充分使用青春期获得的精力。不过，如果他坚持单身主义，这些精力就会变成严重的负担，甚至会非常痛苦，因为精液在体内滞留太久会导致疾病。无论是对于男性还是对于女性来说，禁欲都会引起强烈的生理刺激，而理性和宗教都无法抑制这种冲动，它会把男人变得类似于野兽。因为他们意识到这种情况时，便会疯狂，而且很难遏制。

这种刺激在女子身上的体现是子宫狂躁，随之而来的是精神混乱，毫无节制地说色情笑话，甚至做出一些下流举动。亚里士多德曾记录过一件事情，我把它看作一种现象。一个12岁的小姑娘，棕色的头发，红润的脸色，小巧玲珑，但已经表现出体态丰盈的迹象，她看到男人就会做出下流动作，完全不理会母亲的指责，亲人的劝告，甚至惩罚都没有效果。不过，这个女孩子并不是失去了理智，当她与女人在一起时，这种病症就会消失不见。亚里士多德认为，这个年龄段是生理欲望最强烈的时期，需要小心翼翼地管束女孩子，这种现象还与生活环境有着一定的联系，在气温比较低的地方，女孩子表现出强烈欲望的时间比较晚。

不过，在正常情况下，对于这种生理欲望，女人会顺其自然，这样是很平静的。同样，有些男人认为所谓的贞操毫无意义。我认识一些以身体健康为乐的人，他们活到了25岁或者30岁，但没有因为自然本能产生强烈的欲望，只是用各种方式满足自己的欲望而已。

此外，纵欲要比禁欲更加可怕。许多荒淫无度的男子证明了这一点，有的人失去了记忆，有的人眼睛失明，还有的人头发不断脱落，甚至是虚脱致死。如同人们所知道的一样，在相同的情况下，放血也是非常危险的。但是，智者无法让年轻人了解到自己在健康方面所犯的巨大错误。有多少人在30岁之前还不是一个男人？或者不显示自己的雄性特征？又有多少人在15岁到18岁这段时间得了不光彩的病症？

第三节　习俗对女性的压制

虽然女人常常出现在男人身边，但她们远远不如男人有力，而男人凭借自己的力量所做的事，通常也是他们最大的恶习，那就是用暴力方式奴役或者对待另一个性别的人类，即跟他们一起承担生活的苦与乐的女人。

在人类中，有时会出现力量非常大的男子，但这种优势在文明社会中仅仅是一项微不足道的优势。在这里，精神比体力重要得多，只有社会底层的人才会从事体力劳动。不过，如果他用这个优势去做有意义的事情，将会变得珍贵得多。

即使如此，在文明社会中，力大无穷的男人也不是最优秀的，随着科学技术的进步，女子慢慢能够承担男子的职责。虽然女人的力气要比男人小很多，但在某种程度上这是一种优势。男人凭借力量常常做的事情也是他们最大的恶习，那就是通过暴力手段奴役或者对待另一个性别的人类，即与他们一起承担生活中的苦与乐的女人。

这些野蛮的男人强迫自己的女人不停地工作，不仅要种地，还要做苦工，而他们舒舒服服地躺在吊床上休息。他们离开吊床的目的是打猎、捕鱼，或者无所事事地站立一段时间。因为野蛮人不知道什么是散步，如果他们看见我们走来走去会觉得非常惊讶，他们不明白我们为什么要做这些在他们看来毫无意义的运动。所有男人都喜欢偷懒，而热带地区的野蛮男人是最懒惰的，而且对待女人非常凶狠，他们用苛刻的态度要求女人服侍自己。在这些没有开化的民族中，男人像是野蛮人，为女人制定了一系列粗野的习俗和不公平的法律。

虽然女人可以在开化的民族和文明的国家中获得与男人平等的条件，但这种平等是由文明社会的自然性和必要性决定的。这也是风俗带来的产物，女人反对暴力，她们通过谦虚让人们意识到美的力量要远远大于暴力的力量。不过，发挥美的力量需要一定的技巧，因为不同民族对美有着不同的要求。我们相信，女人善于取悦人的能力要比大自然的恩赐更加重要。虽然不同男人对美有着不同的看法，但他们对所渴望的事物的价值观很相似，人们都认为越难得到的东西价值就越大。只有女人懂得自重，知道拒绝不是为了感情追求她们的人之后，女人才会变得更美。当感情产生之后，随之而来的就是习俗礼仪。

古人的审美观与现代人的有所不同。对于古人来说，美女的标志是小巧的前额，眉毛紧紧地连在一起，小小的脸蛋等特征。现在，波斯地区的人们依然认为连在一起的粗眉是女性美丽的主要特征；在印度的某些地方，人们认为黑色的牙齿和白色的头发是美丽的象征。在马里亚纳群岛，女人们的一个主要活动是，使用一些草药把牙齿染成黑色，使用某些特定药水将头发染成白色。在中国、日本等东部亚洲国家，美的主要表现是脸像银盘、眼如丹凤、又塌又宽的鼻子、细小的脚、肥大的腹部等。在美洲的印第安地区，人们会用木板把孩子的前额和后脑勺绑起来挤压，从而让他们的脸变得更加宽大；有些民族会将孩子的头压平，从旁边使劲挤压，从而把它拉长；还有一些民族从头顶向下压孩子的头，将他们的头压平；最后，有些民族会想办法让孩子的头尽可能地圆。不同民族对美有着不同的看法，甚至每个人都有自己的审美观。这种审美观可能与人们在儿童时期对某些事物的最初印象有着一定的联系，或者与某些习惯、偶然性因素有关。当我们分析感官的发展时就会明白，眼睛赋予我们的美的感觉建立在什么基础上。

第三章　论人

在前面两章中，布封讲述了人的一生的各个阶段，还有丑恶的社会习俗带给人们的迫害和压制。在这一章中，布封仔细描述了人的表情、本能、双重性格等特征。如同布封所言："认识自己、了解自己是非常有用的，虽然我们不清楚对自身以外的事物是否有着更充分的认识"，只有我们认清了自己，才能更好地认识社会、了解自然。在这一章中，布封提出了对人类来说很重要的观点，那就是人的生命和灵魂都存在于物质中。

第一节　人的表情

人类的外在感情是内心活动的体现，而且大部分与意识表现有着一定的联系，所以能够通过身体运动表现出来，尤其是脸部运动。因此，我们通过一个人的外在表现能够判断出他的内心情况。

当人们想到一件非常渴望或者深感遗憾的事情时，便会感觉到体内出现一阵颤抖或者抽搐。这种现象来自于肺部——肺部提起会引发深呼吸，当人们了解了这种激情形成的原因后，突然发现现实无法满足渴望，此时就会不停地叹息，于是表现内心痛苦的悲伤就会出现；当内心的痛苦非常沉重时，眼睛中就会流出眼泪。

当空气由于肺部抽动进入胸腔，然后通过抽动形成叹息，此时每次的吸气声都会比叹息声更响，这就是我们所说的抽泣。与叹息声相比，抽泣声交替得更快，而且夹杂着一些嗓音，但这种嗓音在呜咽呻吟时比较低沉，这时候抽泣声、呼气声、吸气声都很缓慢，模糊不清的呜咽声反复出现，随着悲伤、痛苦、沮丧的程度不同，这种声音的长短也会有所不同，但总是会重复若干次。吸气时间指的是呻吟时的空隙时间，这种时间间隔一般是相同的。号哭是放声大哭，声音几乎是同一个音调，尤其是尖声哭喊时。当然，有时候会以低音结束，因为叫喊得筋疲力尽了。

笑声是由断断续续的声音组成，它的形成原因是上腹急剧起伏引起的扭动。有时候为了顺利地发笑，人们需要低头前倾，胸部收缩，嘴角向脸颊两边张开，脸颊收缩并鼓起。在大笑及其他剧烈表情中，嘴唇都会张得比较大；但是，当心情非常平静时，嘴角会向两边微微翘起，嘴唇不会张开，面颊会出现轻微鼓起。有些人的脸颊在距离嘴角不远的地方会出现凹陷，这就是我们所说的酒窝，它常常伴随着微笑出现。微笑体现了内心的满足和亲善，但也可以表现内心的嘲讽和轻蔑。不过，狡猾的微笑常常伴随着上下唇紧紧抿在一起的动作。

脸颊是无法产生动作的一个部位。当受到某些感情的影响时，脸颊上会出现红晕或者苍白，此外就没有其他的了。脸颊的主要作用是形成脸部轮廓，构成人的相貌。它与下颈、耳朵、额头一起形成了美貌，这比表达感情重要得多。

当人们感觉到耻辱、愤怒、骄傲、高兴时，脸上就会出现红晕；当人们感到害怕、惊吓、悲伤时，脸色就会变得非常苍白。这种脸色的变化是不能控制的，它表现了人们的内心活动，所以它不会受到人类意愿的支配。但是，意愿有时能够支配其他表情，因为一瞬间的思考就能转换情绪，甚至让脸部肌肉停止运动，但无法阻止脸色的变化，因为脸色是由主要器官膈膜引发的血液运动造成的，而内在情感决定了膈膜作用。

在各种情绪中，头部会出现不同的姿势和动作，谦虚、羞愧、悲伤时前倾；疲惫、可怜时歪向一边；自负时抬起；固执时挺直不动；惊讶时后仰；轻蔑、嘲讽、生气时反复摇晃，等等。

当人们在悲伤、高兴、羞愧，或者表达内心的爱慕、同情时，眼睛会鼓起。如果情绪变化很丰富，人们的眼睛会张大，视线会变得模糊，甚至会流泪，此时脸部肌肉的压力增大，嘴巴张开。这些情绪也会让鼻子发生变化，眼泪通过内通道进入鼻子中，并以一种断断续续的方式流出来。

当人们悲伤时，嘴角会下垂，下嘴唇上翘，眼皮被挤到中间，瞳孔向上，而且大约被眼皮挡住一半。脸部其他部分比较松弛，嘴角到眼睛的距离要比平时大一些，看起来好像脸变长了。

当人们感到害怕、惊慌、恐怖时，额头会皱起，眉毛直立，眼睑睁大，露出下眼皮挡住的瞳孔，还有上面的一些眼白；同时，嘴巴会张开，嘴唇收缩，露出两排白白的牙齿。

当人们表达嘲笑和轻蔑时，上嘴唇会向一边翘起，另一边类似于微笑时的动作，牙齿露出来，鼻子皱向嘴唇翘起的那边，嘴角后拉，同一侧的眼睛几乎闭起来，另一只眼睛张开，但两只瞳孔都下垂，好像在俯视一样。

当人们表示内心的嫉妒、狡猾、羡慕时，眉毛会下垂，眼皮上扬，瞳孔向下，上嘴唇向着两边翘起，嘴角稍微下垂，下嘴唇的中央部分向上突出，与上嘴唇的中央部分相碰。

人们在笑的时候，两个嘴角会后拉，稍微向上扬起，脸颊的上半部分上耸，眼睛似睁似闭，上嘴唇向上翘起，下嘴唇向下垂，嘴巴张开。大笑时，鼻子上的皮肤会皱在一起。

臂膀、手及身体多个部位都能够表达情感，肢体表现出来的姿势和脸部运动还可以表达内心活动。例如，高兴时，眼睛、脑袋、手臂及整个身体都有变化；悲伤时，眼睛向下，脑袋歪向一边，手臂下垂，整个身体一动也不动。

情绪的第一反应独立于意志之外，但有些反应好像是由精神、意志所决定的，它可以让眼睛、脑袋、手臂、身体结合在一起做出反应，这些反应是内心为了保护身体，至少是为了满足情绪的需要，而且这是独立表现情绪的附带信息。例如，人们在表达爱慕、渴望、希望时，头部扬起，眼睛向上看，好像渴望得到某种东西一样。如果头部和身体都向前倾，表现出前进的样子，好像能够接近自己所渴望的东西，或者伸出双手抓住它，伸出双臂拥抱它。相反，当人们在害怕、仇恨、恐惧时，我们常常会伸出双手，不自觉地转动眼睛和脑袋，慢慢向后退，好像要逃开灾难一样。这些动作好像是不由自主的，其实这是我们躲避事物的习惯，因为思维决定了这些动作，身体各个部分只是在执行思维命令，这也是人体具有灵活性的表现。

因为所有的外在情感都是内心活动的反应，而且大部分情感与意识表现有着一定的联系，所以身体运动能够将意识表现出来，尤其是脸部运动。因此，我们可以通过一个人的外在表现判断他的内心活动。通过观察一个人脸部表情的变化能够窥视他的内心情况，但内心活动与外在形象没有关系，所以不能通过一个人的身体曲线或者脸部线条断定他的内心如何，丑陋的外表也可能会有一颗善良的心。我们不能通过相貌的美丑去判断一个人的品质如何，因为外部轮廓与内心世界毫无关系，也没有建立合理推测的相关之处。

不过，古人还认同这种具有偏见性的观点，各个时期都有人研究关于相貌知识的占卜术。显然，关于相貌的知识是通过被观察者的眼睛、脸部特征、身体动作来推测他的内心情况，而鼻子和嘴巴的形状不会对内心活动、人的性情产生影响，如同四肢不能体现人的思想一样。一个人挺拔的鼻子是否代表他更有才能？而小眼睛、大嘴巴的人就比较愚笨呢？因此，我们必须承认，占卜术对我们的预测毫无帮助，而通过所谓的相术观察得到的结论是非常荒谬的。

第二节　人的本性

在认识自我中，最困难的是明确地认识构成人类的两种物质的本质。一种是无形的非物质，而且永远不会消失；另一种是有形的物质，而且会消失不见。

对人类来说，认识自己、了解自己有着重要意义，虽然大自然赐予我们各种器官，但我们仅仅是通过它们认识外部世界；虽然我们努力探索超越自我的存在，但始终忽略了我们本身所拥有的丰富的内在感觉。实际上，如果我们想要真正地了解自己，一定要重视这种内在感觉，因为这是我们进行自我判断的唯一方法。但是，我们常常忽视这种感觉，虽然它始终存在于人体的感官中，但我们的各种欲望让感官的生机消失了，让它变得死气沉沉。

不过，永恒物质和稳定本质构成的本性始终没有消失，虽然有时候乌云会遮住太阳光，但太阳光的力量一直都存在，为我们指引方向。将这些指引我们前进的光芒集中起来，我们周围的黑暗就会消退。虽然前方不是一片光明，但在我们的前进过程中，始终有一把火炬为我们指引方向，让我们不会误入歧途。

在认识自我时，人类也会遇到各种困难，但最大的困难是明确构成人类的两种物质的本质。这两种物质一种是无形的非物质，而且是永远不会消失的；另一种是有形的物质，而且是会消失不见的。关于这种物质，我们肯定一种，否定另一种，这种否定有什么意义呢？这些否定无法体现正确的观点。但是，我们肯定非物质的存在，而对物质的存在保持怀疑态度，前者的本质是简单且不可分割的，而且仅仅有一种表现形式，那就是通过思想表现出来；而后者是可以接受感觉的形式主体。这两者都是非常稳定的，就像器官的本性一样，但有着很大的差别。为了对两者有初步的了解，我们要赋予它们真实的属性，然后将它们进行比较。

尽管我们几乎不会考虑自己的知识来源，但需要明白，我们只能通过相互比较得到知识。那些不能比较的东西，常常是难以理解的东西，如上帝这个概念就是无法理解的，因为“他”没有比较的对象。不过，所有能够比较、能够通过各个侧面进行观察的，还有可以进行相对思考的，都没有超出我们的知识。越是容易比较且可以通过各个侧面进行观察的事物，我们了解它的方法就会越多，越容易将多种观点综合起来，在此基础上进行判断。

我们已经证实了灵魂的存在，或者说灵魂与我们是一个整体，对于我们来说，存在和思考是相同的事情，与其说这个真理是深刻的，不如说它是凭借知觉得到的。灵魂独立于意识、想象、记忆等能力之外，对于积极思考的人们而言，我们的身体和外在事物的存在都是值得怀疑的。因为我们所说的身体是由长、宽、高组成的形体，而且属于我们。那么，身体除了与意识有关之外，还与什么相关呢？我们感觉到的物质器官是始终这样呢，还是为了适应物质逐渐变化成了现在的样子呢？我们的内在感觉（*即灵魂*）与外在器官的本质有什么相同之处呢？通过光亮或者声音刺激引发的内心感受，与传播光亮的物质或者声音形成的振动是否相似呢？其实，我们的眼睛和耳朵需要慢慢适应对它们产生作用的物质，因为感觉器官的本质与物质的本质一样，但每个人的感受有所不同。这一点是否能够证明，灵魂和物质的本性是不同的呢？

因此，我们认为，内在感受与引起感受的东西有着巨大的区别。我们已经知道了我们周围一些事物的本质，它们与我们的判断截然不同，因为感受与引发感受的东西在形式上没有相似之处。因此，我们得到这样的结论，引起感受的东西的本质与我们想象中的很不相同。但是，我们可以肯定自己存在的真实性，当我们意识到物质仅仅是灵魂的一种表现方式或者观察方式时，肉体的存在就会变得非常可疑。当我们处于清醒状态或者睡眠状态时，灵魂会以不同方式进行观察，而我们死后它会以另一种方式进行观察。当我们的身体消失之后，对于灵魂来说，所有引起感觉的物质也就消失了。

虽然我们无法证明灵魂的存在，但根据一般观点可知，我们都认为灵魂是存在的。不过，当我们把物质和灵魂进行对比时，我们发现它们之间有着巨大的区别，而且存在着显著的对立情况。因此，我们认为灵魂的本质是独一无二的，而且属于一种至高无上的范畴。

第三节　人的双重性

> 当主宰人的本性中的两种本原都处于激烈运动中，而且这两种本原有着相似的力量时，这是人类最痛苦的时刻。

一般来说，人类具有双重性，这种双重性的组成成分是人的天性及与行动截然不同的两种本原。在两种本原中，最重要的本原是精神本质，也就是灵魂，我们还可以把它叫作意识的本原，而且它与表现为纯物质的本原（动物本原）是相互对立的。我认为前者与安详、纯洁并存，它来自于科学和理性，所以还与智慧并存；后者是一股奔流不息的激流，往往会引发欲望或者错误的情绪。

不过，纯物质本原（动物本原）是先发展起来的，它在本质上存在于与人类的欲望相似或者相反的事物中，存在于内在物质感官引起的印象的运动中或者更新过程中。当我们的身体感到快乐或者痛苦时，动物本原的作用就会体现出来。首先，它会表现在身体上；然后，我们能够意识到它的出现。相反，在这一点上，精神本原出现得比较晚，因为只有受到教育精神本原才能逐渐得到发展，逐渐变得完善，尤其是对于儿童来说，只有与他人进行思想交流，他们才能够获得精神本原，逐渐发展成为一个具有思维能力、比较理性的人。如果一个人只会根据物质本原的内心感觉行动，缺少思想上的交流，那么，他将会变成一个傻瓜或者一个怪物。

接下来，我们讲述一个不受老师监督，生活得自由散漫的儿童。我们通过他的外在行为可以判断他的内心活动。我们发现，这些儿童的思考毫无顾虑，他们随心所欲地成长，他们表现出来的外部行动都是内心的真实情况。一般来说，他们不会因为什么事情过分激动，而且常常没有目的、没有计划，好像幼小动物一样自由地玩耍、快乐地运动，因此，他们的活动也是没有规律、随机的。不过，他们有时候会假装规规矩矩的样子，而且会适当控制自己的行为，这是因为那些教会他们思考的人常常提醒他们，他们变得规矩还表明，他们记住了与人们交流时获得的思想。因此，我们可以这样认为，物质本原在童年时期占据主导地位。我们由此得出，如果孩子在童年时期受到的教育不能很好地发展他的精神本原，或者说精神本原不能很好地运作，那么，物质本原在他接下来的人生中依然会占据主要地位，这个人将会变得不受约束，总是无拘无束地行动。

当我们在自我反省时，我们很容易意识到两种本原的存在。人生中总是会出现这种情况，那就是有些片刻或者是几个小时，甚至是几天、几个季节，我们不仅能够意识到两种本原的存在，还能够感受到它们两者在行动中的矛盾之处。而且，在这些时候，我们总是做一些不想做的事情，但难以克制自己。接下来，我们讨论一下这些让人烦恼、厌恶的时刻，还有被人们叫作“头晕”的症状。当人们处于这种状态时，总是无法把注意力用在工作上，甚至会感觉自己无所事事。如果我们认真观察就会发现，此时的自己好像被分成了两个人。其中，前者具备理智能力，后者具有想象力和幻想力，前者指挥着后者的行动，但在某些时候前者无法阻止后者进行的一些事情。相反，代表感性的后者往往能够约束前者，并进一步战胜前者，如同我们有时候很想行动，但始终没有行动一样，这就是我们的思想和行动为什么有时候无法一致，甚至会截然相反。

当人们心情平静地照顾自己、朋友、亲人，冷静地处理各种事务时，表明此人的理性占据主导地位。不过，我们也能清醒地意识到，另一种本原在此时并不是消失了，它会在我们漫不经心时冒出来。当动物本原占据主导地位时，我们不仅难以理智地思考事物，还会放任自己的欲望和嗜癖。在第一种情况下，我们有能力发号命令；在第二种情况下，我们只能够服从别人的命令。在一般情况下，只有一种本原处于行动状态，而且这种行动与另一种本原不是对立的。此时，我们感觉不到矛盾，“自我”变得非常简单，因为我们仅仅能够体会到单一的简单冲动，而这种单一是我们的幸福。不过，我们深入思考一下就会指责自己以为的快乐，或者在欲望控制下仇视理智，此时我们不会感觉到幸福，因为我们失去了生命中原有的平静的统一性，再次产生了内心矛盾。两个自我相互对立，两种本原可以相互感受，于是形成了疑惑、焦虑、悔恨。

上述理论让我们明白，当主宰人类的本性的两种本原都在剧烈运动，而且两者的力量相似时，人处于最痛苦的时刻。这时候，人的内心会产生厌倦情绪，这种状态严重时会消灭内心中的希望，甚至会导致自我摧毁，疯狂就是对付自己的利器。

这是一种非常可怕的状态，用黑色来描绘它正合适，因为这种状态是一种阴暗色调，而且会让人产生恐惧。不过，在所有与之相似的情况中，或者与其平衡类似的状态中，两种对立本原很难克制自己。它们会同时出现，而且显示出相似的力量，这种情况会让人觉得心烦意乱、犹豫不决，甚至是非常痛苦。在这种状态下，内在的混乱斗争会让我们的身体备受折磨，过度的重负让身体逐渐衰弱，或者在这种状态中慢慢枯竭。

话说回来，当两种本原处于统一状态时，我们会感觉到幸福，所以童年生活是幸福的，因为这个时候动物本原支配着人的意志，而且会指导我们把想法转换成行动。对于儿童来说，责骂、处罚、约束都是小小的忧伤，因为儿童的感受仅仅是肉体上的疼痛，而存在的本质丝毫没有受到影响。当得到自由之后，他会重新获得新鲜感受带来的快乐，如果此时他放任自己就会觉得非常幸福，但这种幸福是短暂的，转瞬即逝，随着年龄的增长，甚至会感觉到痛苦。因此，人们会约束儿童的行为，虽然他们会觉得伤心，但这种痛苦是暂时的，而这种痛苦对儿童来说是很有必要的，正是这种痛苦造就了他们未来的幸福。而且，与长久的痛苦相比，短暂的痛苦要好得多。

青年时期，精神本原开始发挥作用，并逐渐控制我们的意识，这时我们会产生一种新的物质感觉，此时精神本原占据了主导地位，负责指挥我们的感官，而精神本身也会服从这种物质感觉所产生的狂热欲望，虽然物质本原依然有着重要作用，甚至比以前更有力。不过，物质本原将理智作为一种方法为自己所用时，便会削弱、制服理智。而且，人们常常是为了自己的欲望进行思考或者行动，这种兴奋被延续之后，人们就会觉得幸福，因为此时的内部矛盾和外部痛苦加强了统一性，还加强了欲望，在填补疲惫造成的空隙时唤醒了疲惫，让我们的视线转移到另一个事物上，我们所有的能力都指向同一个目标。

不过，这种幸福很快就会结束，好像是一场梦一样，之后就是无尽的厌倦和可怕的空虚。同时，走出麻木状态的心灵变得难以认识自己，它在奴役之下丧失了支配愿望，丧失了原有的指挥力量，逐渐变得仇恨且受到奴役，开始寻找新的主宰，以便转移这种痛苦，这样就产生了一个转瞬即逝的欲望目标，以此取代原本存在的短暂目标。在这种状态下，人们内心的暴力和厌倦不断增加，而快乐会逐渐消失，进而会影响到健康，器官也会日益衰竭。这时候，我们会产生疑问，经过了这样的青春期之后，我们还有什么呢？虚弱无力的身体、伤痕累累的心灵，还有满满的无奈。

如果我们仔细观察一下，还会发现一个问题，那就是人在中年时期更容易出现身心疲惫、精神疾病、气郁等问题。我们认为造成这种状况的原因是，虽然这个时期的人们依然在追求青春时的快乐，但这种追求常常是因为习惯，而不是本身的需要。随着年龄的增长，我们能够感受到的快乐越来越少，而不快乐的时候逐渐变多。此时，我们常常处于自我批判中，或者因为自己的弱点觉得无比羞愧，所以我们开始责备自己，对自己的行动感到不满，甚至谴责自己的期望。

此外，人们在这个时期会对自己的现状产生不满，这时候的烦恼多了很多。一般来说，这个时期的人们有了一种地位，也就是人们碰巧或者有选择性地进入到某个职业生涯中。不过，他在这个职业生涯中总是担心自己不能完成某项工作，尽管如此，还是要冒着危险努力工作。于是，人们在蔑视和仇恨的矛盾中不断徘徊。为了避开这两个矛盾及其产生的不利影响，人们把自己弄得筋疲力尽，整个人越来越虚弱。因为当一个人的人生阅历很丰富，而且充分体会了人类的不公平之后，他们会将职业生涯当作人生中需要经历的苦难。当人们慢慢习惯了少议论、多休息，而且不太在意别人的打击对自己造成的伤害时，他们就进入了冷漠处世、麻木不仁的状态，而这个人在几年前可能会因为某件小事激动不已。

对于人类而言，荣誉是伟大心灵的推动力，但只有光荣的行动和有意义的工作才能得到荣誉。现在，对于轻易就能获得荣誉的人来说，它已经没有魅力了；荣誉的吸引力只会体现在与它有着遥远的距离的人身上，但对于那些人来说，荣誉是虚幻的东西。有时候，懒惰会占据主导地位，让人们觉得有了更方便的途径、更实惠的好处。不过，厌倦很快就会出现，接着是无聊的时光。我们可以说，无聊是思想灵魂的杀手，只有疯狂可以与之相抗衡，它是无法抵挡智慧的。

第四章　人的感觉

在唯理主义哲学的基础上，法国的启蒙运动逐渐发展起来。关于唯理主义，著名的哲学家笛卡儿提出了“以人的理性代替神的启示”和“以分析论证代替盲目信仰”。在那个时代，这个论断有着重要的意义，为启蒙思想运动奠定了基础。布封就是18世纪著名的启蒙思想家，他不仅与虚伪的神学进行斗争，还通过细致的探索解释人类的发展过程。在这一章中，布封描述了人们感觉的形成及传递，而且批评了人们关于死亡的错误想法。

第一节　第一个人谈论自己最初的感受

> 我想象出来这样一个人，他是开天辟地之后的第一个人，身体和器官都已经成型，但还没有认识自己和周围的一切，那么，他最初的活动、判断、感受是怎样的呢？

我们需要借助触觉来获得完整的知识，因为触觉是校正其他感觉的基础，而建立在其他感觉上的认识往往是错误的。那么，触觉是如何发展起来的呢？最初的知识是如何进入到我们内心的呢？难道我们从来没有忘记懵懂童年时期发生的事情？如果我们具有追根究底的勇气，那么，我们要怎么寻找思想最初的痕迹呢？我们是否能够轻易涉人这个阶段呢？假如事情不是太重要，我们可以找到理由原谅自己的懈怠，但它或许比其他所有事情都重要，为此，我们不应该做出努力吗？

因此，我想象出来一个人，他是开天辟地之后的第一个人，身体和器官都已经成型，但对自己和周围的一切没有丝毫认识，那么，他最初的活动、判断、感觉是如何来的呢？如果这个人要讲述自己最初的思想，他会说些什么呢？他将有一个怎样的故事呢？为了更容易理解事实，我要让他开口说话，接下来的这篇哲学论述篇幅不长，而且是没有偏离主题的内容。

我慢慢想起了那个既喜悦又困惑的时刻，那是我第一次感觉到自己的存在，以前我不知道自己是什么，也不知道自己在什么地方，更不知道自己来自于哪里。我睁开眼睛，这是多么奇妙的感受啊！阳光、大地、河水等东西吸引了我的目光，让我充满了活力，而且有一种说不出来的快乐感觉。最初，我以为所有的事物都是我的组成部分，开始时的思考让我坚定了这种念头。当我看着太阳时，感觉到阳光很刺眼，不得不闭紧眼睛，而且还感觉到轻微的疼痛。当我闭上眼睛的时候，我以为失去了自我的存在。

我觉得非常诧异，认真想着所有的变化。突然，我听见了外界的声音，小鸟在唱歌，微风在私语，这是大自然在开音乐会，这些感受让我无比激动。这些声音传达到我的灵魂深处，我仔细地聆听了很长时间。

我集中注意力去感受这种新的存在方式。当我再次睁开眼睛时，我忘记了阳光，即我最初认为是自己存在的组成部分。我很高兴自己可以拥有这么多东西，此时的我非常快乐，这种快乐超过了最初感受到的一切，我在这个瞬间忘记了那些动听的声音。

我仔细观察不同的事物，很快就意识到自己会失去这些事物，然后会再次找到它们，而且我有能力摧毁这些美丽的事物，还可以把它们重新制造出来。由于光线的多变和色彩的不同，它们看起来很伟大，但我相信这一切都是我的存在的组成部分。

我静静地看着这一切，冷静地聆听。这时候，一阵微风吹过来，我感受到它带来的凉爽和大自然的芬芳，这让我的内心激动不已，还让我产生了自恋的情绪。

这些感觉让我激动，在一种难以言喻的快乐存在的驱使下，我慢慢站起来，感觉自己周围是一种陌生的力量。我慢慢迈出第一步，新的处境让我非常惊讶，不敢随意走动，我以为自己的存在发生了变化，我的行动打乱了原来的一切。

我把手放在头上，接触到了额头和眼睛，接着我触摸自己的身体，这时候手成了生存的主要器官。这时候，我的感受非常清晰，这份感受远远超过了阳光和声音带给我的快乐。我非常依恋存在的这部分，而且我感到自己的思维有了一定的深度，还有实在感。

我在身上的摸索让我的手越来越灵活，每次的触摸都会深深的触动灵魂。

不久之后，我就发现这种感觉能力慢慢扩散到各个部位，而我逐渐意识到最初认为的巨大身体的局限性。

我曾经观察自己的身体，认为它的体积非常大，周围的事物都像是小小的点缀。我快乐地看着自己，眼睛时时刻刻观察着手的动作。我对这些有着特殊的感受，我认为手的动作仅仅存在于一瞬间，而且是一系列类似的东西组成的；我把手慢慢地靠近眼睛，这时它显得非常大，甚至要比身体大得多，它挡住了我眼前的其他东西。

我开始怀疑眼睛观察到的感觉是不是一种幻觉。曾经，我清楚地意识到手是身体的组成部分，我无法解释它为什么会变得无比巨大，所以我决定相信不会欺骗我的触觉，而对其他感觉保持怀疑态度。

对于我来说，这种谨慎的态度是非常有好处的。我再次走动起来，抬头挺胸前进，结果撞在了一棵棕榈树上。由于感觉到恐惧，我慢慢把手放在树干上，我认为它是陌生的东西，因为它不会回应我的感觉，我怀着几分恐惧从它旁边绕过去，这是我第一次意识到身体之外还有其他东西。

这个新发现让我激动不已，自己的心情久久无法平静下来。经过反复思考之后，我得出一个结论，判断外界事物就像判断自己的身体一样，需要依靠触觉确定它们的存在。

因此，我想去触摸看见的所有东西，为了触摸太阳，我伸出双手拥抱地平线，但仅仅抱住了虚无的空气。

我通过各种方式进行尝试，但结果让我无比惊讶。因为所有事物看起来都与我有着一定的距离，当我进行了一系列体验之后，我学会了用双眼指挥双手体验事物。通过手获得的感觉与其他方式获得的感觉不同，而且其他感觉的协调性很低，所以我的判断存在着某种缺陷，如果离开了触觉，我的存在仅仅是模糊的混合体罢了。

我思考得越多就会发现越多的问题，我被这些问题所困扰，由此引发的思考让我觉得非常疲惫。于是，我把两条膝盖弯曲起来，让自己保持平静状态，这种状态赋予我新的力量。

我坐在一棵大树下，树上结着殷红色的果实，摇摇欲坠，所以我用手轻轻地触碰这些果实，它们不久后就脱落了，好像无花果成熟之后掉下来一样。

我把一个果子紧紧抓在手中，想象着是自己的一次征服行为，我对自己的手能够包容其他有生命的东西感到惊讶。虽然果实的重量非常轻，但也是一个完整的生命，这让我心中升起了战胜的欲望。

我的眼睛贴近这个果实，仔细观察它的大小和颜色。一阵甜美香气传到我的鼻端，我把它放在嘴唇旁边，使劲嗅吸它的芬芳，这些气味给我的嗅觉带来一阵阵快感。我的内心被这种香气填满了，我把它含在嘴里，这时我感觉到更甜美、更柔和的芬芳，我慢慢品尝这种滋味。

这种味道多么香醇、多么神奇啊！此时，我的心中充满了快感，这种甜美味道带给我难以言喻的享受。这种感觉引发了占有的念头，我觉得果实物质变成了自己的物质，我改变了它的生命。

这种能力让我觉得自豪，在这种快感的唆使下，我又采摘了两枚果实，我用自己的双手满足自己的味觉，但一种疲惫的感觉慢慢侵占了我的各个器官，麻痹了我的四肢，导致我的灵魂停止了活动，让我变得既迟钝又懒惰，周围的景物变得模糊起来。这时候，我的眼睛逐渐失去了作用，上下眼皮合在一起，肌肉无法继续支撑我的头了，所以它慢慢歪倒在草地上。

一切都变得模糊起来，接着逐渐消失了。我的思维中断了，我失去了存在的感觉。我沉沉地睡去，但不知道睡了多长时间，因为我心中没有时间的概念，所以难以评估。在我眼中，苏醒时再次重生，我觉得自己曾经失去了自我的存在。刚刚出现的这种萎靡状态把我吓坏了，甚至让我觉得自己无法永远存在下去。

我还担忧自己在睡眠中是否丢失了身体的某个部分，我尝试着重新认识自己。

不过，当我用眼睛检查身体时，确定自己依然是完整的，我还发现自己身边有个与我很相似的形体，这让我感到惊讶。我将这个形体当作另一个我，我推测自己停止存在的时候，不仅没有失去任何东西，还得到了一个自己的复制品，这简直就是意外的惊喜。

我用手抚摸这个新生命，这是一件令人无比激动的事情。虽然“他”不是我，但比我还完美。因此，我以为自己的生命将要发生转变，从一个我逐渐转变成另一个我。

我感觉到“他”的活力，“他”在我眼中逐渐有了意识，“他”的目光让我感到新的血液在血管中流淌。我愿意赋予“他”生命，这种强烈的欲望让我变得非常充实，所以产生了第六种感觉。

这时候，太阳慢慢地落下去，消失在地平线下，我发现失去了视觉。由于我存在了很长时间，所以我不再恐惧停止存在，我不会因为黑暗再次想到这次的沉睡。

第二节　感觉的产生及传递

感觉存在于所有的生命体中，在心脏和肺部的运动、血液的循环、外部因素等作用下，源源不断地再生。

无论是什么物质引起了肌肉的运动和感情的传递，一定是通过神经系统进行感觉的传播。这种物质可以在非常短的时间内从系统的一端传递到另一端，运动方式是通过某种形式形成的，可以是类似于橡皮筋的震动或者类似于电的传播方式，还可以是类似于细小火花的方式。

感觉存在于所有的生命体中，在心脏和肺部的运动、血液的循环、外部因素等影响下，源源不断地再生。我们能够确定，动物身上的敏感部位是神经和脑膜，血液、淋巴、脂肪、骨头、肌肉等都不敏感，而脑髓也不是敏感物质，它仅仅是一种柔软、毫无弹性的物质，不仅不能传播，还不能传递运动和感情。不过，脑膜非常敏感，它是全部神经的套子，并在大脑中形成神经分支，一直延伸到神经末梢，它们是扁平神经，跟大脑神经是相同的物质，而且有着类似的弹性，是敏感系统的重要组成部分。如果感觉中枢在大脑部位，那么，绝对是脑膜，而不是有着本质区别的脑髓。

有些人看到作为感情器官的神经都通过脑髓，便把它当作唯一能够接受震动和感受的部分，因此认为感觉中枢和敏感中心都在大脑中。根据这一点，他们认为大脑是感情的根源，而且是感觉的主要器官或者感觉中枢。不过，大脑的构造让我们明白，感觉中枢的松果体和胼胝体中不含有任何神经，它们周围都是不敏感的脑髓物质，这些物质将它们与神经隔开，从而导致它们接收不到运动信号，所以这个假设不成立。

不过，这个重要且基本的部分的作用是什么呢？不是所有动物都拥有大脑吗？不是有着丰富感情的人类、四足动物、鸟类的大脑要比鱼、昆虫等动物的大脑更大吗？假如这部分不是运动根源，它的作用怎么会如此重要呢？在动物身上，为什么它的大小和动物情感具有比例关系呢？

我相信，自己能够找出这些问题的答案，无论这些答案隐藏得多么深。大脑仅仅是分泌和提供营养的器官，而不是感觉中枢和感情根源，但这个器官的作用非常重要，离开了它，神经的生长和生存就会停止。在人类、四足动物、鸟类身上，这个器官比较大，因为与鱼类、昆虫相比，这些动物身上的神经数量多一些。正是因为如此，所以鱼类和昆虫的感觉比较弱，它们的大脑很小，并且与之对应的接受大脑供应养料的神经数量也少。但是，我在这里需要说明的是，人类大脑并不是所有动物中最大的，某些猴类和鲸类的大脑要比人类的大脑大一些，因为它们的身体很庞大，所以它们大脑的体积也大。同理，这个事实还说明，大脑不是感觉中枢和情感根源，尽管某些动物的大脑比人类的大，但它们的感觉和情感不会比人类多。

我承认，大脑受到碰撞之后，感情活动就会停止，但这还说明，身体是通过神经末梢的加力对大脑形成反应的。神经末梢受到挤压会变得麻木，如同将重量加在手臂、腿部等身体部位之后，它们的神经会变得麻木一样。不过，挤压造成的感觉停止仅仅是暂时性的，当大脑受到的挤压消失之后，感觉会重新出现。我认为，刺激髓质和伤害大脑都会引起痉挛，导致知觉的丧失，甚至会诱发死亡，因为神经完全被破坏了。

我能列举一个例子说明，大脑不是感情中心或者感觉中枢。那些生来就没有大脑的动物依然有感觉，而且可以运动并生存下去。对于昆虫和蠕虫纲来说，它们的大脑不是独立系统，而且比较小，它们的身体是由类似于骨髓和脊髓的物质构成的。因此，我们可以把任何动物都具有的脊髓看作感觉、情感中枢，而不是大脑，因为大脑并不是所有动物都具备的部分。

第三节　幸福——对长寿的体验

悲观是人类幸福的天敌，即总是想着死亡什么时候会来临。这种想法让许多老年人非常痛苦，甚至对身体健康、年龄不是很大的人产生了一定的影响。

假如一匹马可以活到50岁，这说明它的寿命是正常生命的两倍，但这种情况出现得很少。不过，自然界中的所有动物都可能出现这种情况，与马相同，有些人的寿命也可以是正常生命的两倍，即160岁，而不是80岁。在大自然中，这些幸运儿是存在的，只是存在于现实世界中的概率逐渐降低。

我曾经说过，曾经活过就是活着的证据，表示寿命可能性的计量表能够说明这一点，但这种计量表显示的寿命要比人类的实际寿命长很多。但是，当人的生命越完美（即寿命可以达到80岁）越容易接近这种情况，甚至会达到比较稳定的状态。假如我们打赌说一个80岁的人可以再活三年，那对于83岁、88岁甚至是90岁的人，我们同样可以如此说。即使是最高龄的人，我们也能期望他再活三年。难道这三年不能当作一次完整的生命？难道三年的时间不能让一位智者做出一个新的计划？因此，只要我们的精神保持年轻状态，我们的心就不会衰老，所以可以把关于人类衰老的言论当作不符合人类幸福的偏见。

不过，这种想法不会对动物产生什么影响，一匹10岁的小马面对着一匹50岁的老马，它不会觉得老马比自己距离死亡更近。我们仅仅是通过简单年龄计算得出不同的结论，但这个计算表明，只要高龄的人身体健康，他们与死亡之间就存在一定的距离，但如果年轻人滥用自己的精力，他们就会快速接近死亡。相反，如果人们消耗相同的精力，等他们到了80岁时，依然可以再活三年。

如果早晨我能够健健康康地起床，那么，我在一天中拥有的享受不是与你们相同吗？如果我总是让自己的行为符合聪明的天性，那么，我不是同样聪明且快乐吗？因为健康的身体可以让我多活三年甚至更长时间，我怎么会对自己没有把握呢？那些曾经由于衰老进行的回忆，反而让我想起了以前的快乐时光，还有难以忘记的事情，这些不是与快乐有着一样的价值吗？这些画面非常温柔、非常纯洁，让我们的内心变得甜蜜起来。所有与青春期相伴的不安、忧愁、悲伤都消失了，我的回忆中再也不存在遗憾了，因为它们变成了青春永驻的激情。

此外，高龄幸福还有另外一个优势——对于高龄的人来说，至少是一个很好的补偿——虽然高龄人们的身体不再像青春时期那么健康，但他们有了更多的精神收获，在精神上获得了一切，即使在体质上失去了一些东西，依然可以在精神上得到补偿。曾经，有人询问高龄95岁的哲学家封德奈尔，他一生中最遗憾的20年是哪段时间，他说自己觉得遗憾的事情非常少，但55岁到65岁的这段时间是最幸福的时光。他真诚的回答和令人信服的事实证明了这个说法是正确的。当人们55岁的时候，已经积累了一些财产，而且获得了声誉，赢得了别人的尊重。这时候，他们的生活稳定，抱负不是完成了就是取消了，计划不是成功了就是放弃了，大部分的激情已经消失或者衰退，而且自己用工作履行了对社会的义务。对手变少了，准确地说是具有威胁性的嫉妒者少了，因为自己的功绩受到众人的认可，这些精神收获都体现了年纪大带给人们的好处。只有身体的衰弱和疾病会打破他们创造出来的宁静和财富，而通过才智创造出来的财富是他们所拥有的最大幸福。

悲观是人类幸福的天敌，对于老年人来说，悲观就是时时刻刻记着将要到来的死亡。这种想法让许多老年人万分痛苦，甚至对尚未达到高龄的身体健康的人产生了不利影响。我希望他们乐观一些，即使他们70岁了，但距离死亡还有六七年呢，甚至是80岁或者86岁时，他们可能还有好几年的寿命，而只有悲观的人才会觉得自己随时会死亡。我们让心情变好的最佳方式是，将自己欣赏的东西无限地扩大；相反，还要远离那些令人不愉快的东西，并且把它的形象缩到最小，尤其是会让人产生痛苦的东西，让事情顺其自然地发展是最好的方法。

生命的继续存在仅仅是我们的感觉而已，但谁能保证这种存在的感觉不会被睡眠摧毁呢？在夜晚，感觉的存在会停止，这样我们就无法把生命看作连续感觉的存在了。而且，生命绝对不是一根连续的线，它是一根被死亡割断的线，每个断口都在提示我们，最后的一剪刀表示生存的终止。这样一来，我们为什么要在乎这根中断的线的长短呢？我们为什么无法客观地看待生死呢？由于灵魂胆小的人要远远多于灵魂坚强的人，所以总是夸大死亡的概念，它的步伐看起来匆匆忙忙，它的接近让人恐惧，它的面目让人憎恶。但是，人们不知道的是，每次对生存的不祥预感都是对身体的摧残，因为存在的终止本身没有什么可怕的，让心灵觉得恐惧的是死亡。我不赞同斯多葛主义者的观点："死亡是人类的至尊财富，但它却被神仙所拒绝。"我不认为死亡是一大财富，也不认为它是一大痛苦，我只是想要弄清楚它的真面目。我希望这篇文章能够帮助读者们找到幸福。

第四节　快乐和痛苦

快乐是一种可以让人觉得心情愉快的情愫，生理上能够让人觉得愉快的情愫一定是符合自己天性的。相反，痛苦指的是器官受到伤害。

快乐指的是让人感觉愉快的情愫。从生理上来说，让人觉得愉快的事情一定是符合天性的事情；相反，痛苦指的是器官受到伤害。通过一句话来解释就是，快乐指的是生理上的快感，痛苦指的是生理上的不适。因此，我们相信，有感觉的生物的快乐要比痛苦多。所有利于维持生存的都是快乐，而所有倾向于毁灭、伤害人体组织、改变天性的都是痛苦，所以快乐可以让具有感觉的事物继续存在下去。如果让人觉得快乐的感觉总和要比让人觉得痛苦感觉的事情少，那些有感觉的事物就会失去愉快，然后因为过多的痛苦而死亡。

生理上的快乐和痛苦仅仅是人类所有的快乐和痛苦中的一小部分。我们的想象力创造了一切，准确地说是创造了许多不幸，因为想象力能够为灵魂提供空幻的幽灵，甚至是夸张的景象，并且强迫灵魂承受这些空幻带来的后果。由于受到幻想的影响，灵魂会逐渐失去判断能力，甚至会失去自制力。灵魂开始变得喜欢幻想，但是不愿意相信真实的事情，而且常常相信根本不可能存在的事情。灵魂难以控制的意愿逐渐演化成了一种负担，而过分的奢望带来了无尽的痛苦。只有心灵回复平衡之后，才能再次具备判断能力，那些想象出来的虚幻才会消失。

因此，我们在寻找快乐时就要准备好承担痛苦，如同我们希望高兴时悲伤首先会拜访我们一样。我们可以说幸福始终根植于心中，但悲伤是我们自找的，它是身为之物。所以灵魂的安定是真正的财富，只有安定的灵魂能够让我们得到快乐。不过，当我们希望获得快乐时，便要面对失去它的风险，而我们希望获得的越少，收获的往往越多；相反，如果我们希望得到的东西超过了本性所能赋予的，便会产生痛苦，因此只有本性才能赋予我们真正的快乐。自然天性带给我们快乐，它还能够满足我们的需要，有利于我们抵抗痛苦的侵袭。在生理上，快感要比痛苦多得多，所以让我们感到害怕的是幻想，而不是事实。换句话说，我们担心的不是身体的痛苦、疾病、死亡，而是心灵深处的烦躁不安、烦恼、欲望。

动物获得快乐的方式是填饱自己的肚子。虽然我们也有相同的特性，但我们还有其他获得快乐的方法，即通过精神去获得，那就是求知，而且这种方法得到的快乐是纯洁的、丰富的。如果我们的欲望与之截然不同，便会出现混乱，将灵魂的注意力转移。当我们的欲望处于上风时，理智就会处于沉默状态，或者是发出微弱的呐喊，此时我们厌恶真理，接着是幻觉的诱惑，错误逐渐加深，最终把我们带入痛苦的深渊。这时候，由于我们看不清楚事实的真相，只能凭借感情或者欲望行事，便可能用不公平的态度对待别人，而自省时会轻视自己，这便是最大的痛苦吧！

在这种幻想和愚昧的状态下，我们总是希望能够改变灵魂的本性。虽然我们的固有天性是认知，但此时的我们用它进行感觉。即使我们在此时坠入蒙昧中，也不会失去什么，仅仅是羡慕那些失去理智的人的命运而已，因为我们的理智是断断续续的。而且，这种不连续的理智会给我们造成负担，甚至会变成一种责难，我们希望这种理智消失，所以我们总是处于幻觉中，自愿丧失自我，尽量不考虑自己，最终忘记自己。

如果欲望不是间断的就会造成精神混乱，而这种状态对于灵魂来说意味着死亡。但是，间断性的强烈欲望会引发疯狂，神经病的长期性和反复性让它显得非常危险。在疾病发作时，明智会偶尔出现，但这并非代表幸福，因为我们感觉到自己的精神出现了问题，而且会责怪自己的欲望，谴责自己的行为。疯狂是痛苦的最初表现形式，明智则是火上浇油。许多感觉痛苦的人的欲望都非常强烈，即我们所说的疯子，他们的理智存在间隙，当理智占据上风时，他们就会知道自己的疯狂，所以会觉得无比痛苦。与底层社会的人相比，上流社会的人有着更多的期望和抱负，还有过度的欲望和灵魂的恶习，所以他们更不幸福。

让我们研究一下值得重视的智者，暂时放下那些让人觉得悲伤和羞耻的事情。这些智者把自己当作生命的主人，还有各种事情的统治者。他们安于现状，满足于目前的存在状态，自给自足，几乎不会向别人求助，更不会给别人添加负担。他们不断用自己的精神力量完善自己的智力，培养自己的情操，积累新的知识，而且时时刻刻都觉得非常满足，从来不会感觉到后悔和烦恼，始终在享受着自己的生活，甚至是整个世界。这样的人显然是自然界中最幸福的人，他们把类似于动物的肉体快感和自己的精神快乐融合在一起，将两种幸福紧密地结合起来。当因为身体不适或者其他意外感到痛苦时，他所承受的这些痛苦要比别人少得多，因为精神力量支撑着他，理智安慰着他。在遭受痛苦时，他还会觉得满足，因为他的坚强可以承受这些痛苦。

第五章　论梦

构成梦的内容的材料有些来自于体验，这是无法否定的事实。不过，假如认为梦的内容和现实有着清晰的联系，那就是错误的，因为只有认真观察才能发现它们之间的联系。这是布封对梦的解释，此外，他还从人类与动物的梦的不同之处进行讨论，从而推测出人类的梦来源于心灵，他说："我们清楚地观察到事物之间的远隔关系，所以我们心灵的这种能力是最卓越的才能，是高等智力，更是天才的表现，这是动物不具备的能力。"

第一节　梦：模糊的回忆

> 我们在梦中没有概念，只有感觉，因为概念是比较各种感觉得出的结论。这样说来，梦仅仅是存在于实际的内部感官中，而不是来自于灵魂，所以它们是人类回忆的组成部分，构成了模模糊糊的回忆。

由于存在不同的原因，所以形成了两种记忆，而且都存在着。第一种记忆是观念的痕迹，第二种记忆是模糊的回忆，后者是感觉的更新形成的，准确地说是触发感觉的活动更新。第一种记忆来自于心灵，它比第二种记忆更加完善；第二种记忆是由内心实际感觉的更新引发的，这种记忆是人类和动物都有的东西。这种记忆会让我们现在的感觉像以前的一样，所以拥有这种记忆的人只是冷静地看待过去和现在，而不会仔细区分，更不会比较，知其然不知其所以然。

有些人肯定会反对我的上述言论，还有些人会把我的论述解释成兽类也存在记忆。而且，这些人常常列举狗的例子，狗在沉睡时常常会发出叫声，虽然声音比较低沉，但还是可以分辨出来，如猎捕的叫声、愤怒的叫声、欲望的叫声、哀怨的叫声等。因此，这些人认为，狗对发生过的事情有着形象的回忆。不过，狗的这种回忆与我所说的记忆不同，因为这种回忆可能会随着外在环境的变化而发生变化。

为了解决这个问题，并找到令人满意的答案，所以我们需要研究梦的本质，弄清楚梦究竟是来自于我们的心灵还是来自于实际的内心感受。假如我们可以证明梦来自于心灵，那么，这不仅是对不同意见的解答，还是对兽类记忆的新论证。

愚蠢的人的心灵反应比较被动，虽然他们也会做梦，但他们的梦与灵魂没有关系。因为灵魂在傻瓜身上毫无作用。兽类没有灵魂，所以它们的梦与灵魂无关。我们可以分析一下自己的梦，这样就会清楚梦境各个部分的联系为什么很松散，梦中的事件为什么很奇特。因为梦是围绕着感觉展开的，而不是围绕着思绪。例如，我们在梦中没有时间观念，在梦中会出现以前遇见过的人，甚至是已经死亡很长时间的人，这些人在梦中依然活着，如同过去一样。但是，我们在梦中会把他们与现在出现的人、发生的事情联系在一起，或者将他们与另一个时代的人物联系起来，而且我们不清楚出现在梦中的地方到底是哪里。我们头脑中出现的梦境是不可能存在的，如果我们的灵魂可以自由活动，只要很短的时间就能够在混乱的感觉中整理出头绪；但是，它常常是不作为，始终维持着混乱状态。虽然梦中出现的每个目标都是生动形象的，但这些形象常常是模糊不清的，而且总是一闪即逝。如果这些感觉力量让心灵处于半睡半醒状态，便会在空想中产生真正的意念或者沉思，但无法将幻想消除，而是混合在其中成为组成部分。

我们从来不会比较梦中出现的事物，所以我们在梦中只有感觉，没有概念，因为概念是比较各种感觉得出的结论。这样说来，梦存在于实际的内部感官中，而我们的灵魂不会产生梦，仅仅是回忆的组成部分，构成实际的模糊回忆的一部分；但是，记忆截然相反，它是在时间概念、先前概念、现实概念的比较中产生的。既然这些概念不会出现在梦中，这就说明梦不是记忆，也不会是一个结果或者事件，更不可能是回忆。不过，虽然我们认为自己常常做一些有思想的梦，并且用梦游者的例子证明这个事实的存在。例如，梦游者在睡梦中会说话，甚至可以回答一些问题，但我们根据这个例子推导出推理的意念，而且把梦包含在其中时，至少要符合我的设想。这时候，关于我要论证的事情和感觉的更新，只要可以产生它们就行了。因为从那时候开始，兽类仅仅是不意味着记忆的类型，这种类型的梦是实际情况的模糊回忆。

第二节　梦和想象

我们能够记住自己的梦的原因是可以回忆起刚刚的感觉。人与动物的不同之处在于，人能够准确地区分哪些是梦、哪些是意识、哪些是现实感觉，这是记忆的作用，其中还包括时间观念。

有些人相信梦是有意识的，他们以梦游者为例，梦游者在睡梦中能够有条不紊地讲述事情、回答问题，而且据此推论出梦中包含着意识。我认为，感觉的更替可能会让人做梦，因为动物只能通过这种方式产生梦，而形成这些梦的前提条件不是回忆，只是对事物的模糊记忆而已。

不过，我不相信梦游者在睡梦中的说话和回答问题是受到意识控制的行为，相反，我认为精神在这些行动中毫无作用。因为梦游者会来回走动，其他行为也没有经过思考，他们不会意识到自己的处境，更不会明白由此产生的危险，只是动物本能在产生作用，甚至不完全是动物本能的作用。当梦游者处于这种状态时，他要比笨蛋更愚蠢，因为此时只有情感和部分意识在发挥作用，而笨蛋拥有全部意识，而且身体有感觉。对于在睡觉中可以说话的人来说，他们不会说出新的内容，仅仅能够回答一些简单问题，答案也是简单的句子，这无法说明他的心理活动，这些活动都与意识、思维无关。既然我们在清醒时会反省，尤其是在欲望方面，我们会不假思考地说出许多事情，那么，我们在睡眠中为什么不能是下意识地说话呢?

梦的偶然性因素指的是先前的感受在不受当前事物的刺激下再次出现的原因。我们发现，深度睡眠中不会形成梦，因为此时所有的外在东西都处于昏昏沉沉的状态。不过，虽然内心的感觉入睡得最迟，但苏醒得最早，因为与外在感觉相比，内在感觉更灵敏，更容易被惊醒，因此更加活跃。幻想常常出现在没有完全沉睡时，先前的感受会再次出现，尤其是不用经过思考的感受。由于外在感觉比较迟钝，所以此时的感受能够控制内在感觉，从而表现出以前的感受，感受越强烈，情景就越独特。这可以用来解释为什么大部分的梦都是令人恐惧或者令人喜悦的。

外在感觉不一定总是处于半睡状态，当它停止活动时，物质的内在感觉凭借自己的运动就能产生反应。因此，人们在休息前期睡得不是特别安稳，身体和四肢都处于静止状态；眼睛闭上之后变得朦胧，但没有进入黑暗状态；在寂静的黑夜中，耳朵也不再活动；其他感觉也停止了运行，整个身体都处于放松状态，但还没有完全入睡。这时候，如果人们的头脑不再思考、内心不再活动，只有内在感觉的自制力具有活动的能力。人们此时处于幻影叠加的状态中，我们醒来之后还能意识到睡眠产生的影响。身体健康的人们醒来之后，脑海中遗留的是清晰的影像或者美丽的景物；而身体虚弱的人截然不同，他们的梦中出现的是怪异的景象或者恐怖的鬼怪。这时候，光怪陆离的幻影充满了我们的脑海，不停地变换着，梦中形成的景物越来越强烈、越来越繁多，让人觉得不快乐，而且对其他感官的损害很大，神经变得越来越脆弱，整个人都会变得非常虚弱。

当人的身体虚弱或者生病时，真实感受引起的震动更加强烈，而且让人觉得更不舒服，这些震动引起的感觉也更强烈、更让人不快。

我们可以记住自己的梦的原因是不会忘记刚刚的感觉。人与动物的不同之处在于，人能够确定哪些是梦、哪些是意识、哪些是真实感觉，这是记忆在发挥作用，其中还包括时间概念。相反，对于没有记忆和时间观念的动物来说，它们分辨不出梦和现实感觉之间的不同之处，所以可以认为它们梦到的事情是真正发生过的事情。

我们曾经说过，只有人类具有思考能力，而动物没有这项能力。不过，理解力不仅是思考能力，还要准确地运用思考，它们之间存在着因果关系。我们可以在理解力的活动中区分出两种活动：第一种活动是将我们得到的感受进行比较并形成观点；第二种活动是比较观点并形成推理。第二种活动是在第一种活动的基础上形成的，一定要在后面。我们通过第一种活动能够得到观点，让我们认识到一切敏感事物；我们通过第二种活动能够获得一般观点，指引着我们理解抽象事物。由于动物没有理解力，所以它们不具备这两种能力。但是，许多人的思考仅仅涉及第一种活动能力。

我们可以得出这个结论的原因在于，假如所有人都能够比较观点、进行归纳，从而形成推理，那么，所有人都能够创造出独一无二的完美作品，以此展示自己的才能。这样一来，所有人都具有创造天赋，至少具有革新的能力，但实际情况绝非如此，大部分人的活动缺乏创新精神，他们只能模仿已经存在的东西，思考模式和记忆程式也与别人的相同。这种模仿行为阻碍了创新的发展，造成了他们无法独立进行创造。

想象力也是一种内在能力。想象力可以让我们察觉到生动形象的观点，让我们的思想变得鲜明，而且可以体现出我们的感觉，描绘我们的感情。总之，我们可以迅速抓住时机，挖掘出我们观察到的事物之间的关系，所以我们心灵中的这种能力是最卓越的才能，具有高等智力，而且是天才的表现，但动物不具备这种能力。此外，还有一种想象力，它与我们的身体器官密切相关，这是人与动物共有的东西。它是一种类似于我们的欲望的事物，在我们内心引发杂乱无章的活动，这种想象力通过强烈的印象不断更新，让我们莽撞地行动，它是产生幻觉的源泉，是我们精神的敌人，而且操控着我们的欲望。虽然理智有着一定的约束作用，但只要欲望占据上风，我们就会陷入永无止境的悲惨境地。

第六章　人类的社会

人类与动物之间的最大区别在于，人类具有社会性，社会性是由人们之间的相互交流、等级制度、民族观念的建立等因素构成的。在描述人类的本性时，布封也在研究人类的社会性，首先论述野蛮人的生活状况，然后通过一条清晰的线索讲述社会的形成过程，而且他认为人类社会形成的主要原因是，人类可以在社会中得到自己想要的东西。

第一节　野蛮人和社会

某些民族中的人们缺少各种规则、没有法律意识，甚至是没有领袖，从某种程度上来说，缺少社会文明习俗的民族不能叫作民族，充其量只能说是许多人聚集在一起形成的杂乱无章的群体。

我们在前面讲述了人类的繁衍、成长、发展，还有人类在人生各个阶段的心态和感受。但是，这些内容描述的是个体的历史，而人类历史不能缺少具体的细节，这需要研究不同地带中的各种人类。这些细节主要体现在三个方面：第一，人类的肤色，这是不同种类人的显著区别；第二，人类人体的形状和大小有着一定的区别；第三，各个民族的风俗习惯不同。毫不夸张地说，每一个客体都可以用长篇巨著进行描述，但由于条件有限，所以只能简单讲述一下最普遍、最确切的情况。

我认为不应该大肆渲染土著民族的风俗习惯，但论述这个话题的作者都忽视了一点，他们列举的一些社会习俗常常是关于个人的怪癖行为或者特殊行为。此外，这些作者还说，现在还存在着会把敌人吃掉的民族；有些民族会把敌人活活烧死；还有的民族会摧毁敌人的肢体；此外，有些民族喜欢战争，但也有一些民族喜欢和平生活；还有一些民族中的父母会食用自己的孩子，等等。

其实，这些故事是喝醉的游客喜欢讲述的特殊事例而已，这只能说明曾经有个野蛮人吃掉了自己的敌人，或者是摧毁、焚烧了敌人，或者有个人吃掉了自己的孩子等。不过，这些事情可能出现在一个或者若干个没有开化的野蛮民族中，因为这些民族的人们缺少规范、没有法律意识，甚至没有领袖。从某种程度上来说，缺乏社会文明习俗的民族根本不能被称为民族，充其量算是许多人聚集在一起形成的杂乱群体而已。大家都知道，他们不会受到法律和道德的约束，他们只会服从自己的欲望，由于没有共同的利益，所以不会朝着一个目标前进，更不会出现有着合理意图的风俗习惯。

一个民族是由聚集在一起的人构成的，他们使用相同的语言，有着一定的了解。有时候，由一个首领指挥，共同武装，或者通过相同的方式呼叫。假如这些习俗固定不变，他们可以毫无理由地聚集起来，但不会轻易分开；假如这些人的首领不是某个人或者一些人的心血来潮，他们拥有自己的语言，而且彼此之间能够简单地交流，这才是一个真正的民族。

由于野蛮人的脑海中只有少量的观念，所以他们知道的词汇非常少，仅仅能够用来描述最普遍、最共同的事物。这种情况带来的唯一好处是，因为使用的词汇很少，所以人们在很短的时间内就能进行交流。这就是为什么野蛮人可以快速地学会其他野蛮人的语言的原因，野蛮人在这一点上与开化的民族截然不同，因为一个开化民族想要学会另一个开化民族的语言是非常困难的。

由于无须大肆渲染野蛮民族的风情，所以需要仔细地考察个体的特征。其实，野人是人们了解最少、最难描述的，而且是最奇特的。因为对于我们来说，我们难以弄清楚大自然赋予我们的东西和我们通过教育得到的东西有什么区别，有时候可能会把两者混在一起。因此，如果野人展示出来的是真实色彩和天然面貌，我们无法理解他们也就不奇怪了。

对于一个著名的哲学家来说，一个真正野蛮的野人可以称为稀有之物，如同康纳所说的在汉诺威森林中被熊养大的男孩儿。哲学家通过观察野人能够发现本性欲望的力量，因为他会看见最真实、最原始的内心，还有与本能不同的各种动作。同时，他会看到很多的温柔、平静、清心寡欲，还会意识到野蛮人的美德要远远高于文明人，因为只有人类社会才会产生真正的邪恶。

第二节　社会的形成

在不同的情况下，人类都具有构成社会的趋势，绝对不是受限于气候条件。由于人类的天性是繁衍，所以这个结果是无法避免的。

虽然目前我还不想描述感情和欲望的理论，但我依然很高兴重提某些事实。这些事实证明，自然状态下的人与动物相似，时时刻刻都在寻找肉食，因为他们不能一直依靠青草、种子、水果维生。

某些哲学家认为，一些医生提倡的毕达哥拉斯食谱没有在大自然中得到过验证。不过，在黄金时代前期，只有天真无知的人才会只吃橡实、饮用生水。由于很容易找到食物，所以他能够独自生活，并且与动物和平共处。但是，当他用自由换取与别人的相聚时，这表示和平的黄金时代已经结束，随之而来的是战争的铁器时代。

这就是人类社会受到一些道貌岸然的哲学家指责的方面。这些哲学家为了提高个人声誉，不惜羞辱整个人类社会，他还展示了能够反映人类虚幻幸福的图表。

曾经是否出现过天真无邪、高度节欲、完全平和的理想状态呢？这不是将人当作动物产生的寓言故事吗？我们能否认为道德存在于社会出现之前呢？这种野蛮状态值得怀念吗？难道野蛮人要比文明人高贵吗？显然，这些问题的答案是肯定的，因为是人类社会创造了各种罪恶。在幸福面前，几乎没有人会去想不幸的事情，这样说来，原始状态中是否存在道德又有什么关系呢？与奴役相伴的是柔弱、声色、享乐，难道健康、自由、力量不是比它们更重要吗？当然，我们可以认为没有痛苦就是快乐，但为了得到幸福是不是应该不再奢求呢？

然而，话说回来，如果我们认为混日子比认真生活更快乐，没有食欲比满足食欲更幸福，想睡就睡比睁开眼睛认真观察更重要，而且这样去做，那么，我们就是在麻痹自己的灵魂，禁锢自己的思想，即放弃了自己的灵魂和精神。这样一来，我们就与动物没有区别了，仅仅是大地上的一块原料罢了。

我们详细论述一下，说完道理之后，便需要提出最有力的事实。我们观察到的不一定是理想状态，可能是真实的自然状态。那些在沙漠中生活的人们是安静的动物吗？他们是否快乐呢？我们无法像哲学家那样，假设原始人与野人、野人与我们之间有着巨大的不同。艺术和语言出现的时间要远远早于完善符号和语言的时间。我觉得，如果思考事实需要费尽心力制造一条法则，那么就不能进行假设。这样，我们才能从文明民族中看到落后民族的影子，然后从落后民族中去探索更不文明或者处于专治统治下的民族。通过落后的人们观察与之不同的野蛮人，然后去寻找未开化民族与开化民族的不同之处。其中，某些民族在领袖的带领下逐渐壮大，还有一些形成了便于统治的小型社会，最后剩下的是没有成家、没有形成体制的孤立的人。

帝国、君主、家庭构成了社会中的极权，而且是大自然的边界。假如可以继续扩展，那么，人们穿过最荒僻的地方时，难道不会找不到遗弃的子女、分散的父母或者聋哑的人吗？我认为，除非能够确定那时人们的身体结构与现在人们的身体结构有着巨大的区别，而且他们的生长速度很快，否则人类不用组成家庭就能生存的观点便是错误的。因为在孩子出生之后的几年中，如果缺乏人们的照料便会死亡，而刚刚出生的动物只需要被照顾几个月而已。人类的这种状况决定了人类需要在社会中延续和繁殖。父母与子女的组合形式不仅是自然的，而且是非常有必要的。因此，这种组合形式要求父母和子女之间形成持久的依恋关系。这样一来，他们可以熟悉彼此之间的姿态、手势、言语。总之，这是表达感情和需要的方式，而且已经被证实，即使是最孤单的野人也需要用简单的语言和符号进行交流。

即使是在荒漠中生活的野人，他们也会组成家庭，父母和孩子之间非常熟悉，他们可以用语言进行交流。在香槟省丛林中找到的女熊孩和在汉诺威森林中找到的男熊孩都可以说明这一点。曾经，他们生活在与世隔绝的环境中，头脑中不存在任何社会概念，而且不会使用语言、手势。但是，如果他们能够相遇，自然天性可以将他们联系在一起，他们会相互依恋、和平共处，因为他们首先学会表达爱情的语言，然后学会与孩子进行交流的语言。这两个孩子都来自于人类社会，大约在他们五六岁的时候被遗弃在森林中，此时的他们已经可以独自寻找食物养活自己了。不过，他们的大脑还很虚弱，记忆力还不是太成熟，他们不是出生之后就待在森林中，否则早就夭折了。

我们分析一下在纯自然状态下组成家庭的野人。如果这个家庭比较兴旺，家里的男性就会成为拥有众多人口的群体首领。在这个群体中，所有成员的生活都是相同的，并且需要遵守相同的风俗，使用同一种语言。当这个家庭繁衍到第三代或者第四代的时候，便会分裂出小家庭，但他们始终被共同语言和相同习俗联系在一起，逐渐发展成小型部落。随着时间的推移，各种情况不断发生变化，小型部落可能会慢慢发展成为一个民族。这是由野蛮人与开化民族之间的距离决定的，如果他们生活的地方气候温和、土地富饶，便能建立大片的田园。在这里，他们会遇到孤单的人，或者与他们相似的野蛮人，他们会继续原来的生活，而新加入的人会因为情况的不同成为他们的敌人或者朋友；可是，如果是在气候恶劣、土地贫瘠的地方，由于人口众多会造成空间的拥挤进而相互压榨，所以需要向四周扩张土地，建立殖民地。这样一来，他们就会与其他民族发生冲突，甚至是引发战争，而战胜的一方就会成为战败者的主人。因此，在不同的状态下，人类具有形成社会的趋势，而且气候条件的影响非常小。这是一个肯定会出现的结果，因为繁衍体现了人类的天性。

这就是社会，在大自然的基础上慢慢建立起来的社会。接下来，我们研究一下野蛮人的饮食习惯。我们发现，人类无法靠水果、青草维持生命，鱼肉要比这些食物更受人们的欢迎。同样，人们不喜欢饮用纯水，他们喜欢喝有滋有味的饮料。法国南部的原始人饮用的是棕榈树中的水，北部的原始人喝的是鲸油，还有一些饮用的是发酵之后的饮料。一般来说，不同的人有着不同的口味，但都比较偏爱浓烈的饮料。在自然食欲的驱使下，他们制造出打猎、捕鱼的工具，如弓箭、渔网、渔船等，这些工具都是他们为了满足口腹之欲制造出来的东西。符合他们口味的东西还表示能够满足他们的天性，因为人们无法依靠食用青草生存，如果他们不吃富含营养的食物就会营养不良。由于人类只有一个胃和一根短短的肠子，所以无法像拥有四个胃和长长的肠子的动物一样，一次食用很多素食。例如牛，它们常常用食物的数量弥补质量的不足，这是很有必要的。同时，对于人类来说，只有水果和种子是远远不够的，还需要大量的有机质补充营养。虽然面包是用小麦中的优质部分制成的，而且小麦、其他种子、水果都经过了改良，营养价值要比野生果实高得多，但如果仅仅食用面包和水果，人的身体就会变得非常虚弱。

我们来看看为了神圣目的而过着素食生活的苦行僧，他们拒绝造物主的恩赐，放弃交流的机会，远离社会和人群，待在封闭的殿堂中，将自己禁锢在如同活死人墓的避难所里，只有呼吸能够证明他们依然活着。在饱经风霜的脸上是一双灰暗的眼睛，无精打采地看着周围的东西。他们看上去奄奄一息，进食的唯一目的是满足身体的需要。因此，虽然拥有虔诚的信念，但他们的生命往往很短暂，在他们眼中，死亡不是生命的终结，仅仅是一个过程而已。

第七章 人的优越性

布封认为人类的出现是生存斗争的结果，而人类比其他动物高级的原因在于，人类拥有动物所没有的智慧和力量。虽然布封的文章中偶尔会出现“造物主”一词，但上帝在人类史上失去了至尊至圣的地位，他认为人类的力量是最伟大的。他对人力的维护曾经触犯了神学的利益，而且差点儿遭受宗教的审判，这说明布封关于人类的思想已经打破了那个时代的限制，而这恰好是布封的先进之处。

第一节 人类与兽类的不同

> 对于自然界中的许多动物来说，只要我们花费心思就能教会它们说话，如果我们愿意投入更多的精力甚至能够让它们说一些简单的句子，但它们无法理解这些句子想要表达的意思。它们可以重复这些句子，好像回声一样。因此，上述内容让我们明白，动物缺少的不是器官，而是思想。

人类通过思维信号传递内心活动，而语言就是这种思维信号，所以人类是用语言表达自己的思想的。任何人类都拥有思维信号，即使是最野蛮的野人也是一样，他们可以进行交流，通过语言让对方明白自己的想法。不过，任何动物都不具备这种思维信号，即使是与人类非常相似的猴子也是如此。这不是因为猴子的舌头缺少器官，人们在解剖之后发现，猴子的舌头跟人类的舌头一样完善，所以主要原因是猴子没有思维。假如猴子也拥有思维，它就能够开口说话，而当它们的思维与人类的思维相同时，两者之间就可以进行交流。现在，我们假设猴子拥有自己的思维，这样一来，猴子之间就可以进行交流，但我们从来没有发现它们会交谈或者讨论。因为它们缺乏连贯的思维能力，它们的头脑中没有连贯的东西，所以它们无法通过语言表达自己的思维，甚至缺少最基本的思维方式。

其实，动物不能说话的原因不是器官的不完善。在自然界中，有许多动物可以说话，只要我们花费精力教它们就行，如果我们愿意花费更多时间教导它们的话，它们甚至可以说出简单的句子，但无法理解这些句子的意思。它们仅仅能够不断地重复这些简单的语言，好像回声一样。上述内容让我们明白，动物缺乏的不是器官，而是思维。

因此，我觉得连贯的思想是形成语言的基础，由于动物没有连贯的思想，所以无法形成任何语言。思想的连贯性是形成思维的基础，尽管兽类没有这种能力，但我们不能否认，它们与人类最初的状态、最机械的感觉很相似。由于动物不能思考、无法说话，所以难以把思想连贯起来，更无法发明什么东西。假如动物拥有最基本的思维能力，它们就能学会更多的技巧，创造出更多的成果。例如，如果河狸拥有了思维，它就会建造出比以前的巢穴更完美的巢穴；如果蜜蜂拥有了思维，它就可以把自己的蜂房建造得更好。这些例子有力地支持了我的说法。

有些人可能会产生这样的疑问，既然动物们的作品都表现出统一的形式，那么，这种形式的蓝本来自于什么地方呢？是否用更有力的证据可以说明动物的活动仅仅是机械性造成的结果呢？关于这些问题，我认为某种动物的单一个体的做法可能有些不同，但这无法说明所有的动物都会按着统一模式进行工作。我这样说的原因在于，动物行为的顺序是整个属类的共有特征，而不是单一个体的特殊行为。此外，如果我们想要让动物拥有思维，必须在每类动物上付出相同的努力，让所有的个体都参与进来，所以这个思维与我们的思维有着巨大的区别。

上述内容引出了几个问题，我们的作品和成果为什么与他人的有着差异呢？对于我们来说，为什么模仿的价值要高于创造呢？那是因为我们的思维是自己的，而且是独一无二的，所以与他人的思维不同，从而导致我们与他人没有共同之处。其实，如果我们拥有最落后的能力，那就与动物非常相似了。

即使是最完美的禽兽，它们的能耐与我们也有着遥远的距离，因为人类拥有不同的天性和思维，这是人类与兽类的本质区别，人类只有经过一片毫无边际的空间才可能进入动物的范围。如果人类属于动物目，那么在自然界中将会存在比人类差一些，但要比其他动物都完善的生物，我们借助这种生物从猿逐渐过渡到人。不过，这无法说明我们是从想象的生灵突然过渡到了实际的生灵，从精神力量过渡到机械力量，从有秩序的活动过渡到毫无目标的活动，从沉思过渡到生存需要。

这些特征正好体现了我们卓越的能力，展示了人类与动物的不同之处。人是有理性的生灵，而动物是没有理性的生灵。而且，理性生物和无理性生物之间没有中间过渡生物；在肯定和否定之间没有第三种选择。显然，人和动物的天性是截然不同的，在两者之间只有外部相似，如果根据这种外部特征判断人和动物的差别，便会得出错误的结果。

第二节　人力改造自然

大自然在生物之间建立一种有序的和谐关系，让人类去美化自然、耕种土地、修剪荆棘、种植葡萄等，以便生物在大自然中更好地生存。

地球上的生灵都是非常幸运的，首先，大自然不仅为它们提供了生活的场所，还为它们提供了发明创造的原料，一道光芒从东方一直延续到西方，为这个美丽的星球披上了一层金色的外衣，这束柔和的光芒滋润着万物，通过释放出来的光和热让万物变得生机勃勃，绽放出美丽的生命；其次，大自然为生灵的成长提供了大量的纯净的水；再次，大自然塑造出来的陆地的周围是丘陵，这些丘陵能够抵挡天空中的雾霾，让地面附近的空气始终清新，而凹陷的洼地是泉涌的聚集地；最后，大自然还为生灵创造了海洋，这些海洋幅员辽阔，但它们拥有自己的边界，随着天体的运行出现有规律的涨落，与月亮一起升落，在太阳和月亮一起升落时涨落的幅度更大。

大自然赐予了生灵们神奇的外部宝塔，同时在宝塔内创造出奇妙的东西，所以大自然是伟大的。他指挥着创造出万事万物，在生物之间建立了有序的和谐关系，指挥人类美化自然、耕种土地、修剪荆棘、种植玫瑰等，让生灵们能够更好地生存。

不过，生灵们不应该盲目地崇拜大自然，尤其是人类，因为人类的力量可能会对大自然产生影响。我们研究一下没有经过改造的大自然。这是一片荒芜的地带，以前从来没有人居住，只有许多茂盛的大树，其中有些树木没有树皮或者没有树顶，它们弯曲或者倾斜，好像要倒下来一样，还有一些树木已经腐烂，这些腐烂的树木将刚刚长出来的树芽遮盖住了。大自然在其他地方展示着自己的青春活力，但在这里显示出来的是老朽的状态。大地上到处是残存的废料，随处可见布满了寄生植物的老树枝；所有的低洼地区都是死水潭，由于缺乏疏导从而变得混浊，而且散发出阵阵恶臭，还有很多淤泥地带，陆地生物和水上生物都不会接近这里；这个地区生长着一些恶臭植物，而且滋养着许多害虫，简直就是肮脏生物的天堂；腐臭的沼泽地和腐朽的树木之间是一片荒野，但它与大草原截然不同，这里生长的是有害的草，它们消灭了良草；这些草不是柔软的细草，而是带刺的坚硬的草，它们相互缠绕在一起，厚度是好几尺，一茬一茬地疯长。在这片荒芜的地方，不仅没有道路，更没有智慧的痕迹，如果人们想要穿越这片地区，那就需要沿着野兽出没的小路前进，这时候就要保持高度警惕，以免成为野兽的美食。

人们不仅会被野兽的嚎叫吓到，还会惧怕凄凉的环境，常常在心里说："大自然是多么荒凉、多么寂静啊！为了让大自然富有活力，我们要想办法疏通这些沼泽，让它们变成小溪、沟渠。不过，我们只能依靠烧荒或者铁器等简单的工具改造这片荒地。在不久之后，这里的灯芯草或者形成蟾蜍毒液的荷叶可能就会消失，取而代之的是三叶草等味道甜美、有益健康的牧草，数不清的牲畜居住在这片草地上。这里有着充足的水源，葱葱郁郁的草地，牲畜会越来越多。让我们开始工作吧！让牛下田耕地，让土地变得肥沃起来。我相信，我们可以创造出充满活力的大自然。"

通过人力改造自然是一项伟大的工程，而且有着重要的意义。在人们的劳动下，大自然开始变得绚烂多彩。这体现了人类高超的工艺，人类通过自己的能力和技巧让大自然呈现出美丽的姿态。大自然中隐藏的大量的宝藏和财富，逐渐被人们挖掘出来。在人们的努力下，花卉、果实、种子的种类越来越多；对人类有益的动物不断推广，数目逐渐增多；而对人类有害的物种慢慢地被抑制或者消灭；金矿和铁矿不断被人们从地下挖掘出来；激流和江河经过疏导之后，在整个地球上奔腾着；将两个半球隔断的海洋被征服了；土地被耕种之后变得富饶、肥沃；在山谷、平原、草场、田地中，到处都生长着葡萄、苹果、橘子等果树；曾经，光秃秃的山顶上长满了树木；荒凉的沙漠变成了人声鼎沸的城市，人们之间的交往变得频繁、便利；无数的道路开通了，人来人往，无比热闹。这些都体现了人类社会的力量和团结，还有一些体现了人类的威力和能力，证明了主宰大地的人类能够赋予大自然新的面貌；不过，这些还证明了人类在改造大自然的时候，始终在与造物主进行抗争。

不过，人类能够主宰大地的原因是他的服从。他十分享受改造带来的成果，但无法一直占有，只有不断地努力才能将这些成果保存下来。一旦他不再努力，一切都会迅速萎靡，甚至是快速地回到造物主手中；只要停止努力，造物主就会发挥自己的威力，将人类做出来的成绩一扫而空，把人类建造的最辉煌的建筑物摧毁，仅仅留给人们一个惨痛的回忆，这时候的人们会无比后悔，因为自己的过失葬送了祖先创造出来的辉煌成果。这种人类失去主宰权的时代就是摧毁人类成果的蛮荒时代，一直是战争带来的结果，最直接的表现就是饥荒和死亡。

只有人类团结起来才会有巨大的力量，只有和平时代才能拥有真正的幸福。但是，人类拥有疯狂的无理性，喜欢将自己武装起来造成自己的不幸，利用自己制造的战争摧毁自己创造出来的成果。他们被贪婪和野心所蒙蔽，自动放弃理智，通过各种力量对付自己，利用一切办法进行毁灭，结果就是把自己推向死亡之路。等到血腥的战争结束之后，等到所谓的“光荣”烟消云散，他才发现大地已经变得破败不堪；文明已经葬送；许多人流离失所、无家可归；人类的幸福已经不复存在；人类的威力再次消失了。

第五编

自然的世代

在这部分中，布封讨论了地球的发展历史，他把地球的历史划分成七个时期。布封认为地球在第三个时期已经冷却到足以形成最初的生命。但是，此时形成的生命形态与我们今天所看到的有着很大的不同，它们是能够适应更高温度的物种。不过，地球温度的不断降低导致它们逐渐灭绝。布封认为，现在所存在的物种的祖先是在地球的第五个时期形成的，从那个时候开始，这些物种在一定的范围内发生变化，引发这些变化的原因会随着地域的不同而有所不同，随着地球温度的降低，这些动物的变化逐渐减少。下面的内容是从“自然的世代”中筛选出来的文章。

第一章　地球及其组成

布封想用唯物主义的观点解释地球是如何形成的，他指出了地球和太阳之间的相似之处。例如，他说地球是冷却以后的小太阳；大海和沙漠是地球上的最初物质逐渐演化而成的，然后出现了动植物，最后形成了人类。在布封的观点中，地球的进化不是按照上帝的意愿发展的，而是在漫长的时间中逐渐演化而成。此外，布封仔细地研究了大地、山脉、河流、海洋，努力寻找地面变迁留下的证据，为现代地质学的发展奠定了基础。

第一节　自然的分类

> 我们根据这些事物与我们的关系寻找我们感兴趣的讯息，并慢慢过渡到我们比较陌生的事物。我相信，这种最自然、最简洁的观察方法要比其他复杂的方法好得多。

假如将一个失去所有记忆的人放到自然中，那么，周围的一切对他来说都是新奇的。最初，他对所有的事物都没有印象，如果我们反复让他观察同一个事物，他很快就会对生命物质产生总体概念，进而分辨出它与其他生命物质的不同之处。接下来，他可以区分出有生命物质和草本物质，然后在脑海中形成三个大类：动物、植物、矿物。同时，他会对土地、空气、水三种截然不同的事物产生清晰的概念。在他的脑海中，还会慢慢区分陆地生物、海洋生物、空中生物的不同，而且逐渐形成特殊的概念，这些概念的建立会让他进行第二次的分类：四足兽、鸟类、鱼类。在植物界中，他也可以发现树木与其他植物的区别，并逐渐形成清晰的概念，然后按照三种方式对植物进行分类：第一种是根据植物的高度；第二种是根据植物的材料；第三种是根据植物的外形。这种划分方式的基础是他对植物的简单观察，而这也是我们在划分自然界中的事物时需要遵循的原则。

我们想象一下，当他获得了许多知识之后，他可能会从不同的角度观察整个自然界。在研究自然界中的事物时，他首先研究的是他认为最重要或者最感兴趣的事物。例如，如果他喜欢兽类中的牛、马、狗，他就会把自己的注意力放在这些动物身上；对于那些他不喜欢或者不熟悉但依然生活在相同地点的兽类，如鹿、野兔等，他却毫不关心；对于生活在特殊气候下的兽类，如大象、羊驼等，当他学习了相关知识之后，他会在好奇心的引导下研究这些动物。同理，关于自然界中的其他物种，如鱼类、鸟类、虫类、贝壳类、植物、矿物等，他也会选择自己最熟悉、最感兴趣的事物，并用自己的知识将它们分类。

上述这些分类是所有分类中最基础的分类方法，也是我们分类时需要遵循的原则。最初，我们对事物的分类方法与上述所说相同，我们根据的是事物与我们的关系、我们对事物的熟悉程度，一步步地确定研究对象。其实，这是观察事物的最简单的方法，比其他复杂方法更有效。在所有的方法中，唯有这个方法能够让我们随心所欲。总之，在研究与我们相关的事物时，这个方法是最好的。

第二节　地球

大地为人类提供了丰富的生活资料；海洋有着独特的运动规律和固定的范围；大气始终在稳定的流动；季节按照一定的周期交替变化，万物萧瑟的景象肯定会被葱葱郁郁的绿色所替代，这一切都在有秩序地进行。以前，大地是混混沌沌的状态；现在，大地成为舒适的居所，它的主要特征是宁静、和谐，到处都是生机勃勃的景象。

在地球上，我们可以看见高地、幽谷、平原、海洋、沼泽、江河、洞穴、火山等事物，它们看起来像是没有任何规律和秩序的事物。在地球内部，好像也分布着不规则的事物，如金属、矿物、沙石、沥青、泥土、水等。

不过，当我们仔细观察喷发之后的火山就会发现，这里隐藏着一些我们没有见过的景象。布满了裂痕的岩石、新出现的岛屿、被火山灰掩盖的平地、填满了火山灰的岩洞等，这些景象让我们明白，地球上的景象之间存在着一定的联系。在地球的早期，比较重的物质会压在比较轻的物质上面，坚硬物质的周围是柔软的物质，干、湿、冷、热、潮湿、易碎的物质都混合在一起，形成了混乱的状态。

这些景象好像是一堆垃圾堆积起来形成的，但我们就是生活在这堆垃圾中，人类、兽类、植物一代代地生活在这里，生生不息。地球上的事物也在不断地循环，大地为人类提供了丰富的生活资料；海洋有着自己的运动规律和固定的范围；大气一直在流动着；季节按着一定的规律不断交替；这里的主要特征是安静、和谐，到处都充满了生机。这些景象带给我们很大的震撼，我们对造物主的智慧和力量佩服不已。

第三节　海洋和沙漠

由于地球表面的大部分是海洋和沙漠，所以我们要对它们进行详细的论述。

海洋

当我们站在高处眺望地球时会发现，首先映入我们眼帘的是地球上所覆盖着的大面积的水。这些水始终在低洼处，而且一直是水平的，看起来总是处于平衡状态和静止状态。不过，现在我们发现它们正在以一股强大的力量波动着，这股力量打破了原有的平静，迫使海洋进行周期性的运动——潮涨潮落，波涛汹涌。

接下来，我们研究一下海底的景色，与高低不平的地面相似，海底也不是平坦的，不仅有山峰和低谷，还有深谷和沟壑。假如我们认为海底突起的岛屿可以被看作山峰，那么，这座山峰的山脚下到处是水，但有些山峰的高度大约到海平面。我们发现，海洋中有一种与普通运动不同的急流，这些急流有时候向着相同的方向运动，有时候向着不同的方向运动，但好像有一种力量约束着它们，不让它们超过某个界限，而这种约束力量是永恒不变的，如同限制大地江河的力量一样。通常是风暴地带容易出现急流，狂风加速了暴风雨的侵袭，海洋和天空都变得混浊起来；风暴引发了海底内部的运动，导致火山从海底喷发出火热的气浪，这股气浪与水、硫黄、沥青混合在一起冲向天空。

然后，我们来到看起来平静的海底世界，其实这里处处都充满了危险。在这里，风暴会发挥出自己的威力，我们的驾驶技术变得毫无作用，小船不是停下来就是沉没在海底。

最后，我们观察一下地球的极地，我们看见巨大的冰块从冰山上脱落，如同在海洋上漂浮的山峰一样，在移动的过程中慢慢消融，一直到气候温和的地区才会彻底变成水。

上述情况就是海洋帝国呈现在我们面前的景象。这里生活着各种各样的居民，有的裹着贝壳在水中穿梭；有的背着厚厚的甲壳慢慢地爬行；有的依靠翅形的鳍来回行走；还有一些仅仅在海底游来游去，依附着各种岩石生存，这些在这片水域中生活的生物都能够寻找到自己喜欢的食物。海边生长着一些茂盛的植物或者苔藓，还有一些奇特的草木；海底是由泥土、沙子、砾石构成的，但最主要的是泥土，偶尔还会出现硬土、贝壳、岩石等东西，这里与我们生活的陆地很相似。

沙漠

现在，我来讲述一下没有茂盛的树木，也没有充足的水源的地方。在这里，头顶上是炙热的太阳和干燥的天空，脚下是布满沙子的荒原和光秃秃的山脉；在这里，我们放眼望去都是迷离的灰沙，难以见到鲜活的生灵；在这里，死气沉沉的土地能够带给我们的只有骨骼、石头、矗立或者倒塌的岩石；在这个一望无垠的沙漠中，来到这里的旅行者无法呼吸到阴凉的空气，没有什么可以与他作伴，更没有任何东西能够让他想象到活跃的大自然，剩下的仅仅是无边无际的孤寂。这种孤寂要比森林的沉寂更加可怕，因为对于一个孤单的人来说，森林中的树木也是生灵，但在这空空如也的地方，他会觉得更加孤单、更加迷茫，这里的任何一个地方都可能变成他的坟墓。

在这里，白昼的光线要比黑夜的寂静更加凄凉，这些光线让旅行者看清了沙漠的光秃和贫瘠；将荒漠的空旷显示得更加清晰，让旅行者更清楚自己的恐怖处境，让他明白身处之地与居住地的距离是那么遥远。任何一个旅行者都不喜欢待在这里，因为这里的饥饿、干渴、酷热随时会带他走向死亡之路。

第二章　自然的各个世代

在确定人文史时，人们需要察看大量的资料、搜索古代的碑牌、辨认墓碑的铭文，然后才能判定人类历史发展的各个阶段，确定历史大事件的发生时间。同理，在研究自然史时，我们也要挖掘地球的发展历史，从地下寻找古老的遗迹，搜集断断续续的片段，还需要把象征着文物变迁的资料及能够帮助我们追溯大自然各个时期的文物集中在一起，构成一系列的证据，这样我们才能清楚大自然的历史。这是研究自然史的唯一方法，只有这样才能在广袤的空间中找到确定的点，然后在漫长的时间旅程上建立里程碑。

第一节　宇宙的发展

通过两种限制对人文史进行界定，一种表现在时间上，因为距离我们生存时代不远就是一片虚幻；另一种表现在空间上，因为它仅仅能够覆盖很小的区域。不过，在自然史的界定上却不是这样，虽然它也包括一切时间和一切空间，但除了宇宙的限制之外，它不会受到其他的任何限制。

当我们追溯过去的历史时，时间的流逝和空间的距离会成为我们的阻碍，如果没有编年纪事在过去的时间里点燃了一些火炬，那么，我们就像身处无边无际的荒野中，看不见尽头。虽然这些编年纪事为我们指引了前进的方向，但当我们追溯几个世纪之前的历史时，我们就会遇到许多问题，在判断事变的原因时会犯下许多错误。同理，如果我们继续追溯更加久远的历史，我们遇到的问题会更多，只能在黑暗中摸索着前进。

而且，人类有记载的历史只是包含了几个民族的活动状况，仅仅是整个历史的一小部分而已，而我们对没有记录的人们的了解几乎是零。在我们眼中，他们就像海市蜃楼一样会突然出现，然后毫无预警地消失，没有留下丝毫痕迹。但愿那些以罪恶或者血腥为荣而被人们称为英雄的人物，也能够像默默无闻的人们一样湮没在历史的洪流中。

上述情况出现的原因是我们人文史的界定有着双重限制：第一体现在时间上，因为距离我们生存的时代的不远之处就是一片虚幻；第二体现在空间上，因为它仅仅能够覆盖非常小的区域。不过，在自然史的界定上却不是这样，虽然它也包括一切时间和一切空间，但除了受到宇宙的限制之外，不会受到其他的任何限制。

由于大自然与物质、时间、空间相伴，所以关于大自然的历史也就是关于一切存在、时期、地点的历史。乍看之下，我们觉得大自然非常伟大，不仅不会变质，更不会变形，即使是在大自然生成的最脆弱、最容易消逝的物品中，我们依然能够看到大自然始终保持着原有的形态，因为它时时刻刻都是原来的样子，日复一日地出现在我们眼前。不过，只要我们仔细研究就会发现，大自然的进程绝对不是一成不变的。我们发现，大自然会出现显著的变形，还会接受一些始终在变化的物质，甚至它还会以新的化合物或者某些实体为模型不断地发生变化。总之，从整体上来说，大自然的表面是固定的；但从它的组成部分来说，大自然一直在发生变化。因此，我们相信，现在的大自然与大自然的原始形态有着很大不同，与后来大自然陆陆续续表现出来的形态也有巨大的差别。

我们把大自然的这种变迁叫作“自然的世代”。大自然经历过各种类型，大地表面也表现出各种形态，甚至是天空都发生过变动。宇宙中的所有物体都处于运动之中，而且包括精神界的一切事物。大自然是现在这种状态的原因有两方面：一方面是它自己的功劳；另一方面是我们造成的。因为我们可以改变自然、驾驭自然，从而让它符合我们的要求，满足我们的需要。曾经，我们探索大地，然后耕种大地，而且不断地扩展大地，所以今天的大地和最原始的大地肯定有着巨大的区别。在历史上，寓言的黄金时代绝对是科学和真理的黑暗时代。那个时代生活的人们处于半野蛮状态，他们的数量比较少，而且是分散生活，他们还没有将自己的潜力挖掘出来，没有意识到自己的真正实力，还不清楚团结的力量有多大，更不会想到利用群体力量进行协同劳动，让宇宙间的万物充分发挥自己应有的作用。

因此，我们需要到刚刚被发现的地区去观察，到从来没有人去过的地方研究自然，这样才能得到关于大自然以前的情况的一些概念，但如果我们用这种“往昔”与五大洲被水覆盖的时代相比，与鱼类生活在平原上的时代相比，与高山还是大海中的礁石的时代相比，它勉强算是近代的事情。从远古时代一直到有文字记载的时代，这个时期内出现了多少变迁，有过多少种不同的情况啊！我们不知道这段时期的多少事情被埋没了，也不知道有多少变迁没被发现，更不知道在人类出现之后发生了多少激变。人类的精神经过了长时间的观察，大约将近三十个世纪的培养，才慢慢认识到大自然的状况，即使是这样，我们依然没有认识到整个地球的面貌。在不久之前，我们刚刚确定了地形，而对地球内部的了解依然停留在理论上，现在的目标是弄清楚地球构成元素的次序和分布。而且，人们是在当代时期才开始比较如今的大自然与原始的大自然的不同，才开始根据已知的现实状况去推测比较古老的几个时期的状况。

不过，由于我们要穿越时间的黑洞，利用对当前事物的了解去推测过去事物的存在状态；凭借现存事物的力量推测被淹没的事实；因此，我们需要集中所有的力量，主要借助于下面三个依据：可以帮助我们了解大自然起源的各种事实；大自然原始时期存在的各种运动；与大自然的后续时期概念相关的各个传统。然后，我们利用推论法将它们连在一起，从而形成一个系统，这样一来，我们对自然就会有一个全面、清晰的认识。

第二节　洪荒时代

在洪荒时代，最初水是以蒸汽的形式飘浮在空中，然后慢慢地凝聚在一起，落到炙热、萎缩、干燥、龟裂的地面上。

在描述洪荒时代的时候，为了让我们的陈述清晰、明确，所以要从比较早的时代开始讲述。在那个时代中，水变成蒸汽飘浮在空中，然后慢慢凝聚在一起，落到炙热、萎缩、干燥、龟裂的地面上。当大地开始凝固时，在它慢慢冷却的过程中，那些具有挥发性的物质都被分解、化合了，然后迅速地陨落下来，我们可以想象一下那种景象是多么惊奇、多么骇人！空气的元素和水的元素慢慢分开，风暴和浪涛激荡在一起，通过漩涡形态倾泻向还有缕缕青烟冒出的地面；最初，空气中的大气层具有阻挡光线的作用，后来慢慢被净化了；不过，这些被净化的大气层，现在已经被浓烟般的云雾遮盖起来了；洪水涨涨落落，始终在沸腾着，反复地蒸馏着；空气中经过升华的具有挥发性的物质，现在从空气中分离出来，或疾或缓地向下陨落，时冷时热地侵袭着周围的空气。

我们可以想象到，当时的洪水几乎把整个地面都覆盖了，这些洪水在不停地涨落中被搅动起来，在月球对空中气层和地上洪流的引力下翻动着，而且还会受到狂风的侵袭，它在外力的影响下纷纷流窜。而且，在流窜的过程中，它还会冲击地面上的沟谷，使其变得更深；还会将不够坚实的高地冲垮，不够坚固的山峰铲平，摧毁绵延山脉的脆弱部分。后来，洪水慢慢稳定了，沉积到地下，然后在地下冲出道路来；它不断地侵蚀地下的洞穴，从而导致了它的崩塌；它不停地流到深渊中，所以地面上的洪水水位慢慢降低了。这些地下洞穴是地火燃烧而成，现在洪水冲击着它们，不久后就把它们冲垮了，而且冲击还在继续着。因此，我们通过这个结果会想到，地下洞穴的坍塌是造成洪水降低的主要原因，而且事实证明这是洪水降落的唯一原因。

第三节　最古老的物种

现在，我们在海拔比较高的地方找到的贝类和其他海产品都是最古老的物种。将收集起来的较高地区的海产品与较低地区的海产品进行比较，对于考察自然史有着重要的作用。

我们能够确定，现在我们在海拔很高的地方找到的贝类或者其他海产品都是大自然中最古老的物种。将出现在较高地区的海产品和较低地区的海产品收集起来进行比较，对于考察自然史有着重要的作用。我们认为，构成丘陵的贝壳中有一些是未知种类，也就是人际常到的海洋中不存在相似的活的贝壳。如果有一天我们能够把海拔最高的地方的贝壳都收集起来，然后整理成一个系列，我们可能就能够判断出哪些是古老类型，哪些是现代类型了。某些化石让我们明白，我们已经确定的某些陆地生物和海洋生物，曾经确实存在于遥远的古代，但现在我们没有在地球上发现相似的物种；同时，这些化石还说明，这些古老物种比现存的同属物种多得多。那些尖锐粗钝的大白牙化石的重量大约是十一二斤，拥有这种巨大牙齿的生物或者在岩石中留下印记的鹦鹉螺，它们身躯的长度大约是七八尺，高度大约是一尺。这些动物肯定是兽类或者贝类中的大型动物，它们生活在大自然正值壮年的时期，这时的大自然能够以充沛的精力在高温中制造有机物。这些有机物比较分散，而且难以与其他物质进行融合，但它们能够自动聚集，从而构成庞大的体积，以便形成巨大的躯体。这就是地球初期存在许多庞大物种的原因吧！

大自然一方面在形成海洋，另一方面在海水不曾浸到或者海水已经退去的地方形成陆地，然后散播生命。这些陆地与海洋非常相似，仅仅能够培育出可以抵抗酷暑的生物，因为那时候的地表温度要比现在适宜生物生存的温度高很多。现在，我们发现的一些古生物遗迹都来自于地下，主要是从煤矿或者青石矿中发现的，这些遗迹让我们明白，古代的某些鱼类和植物现在已经灭绝了。因此，我们推测，海洋中动物的存在时间不会比陆地植物的存在时间长。虽然海产品方面遗留下来比较多的遗迹，而且有着非常显著的特征；但是，陆地方面的佐证也是十分可靠的，它们好像都能够说明，海洋生物和陆地植物中的古老物种都灭绝了。换句话说，当海洋和陆地上的环境不再适宜它们生存时，它们便会死亡。

第四节　洋流和火山对地形的影响

一般来说，洋流总是从东向西运动，这是一种普遍现象，带来的结果也是普遍的。这种结果就是各个大洲的西海岸都堆积得比较高，而东海岸是比较平坦的斜坡。

我曾经说过，地球处于一团热气和火焰的状态的时间长达三万五千年，这个时期不存在任何有感觉的生物。后来，在一万五千年到两万年的时间中，地球上是汪洋一片。地球的演化必然需要这么长的时间，因为只有这样地球才能够慢慢冷却，洪水才能够退去，而地球表面慢慢有了雏形。

不过，海洋在对地球产生作用之前还有其他几个作用，对地球表面的某些地区产生了影响。我曾经说过，大部分的洪水来自于南极，它们把各个大洲的南极冲击得尖尖的；但是，当洪水把地表全部覆盖之后，当覆盖在地球表面的海洋处于平衡状态时，海洋从南向北的运动就停止了。以后，海洋只有在月球的引力下才会运动，这种引力与太阳的引力结合在一起形成了潮汐，还有从东向西的海流运动。

洪水泛滥初期会从两极流向赤道，由于两极地区的温度要比其他地区低，所以洪水最先在两极降落，然后逐渐向赤道地区扩展。当赤道地区被洪水淹没之后，洪水从东向西的运动已经建立，而且恒定不变，因为这种从东向西的运动不仅存在于洪水没有退去的那段时间，而且现在依然存在着。既然海流从东向西的运动普遍存在，那么，从而产生的结果也是普遍存在的。这种结果就是各个大洲的西海岸高高耸起，而东海岸是平坦的斜坡。

当海水慢慢下降，各个大洲的最高点露出来之后，这些最高点好像去掉塞子的通风眼，开始向外冒出火焰，这些火焰是地心的某些原质沸腾形成的，它们还是火山喷发时的燃料。这种情况出现在第二阶段的末期，这时的地球表面布满了水和火，它们一起吞噬着大地，从而导致地球上没有安宁的地方。不过，幸亏没有旁观者看见这种恐怖的情况，因为陆地生物是在第二阶段结束时形成的，洪水在此时已经退去了。那时候，欧洲和美洲两个大陆的北端是连在一起的，这一点能够证明洪水已经减退了。这个时期，火山的数量也减少了很多，因为只有在水火交融时火山才会爆发，洪水减退到与火山有一定的距离时，火山爆发自然会停止。我们想象一下，在第二个阶段刚刚结束时，也就是地球形成五六万年之后，它会是什么样的情况呢？海波比较低的地方是深水滩、激流、漩涡；伴随着地下洞穴坍塌的是海底或者地表的火山爆发，还有不断出现的地震；泛滥的洪水，溃决的江河，在震荡影响下产生的洪流，还有熔化的玻璃、沥青、硫黄汇合在一起的激流，它们一起摧毁着高山，然后流到平原侵蚀着上面的水；水气聚集成的云块和火山爆发带来的灰尘、碎石形成的浓雾将空中的太阳遮挡住了。我们十分感谢造物主没有让我们目睹这种恐怖现象，因为这些景象出现在动物诞生之前，从另一个角度来说，它预示着动物的诞生。

第五节　初民生活

他们的身上什么都没有，甚至连基本的智慧都没有，所以他们必须接受大自然的风吹雨打，还得遭受猛兽的攻击，所以很多人丧失了生命。

最初的人们常常会遇到地球表面像痉挛一样的抖动，此时的他们为了躲避洪水的侵袭，只能待在高山上。不过，火山的爆发会把他们从高山上赶下来，他们只好站在大地上，但脚下的土地一直在颤抖。

他们的身上没有任何东西，甚至连最基本的智慧都没有，所以他们只能承受大自然的风吹雨打，还有猛兽疯狂的攻击，所以很多人失去了生命。在这种情况下，初民对身处的环境充满了恐惧感，他们在生存压力的逼迫下意识到团结的力量。他们团结起来的主要目的是共同抵御大自然和猛兽的攻击，其次是一起建造住宅、制造武器。这里的武器指的是用硬石块、玉石、“雷石”（以前的人们认为是雷火构成、从云端落到地面上的物质，其实仅仅是自然状态下人类艺术的最初成果罢了）打磨成的斧形。接下来，初民发现用石块敲击石块会出现火花，他们学会了使用火山的烈焰或者炙热的熔岩，从而到处传播火苗，在森林或者荒野中创造出适宜生存的环境。这时候，他们在武器和火的帮助下，便能把自己居住的地方打扫干净，消除原有的毒害；他们用石斧把树枝和树干削下来，截成一段段的木块，用来制造武器或者工具。既然初民可以制造出大锤及其他笨重的防御性工具，那么，他们一定能够制造出轻便的武器，便于从远处射击目标。他们把一根兽筋做成绳子，然后用绳子把一根带有弹性的树枝连在一起，这就是一张弓；然后，他们把一些小木块削尖，制造成了箭；不久之后，他们还可以制造出渔网、木筏、小舟等东西。

如果初民的社会仅仅由几个家庭组成，或者说是由一个家庭发展而成，那么，他们的社会始终无法走出原始阶段。现在，我们依然发现有许多人以这种方式在生活，只要他们喜欢这样的日子，便能够保持这种状态，因为他们生活的地方有着足够的空间，还有充足的猎物、鱼类、果实等东西，让他们可以无忧无虑的生活下去。不过，如果人们生活在被洪水或者高山所隔绝的地方，如果他们的人口太多，那么，他们只能去瓜分土地，所以土地便会成为私有财产。人们通过自己的劳动占有自己的产业，而这种占有活动引发了恋乡之情。既然个人利益是民族利益的组成部分，那么，随后产生的就是秩序、规则、法律，等到社会稳定之后，各种社会力量就会发挥作用。

不过，这些初民对最初生活环境的各种灾难有着深刻的印象，所以他们保存了对这些苦难经历的永久记忆，他们认为人类会被遍布全球的洪水淹死，或者被一场大火烧死。曾经，他们逃到某座山上避难，并对这座山产生了深厚的感情；但是，当他们看见山上喷出熊熊的火焰时，便会觉得这座山非常恐怖；当他们看见大地通过水和火跟上天抗争时，便产生了许多神话；他们相信，一定存在着一个凶恶的神祇，这是形成迷信和恐惧的原因；这些感情都是以恐惧为基础建立的，此后它们牢牢地刻在了人们的记忆中；即使经过了漫长的时间，即使拥有了暴风雨之后的宁静；就算了解清楚了大自然的活动和效果，人们的心依然无法安静下来。只有在安定的地区建立了庞大的社会之后，人们才能彻底弄清楚大自然的活动和效果。

第六节 科学与和平

后来，人们才意识到虚幻的荣誉和无聊的欢笑都是过眼云烟，他们逐渐明白科学才是真正的光荣，而和平是真正的幸福。

当人类把自己的力量与大自然的力量结合在一起，并将这种结合扩展到许多地方时，仅仅是在三千年前。在此之前，许多宝藏都是隐秘的，等到人力和自然力结合起来之后，人们才慢慢发现了地球上含有的宝藏，并开始挖掘宝藏。虽然还有很多埋藏在深处的宝藏没有被发现，但它们无法逃脱人们的搜索，最终会被人们挖掘出来。因此，不管是何时何地，只要人们安守本分，便会得到大自然的赏赐，从所有的宝藏中选择对自己有用的东西，或者是能够满足自己需要的物品。

人类凭借智慧驯养、驾驭、征服了许多动物；人类依靠劳动治理沼泽、疏通河道、消除险滩急流、开发森林、开垦荒地等；人类通过思考计算时间、测量空间、描绘天体运行等情况，将天体和地球进行比较，扩展对宇宙的认识；人类依靠科学建立的技术横渡海洋、跨越高山，将世界各地人们之间的距离缩短了，不断地发现新的大陆和岛屿，将人们的居住范围一步步地扩大。总之，今天大自然的样子处处都留下了人力的痕迹。

尽管人力是自然力衍生出来的，但往往表现出比自然力更大的力量，或者说它通过奇妙的方式改变着大自然。因此，大自然能够得到全面的发展，能够变得如此的完善和辉煌，这都是人力的作用。

既然如此，我们将原始状态下的大自然与人类改造之后的大自然进行比较；将在美洲生活的少量野蛮种族与数量众多的文明民族进行比较；或者用半野蛮非洲民族进行比较。同时，我们研究一下那些居民生活过的土地状况，我们便会发现那些人的价值很小。因为他们遗留在土地上的认知痕迹很少，这是他们的愚昧或者懒惰造成的。那些半野生状态的民族或者未开化的民族，他们是大自然的负担，而无法为改造大自然出力；他们会让土地荒废，而不懂得让土地休养生息；他们只会破坏，而不会建设；只会消耗，而不会创造。不过，我们最鄙视的不是尚未开化的人民，而是开化一些的人们，他们始终是摧残人性的刽子手，现在我们这些文明民族依然难以控制他们。曾经，他们将许多乐土蹂躏了，将乐土上刚刚出现的幸福摧毁，还把科学成果给破坏掉。以前，北方地区有过人类繁华的痕迹；后来，人类的所有灾难都来源于那些地方。曾经，人们多次看见人面兽心的野蛮浪潮从北向南移动，沿途摧毁了人们的生活，打破了原有的和平。我们通过各国的历史可知，里面记载着两千多年来的战祸，只有很少的时间是和平时期。

大自然为了让地球表面的高温降低到适宜生物生存的温度，为了让地球表面成型并达到稳定状态，它耗费了六万年的时间，但人类需要多长时间才能达到安定状态，不在相互残杀、相互敌视呢？人们到什么时候才能领悟到和平、安静的生活才是真正的幸福呢？他们什么时候才能够控制自己的欲望，放弃痴心妄想的统治，放弃弊大于利的远方殖民地呢？西班牙与法国的面积相似，但他们在美洲的殖民地要比法国大十倍，难道这可以表示西班牙要比法国强大十倍吗？我们想象一下，西班牙致力于开发海外殖民地要比努力开发本国资源更能让自己变得富强吗？英国原本是一个深谋远虑、具有绅士风度的国家，但他们也大肆开采海外殖民地，这不是在犯严重的错误吗？这样说来，与现代人对待殖民事业的观念相比，古人的看法更正确。只有古人的数量超过土地的负担时，他们才会实施移民活动，这样才有足够的土地和商业供应他们的需求。只要说到蛮族南侵人们就会觉得非常恐怖，但当时蛮族的活动范围仅仅是一些气候寒冷、土地贫瘠的地区，而他们附近就是肥沃的土地，那里可以为他们提供生活所需的一切资源，所以他们才会多次南侵。虽然有这个理由，但他们的南侵依然是血腥的杀戮。

这些血腥事件的来源都是愚昧，我们无须讨论这些惨状了。我们希望文明民族之间的力量可以相互制约，从而达到平衡，尽管这不是完美状态，但可以维持我们想要的安定生活。当人们意识到自己的真正利益并变得稳定时，我们希望他们能够明白和平和安宁的意义，并且为了实现这个目标努力奋斗。因此，我希望君主们能够放弃征服的欲望，否定谋士们的名利思想，因为他们只有怂恿君主好大喜功才能从中谋取利益。

现在，我们假设这个社会处于和平状态，我们研究一下人力对自然产生的影响。我们已经说过，地球的温度在慢慢下降，如果想要改变这种趋势，让地球的温度逐渐回升，这是人力可以做到的事情。巴黎和魁北克所处的纬度几乎相同，假如法国也像加拿大一样人烟稀少、森林丛生，那么，巴黎就会像魁北克一样寒冷。改善环境、开辟草地、迁徙人口可以让一个地方的温度在几千年内保持恒定状态，这种现象恰好解释了“地球冷却说”（准确地说是地球逐渐冷却的事实）带给人们的疑问。

这时候，有些人会迷惑不解，根据这种说法，现在整个地球的温度要比两千年前低一些，但一些传统事例表现出来的是相反的情况。在古代，高卢（法国古时的名字）和日耳曼都有麋、大山猫、熊等动物，但后来这些动物都迁徙到北方去了，这种北向趋势与原来设想的从北到南的趋势截然相反；而且，以前塞纳河的一部分在冬季会结冰，但现在不会了。这些事实都表明，“地球冷却说”是错误的，不是吗？我不否认，这些事实不符合“地球冷却说”，但假如现在的法国和德国依然像古时候的高卢和日耳曼一样；如果人们不去砍伐森林、治理沼泽、疏通河流、开垦荒地，那么，这些情况绝对不会出现。而且，人们应该思考一下，难道地热心的减退是无法体会到的吗？地球表面的温度从炙热下降到现在的温度已经用了七万六千年不是吗？即使再过七万六千年，地球也不会冷却到生物无法生存的地步吧？此外，我们可以把这种缓慢的冷却与空中出现的寒冷气流进行比较。我们要明白，夏天的最高温度与冬天的最低温度仅仅相差三十分之一而已。这样一来，我们就能明白，外在因素对温度的影响要远远高于内在因素，高空寒气被潮湿向下吸引或者被风压到地面上，这些原因对气温的影响要比让地球冷却的因素大得多。

由于生物的运动或者动作会产生热量，还因为具有新陈代谢的生物都可以看作小型散热器。因此，当其他条件都相同时，一个地方温度的高低是由人、动物的数量与植物的数量的比例决定的，因为人和动物会向外散热，而植物是释放冷气。此外，人们用火的习惯也让人烟稠密的地方温度上升不少。在巴黎的寒冷季节中，圣豪诺勒郊区的温度要比圣马索郊区的温度低一些，大约相差两三度，因为圣马索郊区的人口比较稠密，当北方经过这个地区时会把烟囱中散发的热量吸收掉，从而导致这个地区的温度比较高。在相同的地区，是否存在森林也会使温度有所不同，因为树木会吸收太阳的热气，然后释放出湿气，湿气会慢慢形成云朵，最后通过雨的形式落到地面上，云层越高，雨就越冷。如果这些树木都是以自然状态成长，那么，树木老死之后就会在地面上慢慢腐朽，如果这些树木落在人类手中，便会被烧掉，为这个地区温度的上升贡献一份力量。

大自然的能量大小是由温度决定的，一切有机体的生长和发育都是总因的特殊效果。因此，人类控制总因，改变温度，便能消除对自己不利的东西，还可以培养对自己有利的东西。有些地域构成温度的多种因素能够达到平衡，而且可以结合在一起发挥很好的效果，这是最奇妙的地方。不过，任何一个地方开始时都不具备这种条件，更不存在不用人力疏导水流、消灭害草、驯养动物并繁殖的地方。人们从地球上所包含的300种兽类和1500种禽类中，选择了20种禽兽进行饲养，它们分别是象、骆驼、马、驴、黄牛、绵羊、山羊、猪、狗、猫、骆马、南美羊、水牛、鸡、鹅、火鸡、鸭子、孔雀、雉、鸽子，这20种动物在自然界中占据的分量比较大，而且带给人类的利益要比其他禽兽多得多。它们的数量很多的原因是人类的控制，人们将它们驯养起来，然后让它们大量繁殖。在人们的努力下，它们贡献出自己的能量，或者耕地，或者运输产品，或者为人类的衣食提供资源。总之，它们会满足人类的一切需要，为人类提供各种服务。

在人类选出的几种禽兽中，鸡和猪的繁殖力最强，而且它们的分布范围最广，这好像说明旺盛的繁殖力可以跟多种环境进行抗争。即使在最偏僻的地方，人们依然能够看见鸡和猪的影子，甚至它们可以在人迹罕至的岛屿生存下去，看起来它们是随着人类迁徙到此地的。在孤立的南美洲，当任何家畜都没有移植进去时，人们已经发现了贝卡利猪和野生鸡，尽管它们的体形比欧洲的小一些，外观上也有所不同，但它们都是相似的种类，而且可以被人类驯养。不过，南美洲的野蛮人不懂群居概念，他们也不喜欢与鸟兽为伍，更不会饲养任何禽兽；他们不会区分禽兽中的优劣品种；他们更不会选择一种禽兽进行饲养，并让它们大量繁殖，虽然他们周围生活着许多繁殖力很强的动物，如鹌鹑类中的合科鸟，只要花费一些精力驯养，这种鸟就能够为人类提供衣食资源，这要比他们打猎容易得多。

因此，初民的智慧象征是懂得了怎样控制禽兽，这种特征慢慢演化成了人类统治自然界的最佳力量。只有人类驯服野兽之后，才能借助于野兽的力量改变大自然，将荒原变成良田，将一些野生植物变成良木。在他们培育禽兽时，便增加了大地的运动量和生命量；他们通过培养植物养育动物，还用培育的动植物提供自己生命所需的能量，这样一来，不仅可以延续自己的生命，还可以传播动植物，同时提高自己的生存技巧。他们努力让大自然变得富饶，以便促进人口的增长，古时可以让二三百人生活的空间已经能够容纳几百万人了；以前，某些没有禽兽生活的地区，现在已经繁衍了成千上万只禽兽了。人类发挥人力的作用是为了使自己的需求得到满足，所以才会培育出许多优良品种。在植物界中，人们挑选出能够结果实的植物，然后将它们改良，以便结出更多的果实。

现在，我们当作粮食的谷类不是大自然的恩赐，而是人类发挥自己的智慧培育出来的东西。我们没有在大自然的任何地方找到过野麦，显然这是人类改良之后形成的一种草。因此，如果想要得到它，首先要从千万种草中选出这种草，然后进行播种、收获，经过多次实验之后才能掌握施肥量和耕种期。尽管小麦与其他一年生植物一样，结果之后就会死亡，但它的幼苗能够抵抗严寒，这表明它可以适应多种气候，而且能够储藏很长时间，但不会丧失繁殖能力。这些都证明小麦是一种了不起的发明，而且表明在发现小麦之前，人们已经掌握了种植技术，而且这种技术建立在科学基础之上，还经过了长时间的实验。

关于人类能够改变植物性能的情况，假如有人让我列举一些近现代的例子，我只好将现在的蔬菜、瓜果、花卉与150年前的进行比较，这样应该足够了。我们从很久以前就开始编制彩色的大花谱，直到今天依然在编制，根据相关记载我们可以进行前后的对比，我们经过对比发现，以前非常美丽的花卉（如丁香、马兰、熊耳等）在现代园丁们的眼中很普遍，甚至是不值一提。虽然这些花卉在很久之前就被培植，但它们好像没有脱离自然状态，依然是一种花瓣，雌蕊很长，颜色不鲜艳，不含茸毛，而且没有色泽，这些都是野生态具有的特征。关于蔬菜，古时候仅仅有一种菊苣、两种莴苣，而且质量很差；现在，我们能够见到五十多种菊苣和莴苣，而且都可以食用。同理，那些优质的水果都出现在距离我们比较近的时期，而且与古代的水果有着很大的差异，尽管它们的名字是相同的。一般来说，现代物品与古代物品相比，虽然本质没有发生变化，但名字不同了。为了证明这种说法，我们可以将现在的花卉、果实与古希腊作家笔下的花卉、果实进行比较。在古希腊时期，花都是单层；果树仅仅是一些品质差的野树，结出来的果实很小，而且是酸涩、干枯的，既没有现在水果的滋味，更没有现在水果的外观。

不过，这并不表示品质优良的品种不是从野树中培育出来的。但是，人们为了从野树中挑选出优良品种，曾经将成千上万棵幼苗栽到土地中，然后慢慢培育它们。人们只有反复播种、培育幼苗，才能让它们结出果实，然后再挑选出可以结出甜美果实的树。这个初步探索已经耗费了人们许多精力，但如果不进行第二个探索和第三个探索，那么，之前的努力就会付诸流水。第二个探索指的是掌握接树的方法，也就是将挑选出来的树进行嫁接。但是，遗憾的是，挑选出来的几棵树无法繁殖出像它们一样优质的小树，而且无法将优良品质遗传下去，这说明优良品质属于个体特性，而不是群体的普遍性质。因为那些优良果实的籽或者核也能繁殖出野树，与其他普通果实的籽或者核没有什么区别，所以它们无法形成新品种；不过，人们通过接树法选择出了第二类品种，还可以将这类品种进行推广。他将台木上能够结出优良果实的苞芽或者小枝剪下来，然后继续培育它们，让它们结出的果实与母体结出的果实相同。虽然这些树苗嫁接在台木上，但不会遗传台木的恶劣品质，因为台木不是它们的母体，只能称为它们的乳娘，台木的作用仅仅是向幼苗输送养料，以便能够快速生长。

在动物界中，许多看起来像是动物个体的特性，往往是属于种族的特性，可以通过相同的方式进行遗传。因此，人类对动物品性的影响要比对植物品性的影响大得多。对于动物来说，物种具有相似的变形，而这些变形都是以生殖方式延续的；对于植物来说，任何物种的变形都无法通过繁殖进行延续。例如鸡类和鸽类，人们培育了很多鸡和鸭的新品种，而且这些新品种能够繁殖后代；关于其他禽类，人们也是通过杂交方法培育、改良品种。人们还会把外地品种移植到本地中，或者驯养野生品种。这些事例都表明，人类在很久之后才意识到自己的力量，而且没有将全部力量挖掘出来。人类史依靠智慧运用自身的力量，所以我们越是深入地研究自然，越能够统治自然，从大自然中发掘新财富。我们需要注意的是，人类的发掘不会削弱大自然拥有的宝藏。

这样说来，对于人类的种族而言，如果意识是受到智慧的指引，那么，人类能够做到任何事情。无论是在精神上还是肉体上，只要人类可以改善自己的自然品质，便可以将自身的能力发挥到难以想象的地步。

不过，在全世界，哪个国家敢说自己的政治已经是尽善尽美了呢？我觉得，政治的目的是通过和平、富有、福利等手段保障人们的生活，让人们生活在虽然不是绝对平等的环境，但也不是绝对不平等的不幸中，现在，哪一个国家实现了这一点呢？至于保障人们健康的医药和维持人们基本生活的科技是否与为了战争研制出来的技术同样进步呢？从古至今，人类在行善方面总是考虑得太少，而在作恶方面思索得太多。这个结果出现的原因可能是在所有的情感中，恐惧有着强烈的作用，而首先表现出作恶艺术上的震撼，吸引人们的目光；其次，人类关注的才是能够引发人们开怀大笑的人。后来，人们逐渐厌烦了虚幻的荣誉和无聊的欢笑，领悟到科学是真正的光荣，而和平是真正的幸福。

附：布封的进化观

布封始终在探讨宇宙起源和物种起源，他认为物种具有可变性，并提倡生物转变论，还提出“生物的变异会受到环境的影响”的理论，指出物种会在环境、气候、营养等条件的影响下出现变异。布封的理论对后来的进化论产生了重要影响，所以达尔文将他称为“是现代以科学眼光对待这个问题的第一人”。接下来，我们论述一下布封的“进化论”思想。

第一节　物种退化

对于动物的某个科或者某个属来说，物种本身的变化是一种久远的蜕变，这样我们才会清楚相似物种之间的不同之处。

如果人们从一个地方迁徙到另一个地方，他的本性会出现一些变化，尤其是迁徙到比较远的地方时，他的本性会出现巨大变化。在前几个世纪中，人类的足迹遍布好几个大陆，所以人类的后代有了很大变化。不过，假如我们没有大自然仅仅创造出一个人类的想法，我们肯定会认为黑人、拉普兰人、白人是不同人类。在他们三者之间，虽然肤色和生活习性都有着很大的差异，但他们能够和平共处，为人类大家庭的发展贡献力量。因此，他们的肤色开始时是一样的，后来才慢慢变得不同，而本性的退化仅仅是表面现象而已。无论是在赤道地区或者非洲丛林生活的黑人，还是在北极寒冷地区生活的棕褐色小矮人，他们都来自于同一个人类。

在250年前，黑人被贬到美洲，但那些纯种黑人的肤色已经发生了变化，与最初状态有所不同。南美洲地区的温度很高，气候炎热，即使是在这里生活的原有居民的肤色都变成了褐色，所以居住在那里的黑人的皮肤肯定是黑色的，这不会令人感到诧异。如果想要研究人类的肤色，可以将在塞内加尔生活的黑人带到丹麦，因为丹麦人的肤色是白色，还有金头发和蓝眼睛。这样一来，血缘和肤色的诧异才会比较显著。为了确定恢复人的本来面貌需要的时间，我们能够采用的唯一方法就是把黑人男女关在一起，确保他们人种的纯正，不让他们出现混种情况。

对于所有家畜来说，食物影响最大的动物是牛。在土地肥沃、草木茂盛的牧场中，牛的体型很大。古人将埃塞俄比亚和亚洲地区的牛叫作“牛象”，因为生活在那里的牛的身躯与象类似，这是充足的营养造成的。欧洲也出现了相似情况，生活在瑞士或者萨瓦省牧场的牛群的体积要比法国的牛的体积大得多。虽然瑞士牛和法国牛大部分时间都被关在牛棚中，但在瑞士冰雪融化的时候，便能把牛群赶到牧场上；而法国的某些省份一定要等到将马的草料收割完成之后，才可以将牛群赶到牧场去。因此，这些牛群无法得到充足的食物。在这一点上，我们国家需要制定法规，保证充分利用草场。气候还会影响到牛的外形，在寒冷地区，牛的身上布满了细长的毛，肩部有一块厚厚的皮脂。在亚洲、非洲、美洲等地，牛的身上也有这种特征，只有欧洲的牛不会出现这种“驼峰”，而没有“驼峰”这个特征是原始牛类具有的特点。原始牛类经过杂交之后出现了拥有“驼峰”的牛，这说明它们是原始牛类的变种。此外，牛类的体积也有所不同，阿拉伯半岛瘤牛的体积大约是埃塞俄比亚“牛象”体积的十分之一。

总之，对于素食动物来说，食物对它们本性的影响很大，而且效果非常明显；相反，对于肉食动物来说，食物的影响比较小，而气候的影响非常大。我们用狗作为例子解释一下，食物对狗的本性的影响很小，但它的退化与气候有着紧密联系，热带地区的狗浑身都是光秃秃的，而寒冷地区的狗身上有着厚厚的皮毛；在西班牙，狗的皮毛柔软光滑，看起来像是裙子一样；在叙利亚，狗的皮毛像丝绸一样。除了气候因素之外，狗的生存环境、圈养程度、与人类之间的关系等都可能导致狗出现变异。狗身材的大小往往是由人类决定的，其尾巴、嘴巴、耳朵等器官的改变也会受到人类的影响，如果人们将狗的耳朵、尾巴剪短之后，这些缺陷便会遗传给下一代。我曾见过出生时没有尾巴的狗，最初我以为这是狗类中的特殊物种，后来才知道确实存在这样的物种，而且会一代代地遗传下去。

所有的狗是不是都会垂着耳朵表示驯服呢？答案是否定的，在30多个品种中，有两三种始终是竖着耳朵，这是最原始的状态，牧羊犬、狼狗、北方的狗都具有这种特征。此外，现在狗的声音变化很大，变得与长舌类动物很相似，喜欢冲着人吠叫，将舌头的功能充分发挥出来，而原始状态的狗几乎是哑巴，只有情况异常时才会吠叫，因此，狗是在人类的圈养过程中学会吠叫的。如果人们让狗与土著居民一起生活，如拉普兰人或者黑人，它们就会丧失吠叫的能力，逐渐恢复到原始状态，甚至会变得哑口无言。在耳朵竖立的狗中，牧羊犬的变化是最小的，而且是最沉默的，它们总是孤独地生活在原野上，只跟羊、少数牧人打交道，而且它们总是处于严肃的安静状态，虽然有时候会表现得很聪明、很活跃。牧羊犬是所有狗中最能体现自然特性的一种狗，因为它们受到的驯化最少，而且是替人们守护畜群的好帮手。因此，我们需要扩充这个品种的数量，而不是增加宠物狗的数量。因为宠物狗太多了，它们消耗的资源能够养活很多贫困家庭。

家庭喂养也会让动物的颜色产生一定的变化。最初，动物的颜色主要是浅黄褐色或者黑色，但现在动物的颜色有了很大不同，甚至猪都从黑色变成了白色。全身雪白和没有任何斑点是动物退化的终极标志，这常常让动物拥有许多缺陷。如果一个人的头发、眉毛、胡须天生就是白色的，常常伴随着耳聋、红眼睛、弱视等缺陷；对于黑人来说，毛发是白色的黑人要比正常黑人更加虚弱。

在研究了物种由于特殊变化产生变种之后，我们来看一下物种本身的变化在这个过程中发挥的作用。这种变化出现在动物的科、属的久远蜕变中。对于陆地动物来说，只有几种动物不仅是种还是属，这个特征与人类相同，如大象、犀牛、河马、长颈鹿等动物，它们只会直系繁殖，不会形成旁系的种和属；其他动物常常先有一个主干的科，然后从科上衍生出许多分支，分支越多表明物种的个体越小，繁殖能力也越强。

根据这种说法得知，马、斑马、驴属于同一科。假如马是主干，那么，斑马和驴就是衍生出来的分支，三者之间的相似点远远要比差异多，所以我们可以将它们划分到同一个属中。它们之间有着一些共同特征，仅有的奇蹄动物，而且只有一个蹄，没有脚趾和趾甲。虽然它们是三个不同物种，但还是有着一定的联系，因为公驴与母马能够交配繁殖，而公马和母驴也能交配繁殖。如果我们可以驯服斑马，让它变得很温顺，它同样可以与驴或者马交配繁殖。

我们始终认为骡子是劣等杂交物种，是两个物种杂交的产物，它自身无法繁殖，所以不能成为一个系统。其实，骡子不是因为受到严重损害导致无法生育，它的不能生育是由外在因素造成的。我们知道，骡子往往生活在炎热地区，但在温暖的地区也能生存。然而，我们不清楚的是，公骡和母骡结合是否能够繁殖后代，或者是公骡与母马结合，或者是公驴与母骡结合。其中，公骡分为两种：一种是大公骡，还叫作马骡，这是公驴与母马的交杂产物；另一种是小骡子，这是公马与母驴的杂交产物，还叫作驴骡。古人早就认识了这两种骡子，还用不同的称呼为它们命名，他们认为母骡容易怀孕，但胎儿很难保住。虽然出现过母骡生育的情况，但人们依然认为公骡与母驴杂交更容易产生后代，而且，公马骡与母驴杂交产生后代的可能性要大于公马骡与母马的杂交。最后，公马和公驴都能与母骡交配并产生后代，但公驴的成功性更高一些。这些实验需要在气候炎热的地区实施，起码是普罗旺斯东部，而且需要选择7岁的公骡、5岁的马、4岁的公驴，因为它们的青春期有着一定的差异。

总之，上述例子让我们明白，骡子并不是没有生殖能力，而是少数骡子缺乏生殖力。不过，公山羊和母绵羊的杂交后代可以繁殖后代；大部分杂交鸟类也能够繁殖后代。因此，马和驴是特殊情况。

马和驴杂交产生的骡子拥有完整的生殖器官，它们什么都不缺，与其他动物没有区别。公骡体内有许多精液，由于人们不会让它们交配，所以它们常常躺在地上，两只蹄子在胸前不停地摩擦，然后就会射出精液，这说明此类动物具备交配条件。无论是母骡，还是母驴和母马，公骡都会产生性欲，而且总是饥不择食，所以它们可以顺利交配。如果想要得到能够繁殖的交配，便需要给予细心的照顾。由于强烈的性欲会导致不孕，而母骡和母驴的性欲都比较强，所以常常会不孕。我们知道，母驴总是会拒绝公驴的精液，所以为了让它顺利受孕需要打几下或者向它的屁股上泼些冷水，这样就能使其平复交配之后的痉挛，正是这种痉挛在排斥精液。此外，公驴和母驴还有其他不育原因，由于它们最初在炎热地区生活，当它们来到寒冷地区之后，繁殖能力就会下降。正是因为这个原因，所以人们常常让它们在夏天交配。在其他季节中交配，尤其是冬天，即使反反复复依然无法成功受孕。选择合适的时间不仅对于受孕有利，而且在生育方面也很重要，小驴驹一定要降生在炎热的天气中，否则很容易死亡。由于母驴的孕期恰好是一年，所以它的受孕季节和生育季节是相同的，这说明了气候条件在动物的生殖中发挥着重要作用。由于雄性很容易冲动，所以雌性在生产之后可以马上与雄性交配，这样在生育和交配之间仅仅存在几天的时间间隔。不过，母驴会因为生育变得非常虚弱，而且生殖器官的恢复需要一定的时间，所以母驴的性欲比较低。因此，只有母驴的体力充沛、精力旺盛时，受孕的成功率才高。某些人以为，这种动物类似于猫科动物，雌性的性欲要比雄性的性欲强烈，但雄性驴子是一个例外情况，它可以连续几天与雌性进行交配，或者一天交配好几次，最初的快感不仅不会让它的欲望熄灭，而且会让欲望变得更加强烈。有些因为筋疲力尽难以再次兴奋起来；有些在半天之内能够反复交配，仅仅依靠喝水补充体力，往往会因为消耗太大而累死。当气候炎热时，如果种驴过多地消耗体力，不久就会败下阵来。根据这个原因，有些人推测雌性的寿命要比雄性长，而且身体更加健壮。雌性驴子的寿命大约是30年，而且每年都能生育；但对于雄性驴子来说，假如我们不限制它的交配情况，它在几年内就会耗尽自己的精力，从此失去繁殖力。

第二节　飞虫社会质疑

在社会中，即使是一个家庭也是在理性的基础上建立的。但是，动物社会建立的基础是感觉经验。

在比较了人类个体和动物个体之后，我们来研究一下社会中的人和成群的动物。通过这些比较我们会发现动物的许多技巧，甚至是形成这些技巧的原因。此外，我们还没有讨论与飞虫相关的事情，接下来我们解释一下为什么许多观察家对蜜蜂的智慧和才能赞不绝口。

某些观察家经过认真观察发现，蜜蜂拥有一种特殊的才能，而且是蜜蜂独有的才能。一个蜂群如同一个共和国，它们的劳动都是以公正、严谨的方式进行分配，每个个体都在兢兢业业地工作。即使是雅典古城邦共和国这个人类历史上的优秀国家，也不会比蜂群更文明、更有条理。我们观察蜂群的时间越长，越能发现更多的奇妙事件。在蜂群中，有着严格的管理基础，每个个体都坚守在自己的岗位上，不仅提供细致的服务，还在工作中得到快乐。最让人们惊叹的是，蜂群对集体的热爱之心，对工作的热情，还有无私奉献的精神，以及它们所掌握的用于精致建筑的几何学等。我们只要翻阅一下记载这个“共和国”历史的书籍就会明白，历史学家从这些昆虫身上学到的东西不胜枚举。

不过，我们对昆虫的赞美太夸张了，甚至可以说人类对昆虫的赞美是最过分的事情。而且，我们认为昆虫有着敬业精神，对公共财产的热情，还有在建筑上的高超本领，这些都是毫无道理的。其实，蜜蜂只是依靠本能在做事，而且顺利地解决了“在最小的空间中，通过最完美的布局完成了最坚固的建筑”这个问题。人们为什么会极力赞美这些昆虫呢？因为博物学家认为，一只蜜蜂实际占据的位置与它在自然界中应该占据的位置大小相似；但是，某些有理性的人觉得，这个奇妙的王国除了提供给我们蜡和蜜之外，便与我们没有其他联系了。

在这里，我没有批评好奇心，而是在批评某些推理和无谓的赞美。我能够接受一位博物学家仔细观察蜂群的活动，研究它们的工作过程，或者精确地描述它们的生育、繁殖、变化等情况。不过，我无法接受某些人所说的关于昆虫的伦理学或者神学，这些仅仅是观察家们想象出来的奇迹。而且，这些观察家也说，孤单飞虫与群居飞虫的差异无法进行比较，因为前者构成的小群体的数量要比大量飞虫形成的群体数量少得多。在昆虫中，蜜蜂可能是所有昆虫中群体数目最多的昆虫，而且是最有才能的，这些事实难道不能说明昆虫的精神和才能，只是机械性的效果吗？难道是数量与运动的简单结合吗？其实，从表象的假设到智慧的假设仅仅是前进一步而已，为什么人们只会赞叹不进行深入研究呢？

因此，人们最好是仔细研究飞虫个体，这时会发现，与狗、猴子等动物相比，它们的才能是微不足道的。我们还发现，它们根本没有人们想象中的温顺、勤奋、重感情。总之，它们的优点远远不如人类的多。这样一来，我们可以得出结论，它们的大量聚集决定了它们的智慧，而这种聚集不是以智慧为前提进行的。因为这种聚集不是精神意识指导的，更不是意愿一致的体现。因此，这个群体是自然而然形成的，与上述所有的认知和推理毫无关系。假如一只母蜂一次繁殖了一万个后代，即使这一万个个体非常愚笨，但它们想要生存下去就需要通过某种协调方式达成共识，因为它们的力量相同，最初它们可能会相互残杀，但惨重的伤亡会让它们意识到这种方式是错误的，从而转向互助互利。于是，它们营造出和睦的气氛，为了共同的目标而努力奋斗。但是，观察家们却将观点和思想强加到这些昆虫身上，为它们的活动寻找理由，让每个运动都有目的，所以就出现了关于昆虫的“奇迹”。这一万个个体是同时出生，而且在一起生活，所以它们不可能做着完全不同的事情，它们没有感情和共同习惯，便不会相互照顾、彼此协调等。因此，如果观察家将观察到的现象归纳为共和国、建筑学、几何学、秩序、预见，甚至是对集体的热情、对工作的敬业精神，这是多么荒谬啊！其实，这些都是观察家主观想象出来的事情罢了。

实际上，大自然本身就会令人叹为观止，再加上人们想象出来的各种奇迹，大自然肯定会变得非常伟大，难道我们还要让它变得更伟大吗？假如答案是肯定的，那就是在贬低大自然。难道有人从上帝那里发现了最伟大的观念？

他是那个看着上帝创造宇宙和生命，并建立自然界的人吗？还是那个始终在寻找上帝，并认为上帝能够统领昆虫王国的人呢？

不过，某些动物取决于它们所选择的集体，跟由于生理需要聚集在一起的蜂群相比，它们更有智慧，还有远大的目标。例如大象、海狸、猴子等动物，它们会相互聚集在一起，然后集体活动，当遇到危险时相互提醒、相互救援。假如我们像观察昆虫一样地观察这些动物，我们也会发现与蜂群世界相似的奇迹，但从本质上来说，这依然是动物生活上的相互配合。假如我们人为将许多同种动物聚集在一起，肯定会形成许多秩序和共同习惯，看起来像是科学合理的安排一样（在关于鹿和兔子的动物史中，我们会详细解释这种情况）。因为形成共同习惯的前提条件是盲目模仿，而不是运用智慧因素。

对于人类社会来说，精神关系要比生理默契重要得多，人们最先意识到的是自己的力量和弱点，还有自己的不足之处。当他觉得无法满足自己的多个需求时，便会放弃难以满足的愿望，因为这样能够得到支配他人意愿的权利。他借助于造物主赐予的智慧进行思考，分辨善恶，并牢牢地记在心中。同时，他还发现对于自己来说，孤独是一种充满了冲突和危险的状态，而他需要的是和平和安全，将自己的智慧和力量与其他人的结合起来，便会让智慧和力量变得非常强大。实际上，这种结合是人类与动物的最大区别，而且是充分地运用了人类的智慧和聪明。人总是会忧心忡忡，那是因为他不够强大，但由于他能够控制自己、克制自己，让自己遵守法律法规，所以他可以统治世界。因此，他很清楚，一个真正强大的人就是知道与其他人团结合作的人。

我们可以确定的是，所有一切都有助于人类交际的社会化。无论一个集体多么庞大，它是不是文明，都是由人类是否能够理智运用决定的。假如存在滥用现象，那就说明社会是由依赖自然的小团体发展而成。例如，一个家庭可以被称为一个小团体，当这个团体变得越来越稳定时，相互之间的需求和依赖也会增多，这一点与动物有着很大的不同。人在刚刚出生时是非常虚弱的，而且无法自己生存，他只好忍受各种痛苦，无法做出任何动作，更缺乏行动能力。经过很长时间之后，这种虚弱无力的童年时期才会结束，这是父母和孩子之间存在依赖关系的关键。在孩子慢慢长大的过程中，他在生理上需要获得的帮助会逐渐减少，甚至在没有任何帮助下依然能够生存下去。相反，在这种情况下，如果父母继续无微不至地照顾孩子，远远超过了孩子的需要——父母对孩子的爱总是比孩子对父母的爱多得多，这时候父母的爱就会变得盲目、过分，但此时孩子的感受是温和的。当理智中出现了感激之情时，孩子对父母的爱就会变得强烈。

因此，在社会中，即使是一个家庭也是以理性为基础建立的。不过，动物是通过默契聚集在一起的，所以动物社会建立的基础是感觉经验。

在动物的社会中，如蜂群就是毫无原因聚集在一起的。不管结果如何，这种聚集显然不是人类安排、计划的，它们只是遵循着一种普遍的机械结构和造物主确定的运动法则。假如我们将同一个力量控制的一万个木偶放在同一个地方，由于它们的外形完全一样，而且做着相同的运动。这样一来，便会形成有规律的活动，并引发相似的情况，因为木偶运动的前提条件是我们假设的相等性和一致性。当然，由于我们设定了有限的空间，所以并列、体积、形状的关系就产生了。假如我们赋予这些木偶一些感情，仅仅让它体会到自己的存在，这样有利于它维持自身状态、躲避有害事物、接近适宜事物等。这时候，自动木偶的运动不仅能够体现出规律性、比例性、相似性、匀称性，还会表现出对称、坚固、合适等特点，甚至会趋于完美状态。在它们开始运动的时候，每个木偶都在寻找适合自己的方式，而这种运动和定位会对别人产生最小的影响。

述评：学术界对布封的评价

布封是18世纪法国著名的博物学家，全面地论述了自然界中的事物，他那独特的文学创作在法国历史上有着重要作用，甚至在世界文学史上占据了一席之地。布封的许多思想表现出进化论的萌芽，我们看一下《法国文学史》和《生物学思想发展的历史》是如何评价布封的。

第一节　布封和《自然史》

布封凭借他的《自然史》闻名于世，根据他的气质、性格等特点，资产阶级文学史家将他称为与启蒙运动作家“完全不同”“游离于18世纪之外”的作家。不过，布封的唯物宇宙观、文艺思想、关于人文主义传统的社会政治理想等都符合18世纪的启蒙运动。虽然布封以自己的方式进行自然科学方面的工作，但他的思想符合启蒙思潮这个时代的主流精神。他编著的《自然史》不仅规模宏大，而且有着基本的唯物主义思想，有些类似于狄德罗主编的《百科全书》。当然，它的影响远远比不上《百科全书》。

1707年9月7日，布封出生于法国勃艮第省蒙巴尔城一个律师家庭，他的父亲是法院的推事，通过继承关系获得了封地，跻身贵族之中。布封从小在教会学校学习，但他喜欢自然科学，尤其是数学。中学毕业之后，布封开始学习法律和医学。1723年，他认识了一位年轻的英国公爵，一起去法国南部、瑞士、意大利等地游历。这位公爵的家庭教师是德国学者辛克曼，在这位学者的影响下，布封开始学习博物学。1732年，布封回到巴黎之后，认真学习，刻苦钻研，在第二年进入法兰西科学院，并翻译了牛顿的《微积分》及英国学者编著的与植物相关的著作。1739年，布封被任命为皇家御花园总管，直到离世。布封充分利用御花园的便利条件，一生都在研究博物学。1748年，布封开始编著《自然史》，他在几位助手的帮助下勤奋工作，日复一日地写书，一直坚持了数十年。最后，36册巨著问世了。

《自然史》的前三册出版之后，由于是用唯物主义解释世界的起源，所以遭到巴黎大学神学院的斥责，而布封差点受到宗教制裁。布封只好妥协，谦恭地给神学院写信，表明自己绝对无意驳斥《圣经》。不过，他始终没有放弃自己的唯物主义立场。在布封生前，《自然史》就给他带来了巨大荣誉。1753年，布封当选法兰西科学院院士，他入院时发表的文章就是《风格论》。

虽然《自然史》是一部博物志，但它的语言优美，充满了艺术描绘形式，所以有着很高的文学价值。它是由《地球形成史》、《动物史》、《人类史》、《鸟类史》等几个部分组成的，通过唯物主义观点解释整个自然界，打破了封建迷信和无知之说。在论述地球形成和人类起源的时候，他脱离了《创世记》的内容，描写从太阳中分离出来的火球是怎样一步步冷却为地球的，地球上又是如何出现动植物，最后出现了人类；人类的发展也不符合《圣经》的说法，由于亚当和夏娃偷吃了智慧之果才有了人类，而是在生产斗争中逐渐形成的。在《自然史》中，根本不存在上帝。《自然史》的一大贡献就是把上帝从宇宙发展史中除去了。由于布封以唯物主义观点解释世界的发展变化，而且他是从大量实物标本中得出结论，反对经验主义和任意猜测，所以他提出的许多观点在科学上有着重要价值。他被称为现代地质学的先驱，他关于生物的许多论述对后来的进化论有着重要影响，关于物种起源方面，达尔文认为他是“现代用科学眼光分析物种起源问题的第一个人”。

布封不仅继承了资产阶级人文主义思想，而且积极地宣传这种思想。在他描绘的世界中，上帝不是主宰者，人类才是；一切不是由上帝决定的，而是由人类的双手创造出来的。他满怀激情地唱着赞颂人类的歌：

> 人类凭借自己的智慧，驯服了许多动物，让它们永远服从自己的命令；人类依靠自己的双手，治理沼泽，疏通河道，消灭险滩，开发森林，耕种荒地；人类通过自己的思考，计算出时间，测量出空间，研究出天体运行规律；人类借助于科学技术，横渡海洋，跨越高山，缩短了人与人之间的距离；一个个新大陆被发现，千千万万个孤岛被寻找到；总之，现在的自然界到处是人力的痕迹。大自然之所以能够快速发展，之所以能够拥有现在的辉煌和完善，这都是人类双手的功劳。

这种赞叹体现了当时新兴资产阶级积极进取的精神风貌。

在《自然史》中，对动物的描述有着很高的文学价值和艺术价值。布封不是客观地描述这些动物，而且掺加了许多感情，通过生动形象的语言进行描述，栩栩如生，跃然纸上。在布封的论述中，小松鼠天真可爱，大象温和憨厚，鸽子相亲相爱。布封还用拟人手法描述动物，赋予它们人的特征：马像英勇的战士，狗是忠心的仆人，它们得到作者的赞扬；啄木鸟像勤劳的工人，它们获得了作者的同情；海狸和平共处，不会内斗，这令作者向往；作者把狼比喻成凶狠残暴、一无是处的暴君；将天鹅比喻成开创和平局面的明君。布封以资产阶级的观点将动物拟人化，体现了他的政治观点，宣泄了他对封建专制的不满，寄托了他希望和平时期来临的理想。他的动物肖像有着很深的寓意，而这种寓意体现了资产阶级的观点和立场。

第二节　布封的进化论思想

18世纪是博物学盛行的时期，不仅卢梭的著作体现了人们对认识自然的狂热，而且启蒙运动“法国革命哲学家”的作品也体现了这一点。法国、英国、欧洲等地陆陆续续出现了许多博物馆和标本展出馆，这是王公贵族或者富商巨贾资助建立的机构。当然，他们赞助博物学有着自己的目的，那就是出版他们收藏的科学目录。在这个时期中，法国学者布封是最著名的博物学家，他出身于贵族世家，从小就对博物学有着浓厚的兴趣，并热衷于科学研究。

在博物学方面，布封的著作是《自然史》，这是一部具有代表性的作品，该书对18世纪法国的博物学和文学产生了重要影响，启蒙运动思想者及其后来的几代人都非常崇拜布封。由于受到布封的影响，许多博物学家致力于自然多样性的研究。在同一时期，另一位著名的博物学家是林奈，但他们的观点有着很大的区别，甚至有些观点截然相反。林奈主张事物是不连续的，并认同柏拉图哲学和托马斯逻辑；但布封欣赏牛顿和莱布尼茨的观点。他重视事物之间的连续性，他认为这种连续性要比“命名学家”（布封对林奈的贬称）提倡的分门别类重要得多。此外，牛顿的研究引导他向着这个方向前进，“万有引力定律及其他定律已经证明由普通定律产生的自然界具有统一性，为什么要将它肢解成纲、属、种等部分，从而破坏这种统一性呢？”因此，布封在《自然史》的第一卷中写到“大自然不认识纲、属、种等阶元，它仅仅认识个体，而连续性连接着一切”。布封与林奈还有一个不同之处，林奈一直强调“基本”性状，常常是单个鉴别性状；但布封不看重鉴定，只是将各种动物描绘得生动形象，他强烈反对经院哲学家和人文主义者提倡的逻辑范围、本质、不连续性，始终坚持“必须将研究对象的各个部分充分利用起来”的观点。

在布封生活的时代，人们开始关注与自然有关的书籍，但没有任何一本书能够动摇布封《自然史》的崇高地位。准确地说，这部书可以称为博物学中的“百科全书”，它由动物史、植物史、矿物史、人类史等内容构成，这些在博物学史上有着重要影响。而且，这部书的大部分内容是在讲述哺乳动物的个别种，不管是从文学方面还是从科学方面来说，这些内容都是非常出色的，对培育年轻的动物学家产生了重要作用。不过，这些内容不能当作系统学总论的资料。

我们要知道，布封的思想随着他工作的深入不断地发展。1749年，在《博物学》的前三卷刚刚出版时，他是严格的牛顿主义者，所以在运动概念和连续性概念上他有着深刻的印象，但重点研究静止的实体；而不连续的实体——如纲、属、种等——对他来说是毫无意义的。当布封担任御花园的主管时，他对系统学的了解非常少，但他喜欢研究活的动物，并挖掘动物的特征，这样将自己的缺陷转变成了长处。他在《自然史》的序言中说，“将所有动物排列在不同的阶元中是不可能的事情”，因为生物的两个属之间存在着过渡生物。或者这样说，假如想要采取分类方法就要根据所有的性状，而不是像林奈一样凭借主观意识选取的部分性状。虽然布封始终在强调连续性，但在《博物学》的前三卷中并没有出现关于进化的内容，更没有说一个物种是从另一个物种发展而来。而且，在第一卷中，布封还赞同“个体是自然界中唯一真正的实体”这种观点。

大约是1749年，布封的观点有了变化，当他对生物有机体的认识越来越深时，他的思想发生了巨大的转变。1749年，他开始怀疑生物分类方法的正确性；1755年，他承认存在相关的种；1758年，他依然不认同属的观念；1761年，在统计“自然的最小物体”的数量时，他承认了属的说法；1700年，他将“属”作为《鸟类史》的分类基础，但在思想上依然排斥“属”的随意性。即使他认为家畜的“属”拥有相同的血统，但它们依然是生物种。1761年之后，他逐渐承认了“科”的概念。不过，我们需要明白，布封从来没有想过为自然界中的动植物分类。

在《自然史》中，布封通过功利主义对物种进行排序，将那些对人类有着重要作用的生物放在每卷的卷首。因此，马、牛、狗等动物排列在野生动物之前，温带动物出现在其他动物之前。显然，布封的分类方法无法作为进化的基础。布封在论述人类时，他将人类定义为最高等动物，“无论是外表还是内在都说明人类要比其他动物优秀”。布封与笛卡儿的观点有一个相同之处，那就是他们都认为人类最显著的特征是可以思考，并认为想什么和是什么是相同的事情。由于布封认为动物没有思考能力，所以他觉得人类与动物之间有着本质区别，这样就否定了人类是从动物进化而来的观点。

通过《动物史》前三卷的内容可知，布封在当时可能是无神论者。1774年，他写道：“随着我对大自然认识的加深，我越来越崇拜自然的创始人”。当布封认同永恒秩序和自然规律时，需要一位立法者确保秩序和规律的运行。布封还说：“假如不是一种不变的普遍规律统治着世界，那么，科学将会变得没有任何作用。”在这个概念上，布封和亚里士多德有着相同的看法，亚里士多德也是用宇宙永恒秩序的概念否定进化的。

在《自然史》一书中，布封意识到可能存在着“共同祖先”，而且是明确说出这种可能性的第一个人。

无论是马、牛、驴，还是人、猴、四足兽等所有动物都可以看作是一个大家庭中的成员。如果承认可以将驴归类到马族，它们的不同仅仅是原来的躯体变化造成的，那么，同样可以将猴归类到人族，认为它是退化之后的人类；此外，还能认为人和猴的起源相同。而且可以说，所有的动物和植物都来自于单一始祖；所有动物都来源于一个动物，经过长时间的进化或者退化形成了形形色色的动物。如果能够证明这种观点是正确的，证明动物和植物都来源于一个种（而不是几个种），后者是由其他的种繁衍而来；例如，假如驴真是马退化而成，那么，大自然的力量就是无限的，我们的假设也是正确的。那就是只要拥有足够的时间，造物主就可以用一个生物创造出多种多样的生物。但是，这不能准确地表示自然的形象。上帝的启示让我们明白，所有的动物都享受到了上帝的恩赐，而且造物主亲手创造了每个物种的最初一对（配偶）。

我们可以将上述言论解释成布封为了隐藏内心赞同进化的想法而在表面上进行的反驳，原因可能是平息神学家们的愤怒。不过，近代研究布封的学者认为，这段内容上下文的承接关系表明，确实是布封在驳斥共同祖先的可能性。这段文字之后是布封给出的否定“一个物种来源于另一个物种”的多种理由。布封主要列出了三个理由：第一，有记录的历史中从来没有出现过新种；第二，杂种不育是种间难以跨越的鸿沟；第三，假如一个物种是从另一个物种中产生的，如驴来自于马，那么，只能慢慢地产生结果。这样一来，马和驴之间将会存在许多中间物种。但是，今天我们为什么没有见到中间物种的后代呢？为什么只存在着马和驴呢？由于这三个理由，布封得出了如下结论：虽然难以证明在自然界中一个物种通过退化形成另一个物种的说法是错误的，但否定它的可能性的数量巨大，即使是从哲学方面来说，这一点也是毋庸置疑的。

不过，物种是如何形成的呢？我们知道，有机分子是在自发的化学化合作用下形成的，它们也会自然结合成所有基本物种的第一个个体，这样就出现了物种的源。这是物种后代的内部模式，从而保证了物种本质的不变性。不过，这种不变性一直在遭受环境的影响，这样就形成了变种。然而，内部模式的不变性限制了变异的界限。关于这一点，内部模式的作用类似于亚里士多德的形式。许多低等生物是有机分子在自然环境中逐渐形成的，有机分子可以结合成多少种有生命的物质，便会形成多少种动植物。

1749年出版的《自然史》的前三卷和1753年出版的《自然史》的第四卷，与后来的各卷有着巨大差别。其中一个原因是，布封在18世纪50年代早期研究了莱布尼茨的作品，并受到了莱布尼茨的观点——生命的链索完满原则、宇宙的完善、对进化的暗示等的影响。之后，布封的文章中掺杂了牛顿和莱布尼茨的思想。一方面，布封依然赞同完满原则，还说“可能存在的东西都会存在”；另一方面，他否定最终原因，他始终不认同目的论。既然在创始之初世界就是完美的，那么，根本无须朝着更完美的方向发展。有时候，布封会彻底否认柏拉图的本质论，那就是通过现象的多样性进行抽象化时，我们认为这种抽象是智慧的产物，并不是真实存在的东西。不过，布封的大多数解释都是模糊概念，通过他对物种的论述能够看出这一点。

在《自然史》的第一卷中，布封仅仅承认个体的存在，否定物种的存在。在第二卷中，布封改变了这种观点，并为物种下定义：

> “假如两个动物交配之后能够产生后代，并保持物种的相似性，那么，我们就将它们定义为同一个物种；假如它们交配不能产生后代，我们就将它们定义为不同的物种。因此，狐狸和狗是不同的物种，如果能够证明这两种动物的雌性和雄性交配无法产生后代的话。即使能够产生杂种后代，如骡子，但只要能够证明它们是不育的，同样能够说明狐狸和狗是两个物种。”

由于连续不断且不会发生变化的繁殖是保持一个物种的必要条件，所以产生不育杂种的生物是不同物种。布封的这个结论不仅说明物种是真实存在的，还说明物种是固定不变的实体。在布封眼中，物种不是种群，而是一种模式。由于有了严格的物种概念，而且出现了杂种不育现象，便否定了一个物种来源于另一个物种的说法。不过，布封对物种的定义存在缺陷，这并不是为物种概念下的定义，只是为鉴定两个个体是否是同一个物种提供了一种方法，它与数学上的判别式非常相似。

布封在一篇论文中论述的关于“进化生物学”的内容与我们将要讨论的问题有着紧密联系。他主要强调了下列观点：“大部分变异不是遗传性的，而是受到环境的影响形成的。家畜是所有动物中最容易发生变异的事实能够说明这一点，因为人们会将家畜运送到各个地方，而且用不同的食物进行饲养。”后来，达尔文也赞同这种说法。

当布封论述变异这个问题时，充分体现了他的物理学知识背景。布封相信同样的原因会产生一样的结果，并由此推论生活在同一地区的动物很相似，因为同一种气候会形成相同的动植物。由于他认为物理因素是最重要的，所以他相信除了地球之外，其他行星上也有生命，而且可以根据行星的冷却速度推测行星上的生命出现的时间。在接下来的一百多年中，布封提出的生物有机体的概念在生物地理学上发挥了重要作用。

因此，我们可以说布封是深入讨论进化问题的第一个人，在他之前没有人讨论过这个问题。即使他得出的某些结论是错误的，但依然为科学宝库增加了许多论题。虽然布封反对依据进化观点分析问题，但他在科学界公布了这些问题。在论述地球的起源问题上，尤其是沉积岩的起源，主要功劳属于他。他让人们意识到物种不灭的重要性；他指出了有些物种密切相关，如马和驴，并讨论它们是否来源于共同祖先；他最先察觉到问题中的问题，即在两个端始种之间建立生殖隔离的问题。

布封的思想对后来的进化思想有着重要影响，那么，究竟产生了哪些作用呢？显然，布封处于一个既阻滞又促进进行思想发展的矛盾阶段。阻滞进行思想发展的表现是，他不仅赞叹物种不变学说，还将物种内部成员之间的繁殖力作为辨别物种的标准，这个标准被评判为完全不会受到进化演变的影响。实际上，在生殖隔离这个前提条件下，一个物种如何产生另一个物种的问题困扰了遗传学家很长时间。这正是依靠进化演变论证无法建立进化学说的原因。所欠缺的是，证明怎样才能跨越物种之间的鸿沟，后来是地理物种形成论的支持者找到了证据。

布封对生物进化学说的贡献主要体现在四个方面：

一、布封通过认真分析将进化观念引入到科学领域，并成为此后研究科学的一个课题；

二、布封和自己的助手提出了“模式一致”概念，并概括总结了解剖结果。这样一来，便形成了理想主义的形态学派，然后出现了比较解剖学，为解释进化学说提供了许多证据；

三、在关于地球的新年代纪上，布封的功劳远在其他人之上。新的年代纪的提出表明使用了巨大的时间尺度；

四、布封是生物地理学的创始人。最初，由于布封不赞同林奈的观点，所以他根据国家将物种进行排列并进行归纳，最终形成动物区系。布封及其他人一起编著了动物区系名录，奠定了有着深远影响的概括的基础。而且，达尔文从地区分布中得到了许多关于进化的证据，更是他编著《物种起源》一书的重要材料。